福建省地质遗产保护与开发的研究

林长进 著

黄河水利出版社
·郑州·

图书在版编目(CIP)数据

福建省地质遗产保护与开发的研究/林长进著. —郑州:黄河水利出版社,2013.2
ISBN 978 - 7 - 5509 - 0412 - 5

Ⅰ.①福…　Ⅱ.①林…　Ⅲ.①地质 - 文化遗产 - 保护 - 研究 - 福建省②地质 - 国家公园 - 研究 - 福建省
Ⅳ.①P562.57②S759.93

中国版本图书馆 CIP 数据核字(2013)第 007572 号

出　版　社:黄河水利出版社
　　　　地址:河南省郑州市顺河路黄委会综合楼14 层　　　邮政编码:450003
发行单位:黄河水利出版社
　　　　发行部电话:0371 - 66026940、66020550、66028024、66022620(传真)
　　　　E-mail:hhslcbs@ 126. com
承印单位:黄河水利委员会印刷厂
开本:787 mm ×1 092 mm　1/16
印张:11.25
字数:260 千字　　　　　　　　　　　　　　印数:1—1 000
版次:2013 年 2 月第 1 版　　　　　　　　　印次:2013 年 2 月第 1 次印刷

定价:29.00 元

前　言

　　地质遗迹是指在地球演化漫长的地质历史时期,由于内外力的地质作用,形成、发展并遗留下来的珍贵的、不可再生的各种地质体的总和(国土资源部地质环境司,2006)。这些地质遗迹有着极为重要的资源、科研、审美价值和生态价值。

　　福建省地质遗迹资源丰富,类型多样。特殊的区域地质背景和自然环境造就了其鲜明的特色,这些遗迹资源有着重要的科研和观赏价值、经济价值。

　　本书在扼要介绍地质遗迹相关知识的基础上,较为系统深入地阐述了福建地质遗迹形成的地学背景与条件,福建地质遗迹的现状、分布和特点,从历史与现实、理论与实际、共性与个性相结合的角度,对地质遗迹的分布特征、开发与保护方法作了一定的探讨。本书着重从地质地貌景观,地质剖面和构造形迹,古生物化石遗迹,矿物、岩石、奇石及典型矿产地、峡谷、水体景观、湿地、福建国家级地质公园等几个方面进行分析研究,是一部研究福建地质遗迹资源的专著。本书在对福建省地质遗迹保护与开发利用现状分析的基础上,本着"保护第一,合理开发"的原则,提出一些现实可行的保护建议,旨在实现福建地质遗迹资源的可持续利用。本书可供从事地质遗迹资源研究及环境保护、遗产保护、旅游开发、公共资源管理等人员阅读参考。

　　本书在编写过程中参阅了大量的文献资料,尤其是福建省区域地质志、福建国家地质公园、福建省情及景区、湿地等有关的资料,并对其进行综合研究与叙述。对他们的辛勤劳动,在此表示衷心的感谢! 由于作者水平原因,书中还有不足之处,敬请读者批评指正。

作　者

2012 年 11 月

目　录

第1章 绪 论

1.1 概 述

地质遗迹是地质作用给人类创造、遗留下来的重要自然遗产,是人类生存的地质环境的重要组成部分。它作为洞察地球历史及其环境演变的窗口,具有多方面的价值。首先,它们是地球沧桑巨变和重大事件的最好见证,是地球的历史书,供人类去阅读、研究、探究其科学的奥秘。同时,许多地质遗迹由于其景观功能而成为风景名胜区主要的构景要素,从而成为经济资源,因此地质遗迹是保护的必然对象。

福建位于华南褶皱系东部。泥盆纪前处于地槽阶段,奥陶纪末开始转为准地台阶段,早侏罗世以来又进入濒太平洋大陆边缘活动带阶段。在漫长的地质历史时期中,形成多种类型的沉积建造,多旋回的构造运动,多期次的岩浆活动,多期的变质作用,构成复杂的构造,它们主要呈北东向延伸。它们在很大程度上控制着福建地貌发育的格局,并形成了数量众多、类型多样、意义重大的地质遗迹,其中许多遗迹的典型性、代表性、科学性、景观性及稀有性,乃至世界所罕见,极具保护和利用价值。随着人类活动强度、范围的增加,特别是福建经济的迅速发展,对地质遗迹资源的科学保护与合理利用就越来越突出了。物质生产活动和基础建设与保护争空间、争资源的现象亦时有发生,还有一些遗迹却深藏闺中,任其风吹雨打。这使得大量弥足珍贵的地质遗迹可能遭到破坏,甚至消失;一些遗迹由于认识不清,造成不合理的利用和资源配置,未能发挥其应有的作用。为此,对如何合理有效地保护利用好地质遗迹资源,促进地质科研、科普工作的开展,使地质遗迹合理服务于景观旅游、促使国土资源的可持续发展、促进精神文明和物质文明进步,则是福建省可持续发展的需要,也是本研究的主要出发点。

1.2 地质遗迹研究现状

1.2.1 国外研究现状

地质遗迹保护属于自然保护研究的范畴,国际上对地质遗迹的保护利用的管理、研究很重视。早在1972年联合国教科文组织(UNESCO)大会就通过了《保护世界文化和自然遗产公约》,其第十一条就要求制定一份"濒危世界遗产目录"(含地质遗产)。1989年国际地质大会期间,UNESCO、IUGS、IGCP、IUCN决定,共同合作,并制订一个计划,组建"地质遗址(含化石)工作组"(Working Groupon Geological < inc. Fossil > Sites),隶属于联合国世界遗产委员会(1976年成立),1993年更名为地质及古生物遗址工作组,隶属于国际保护文化及自然遗产委员会,该组织制定了自然遗产的标准并将地质遗迹划分为13类。

1989 年国际地质科学联合会(IUGS)成立了地质遗迹工作组,开始世界地质遗址(Ge-osite)的登录工作,这些对世界范围的地质遗迹保护发挥了指导作用,各国也纷纷响应,开始建立各级地质遗迹保护区。美国早在 1872 年就建立了黄石国家公园,开始了其地质遗迹保护事业,1919 年在世界七大奇迹之一的大峡谷建立了国家公园,对此地质遗迹进行开发性保护;英国建立两级地质遗迹保护区,并于 1991 年成立了自然洞穴保护协会,近年完成图件"The Character of England Landscape, Wildlife and Natural Featrues"。西班牙则在国际地科联刊"Episodes"出了部分选自其地质遗迹保护区地质公园候选地供同行评议。马来西亚出版了介绍其地质遗迹的专著"Geological Heritages of Malysia",欧盟还于 2001年将德国 Vulkaneifel 的火山地质旅游路线定为知识旅游路线。1992 年来自 30 余个国家的 150 多位地质学家在法国 Diegne 召开会议,讨论地质遗迹保护问题,并发表地质遗产权力宣言。此后,联合国教科文组织地学部又提出了建立世界地质公园计划,以弥补世界自然文化遗产在地质景观保护方面的不足和地科联地质遗迹工作难以引起地方政府的重视之不足。在 1996 年北京召开的第 30 届国际地质大会上设置了地质遗迹保护专题讨论会,会上法国和希腊的一批地质学家深感欧洲经济发展来自环境方面的挑战尤其严重,居民的旅游集中亟待分流,提高大众的科学素养的要求呼声很高,因此决定在欧洲率先建立欧洲地质公园,形成地学旅游的网络,并争取到了欧盟组织的支持,被纳入 Leader 2 Pro-grame,经过 5 年的运作已建立包括 10 个成员欧洲地质公园网络,编辑并发行刊物,每年轮流主持交流会,组织参展和宣传活动。除地质遗迹资源保护方面的法规外,国外也已着手地质遗产利用功能方面的法规研究,如 1965 年美国国会通过了《特许经营法》,要求在国家公园体系内全面实行特许经营制度,即公园的餐饮、住宿等旅游服务设施向社会公开招标,经济上与国家公园无关。国家公园管理机构是纯联邦政府的非盈利机构,专注于自然文化遗产的保护与管理,日常开支由联邦政府拨款解决。特许经营制度的实施,形成了管理者和经营者角色的分离,避免了重经济效益、轻资源保护的弊端。再如希腊的《古物法》、意大利的《保护艺术品和历史文化资产法》、西班牙的《历史遗产法》,都有与当时经营内容有关的详细规定。这些法律为遗产的保护与开发利用的协调性提供了法律依据。

1.2.2 国内研究现状

在国内,自然保护起步相对较晚,地质遗迹保护的提出则更晚。在 1919 年壶口瀑布、20 世纪 30 年代云南路南石林等遗迹,曾受到地方政府和中央政府的保护。我国真正的地质遗迹保护提出于 1978 年,正式起步于 20 世纪 80 年代,多是作为其他自然保护区中的一项保护内容。1985 年 12 月我国正式加入"保护世界文化和自然遗产公约",1987 年原地矿部颁布了《关于建立地质自然保护区的规定》,从此开始建立了若干个地质遗迹类保护区。1989 年,我国国土地质科学联合会成立地质遗产工作组开始地质遗产登录工作。至 1992 年,已建立了各级各类地质自然保护区 52 处,1993 年原地矿部颁发了《地质遗迹勘查评价规范》,1995 年 5 月地矿部颁布了《地质遗迹保护管理规定》,并首次提出了把地质遗迹保护与支撑地方经济发展紧密结合起来的思想。20 世纪 90 年代中期以来,我国逐步开展各种层次的地质遗迹登录工作,现已有 380 余处被命名为国家和省市级地质遗迹保护区。1999 年 11 月,国土资源部在威海召开会议,通过未来十年的地质遗迹保护规划,同时决定建立中国国家地质公园,并于次年成立了国家地质公园领导小组和国家地质公园专家评审委员会。2001 年至今,已正式批准建立了 219 处国家地质公园,在保护的同时,促进了当地经济的发展。我国还积极参与世界地质公园的建设,自 2004 年至今,已成功申请了 26 个世界地质公园,在地质公园建设方面走在了世界的前列。但是,与我国国土面积相比起来,真正被保护起来的地质遗迹是微不足道的,并存在盲目无序开发、专业化程度不高的现象,且至今全国性地质遗迹资源普查有待于进一步深入。目前,相关的法规依据主要是《中华人民共和国自然保护区条例》《环境保护法》《文物法》、《风景名胜区管理暂行条例》等法规中的条款。在这种情况下,每年都有不少的地质剖面被毁,大量的化石被盗挖、贩卖等破坏,或者打着发展旅游,促进经济建设的牌子破坏地质遗迹资源。目前,国内对地质遗迹资源的理论研究主要集中在以下两个方面:①一些省份已着手对省内的地质遗迹资源进行保护与开发利用协调性研究,并根据其存在的问题提出一些科学合理的建议;②地质公园的建设研究,比如地质公园的类型划分、规划标准及其经营管理等研究。

1.2.3　福建地质遗址研究与开发保护现状

自 20 世纪 50 年代以来,福建省地质事业快速发展,取得骄人的业绩;福建省地质遗迹资源保护与开发,亦取得可喜成就;已有各类地质遗址公园 8 处。初步形成了世界、国家、省、市、县级地质遗迹保护体系框架。

1.3　研究内容与方法

研究认为,首先是突出地质遗迹资源特征普遍科学价值的评价,其步骤包括四个方面,即地质遗产科学品质识别、地质遗产科学价值比较与阐释、地质遗产科学价值普遍性评价及地质遗产科学价值突出性评价。同时,针对地质遗迹特征的不同,应建立适用可行的评价标准,那就是通过建立科学的具有可操作性的程序和方法,为得出地质遗产科学价值的客观性、准确性结论建立基础,为地质遗迹资源保护与开发等提供依据。

1.4　研究框架

本研究以福建省地质遗迹资源特征为研究对象,借鉴世界地质公园和国家地质公园地质遗迹资源,探讨地质遗迹资源保护利用的协调性、保护利用协调途径、保护利用协调管理模式等问题。本研究在收集、消化前人在地质遗迹保护和利用方面的研究成果的基础上,通过现场考察、资料收集、专家咨询,分析福建地质遗迹资源的特征、价值所在、保护与利用现状,同时联想到促进海西经济社会协调发展的需要,遂促使笔者下决心就此问题做进一步的研究,以期使福建省的地质遗迹资源的保护利用走上可持续发展之路。

第2章 地质遗迹资源

2.1 地质遗迹的概念

关于地质遗迹的概念，所包括的内容、称谓，在目前各种文献、报道、规定中还不尽一致。截至现在，《保护世界文化和自然公约》和遗产研究领域也未对地质遗迹的概念给出明确的界定。国际对地质遗迹也有几种不同的称呼，如"Geological Remains"、"Geological Heritages"和"Geosires"。翻译成中文是"地质遗迹"、"地质遗产"和"地质遗址"。UNESCO 地质遗产工作组将矿产资源、地质地貌景观、古生物化石、地质剖面等统称为地质遗产。国内对地质遗迹的概念及其所包含的内容的规定也不尽相同，如《地质遗迹保护管理规定》(1995)规定地质遗迹，是指在地球演化的漫长地质历史时期，由于各种内外动力地质作用，形成、发展并遗留下来的珍贵的、不可再生的地质自然遗产。但没有明文规定矿产资源是否属于其中，所以在有些文献中把矿产资源排在其外。如姜建军、王文(2001)指出地质遗迹是地质遗产的一部分，认为地质遗产包括地质遗迹资源和矿产资源，把矿产资源与地质遗迹资源分开；赵逊、赵汀(2003)则指出地质遗迹是地质历史时期保存下来的，可用以追溯地球演化历史的重要地质现象，把地质遗迹等同于地质遗产。在2004年北京的第一届世界地质公园大会中通过的《保护地质遗迹与可持续发展——北京宣言》中提到"地质遗迹为地球发展历史过程中、由内外动力地质作用所形成的地质现象，包括地质和地貌的特征，提供了最珍贵的证据"，同样没有明确指出其具体含义。考虑到福建地质遗迹工作的情况，本研究将矿产资源、地质地貌景观、古生物化石、地质剖面等统称为地质遗迹。

2.2 地质遗迹资源

《地质遗迹保护管理规定》中将地质遗迹定义为"在地球演化的漫长地质历史时期，由于地球内外动力的地质作用，形成、发展并遗留下来的珍贵的、不可再生的地质自然遗产"。资源泛指人类生存发展和享受所需要的一切物质的和非物质的要素，它包括一般为人类所需要的自然物质，也包括以人类劳动产品形式出现的一切有用物，还包括无形的资产。地质遗迹资源是指能够被人们利用其物理性质、化学性质、美学性质、美学属性，而直接进入生产和消费过程或科研过程的有经济价值或潜在经济价值的地质体。从其形成原因、自然属性看，地质遗迹资源的构成类型主要有：有重大观赏和重要科学研究价值的地质地貌景观（地表的或地下的）；有重要价值的地质剖面和构造形迹；有重要价值的古人类遗址、古生物化石遗迹；有特殊价值的矿物、岩石及其典型产地；有特色意义的水体资源；典型的地质灾害遗迹等。地质遗迹资源是一种地质资源，可被人类开发利用，转变为社会效益和经济效益。人类社会文明程度愈高,地质遗迹资源在人类生活中的地位也就愈重要。

2.3 地质遗迹资源的特点

作为资源的地质遗迹具有如下特点:

(1)典型性和代表性。

典型性是指地质遗迹能清晰、真实、直观地记录某个地质事件、地质发展过程或地质现象的程度。如福建武夷山丹霞地貌,其红层特征、地貌类型、地貌景观价值、地貌发育过程、山水与生态组合结构和旅游风光,都具有世界典型性特征。

(2)不可再生性。

地质遗迹是地球长期演化的产物,是内外动力地质作用长期作用的遗迹,再加上时过境迁,因而破坏后的地质遗迹在人类历史时期是不可能再形成的。

(3)相对稀有性。

地质遗迹的典型性及不可再生性决定了它具有相对稀有性。从时间上来看,大多地质遗迹形成年代已很久远,不可再生,漫长地质岁月的沧桑巨变使得能保存下来的为数不多,有些甚至绝无仅有;从空间而言,许多在全国范围甚至世界范围都是不可多得的,更是弥足珍贵。稀有性具有区域概念,如省内少有、国内少有、世界少有等都是稀有性的体现,因而地质遗迹保护要划分等级。无论国内还是国外,都把稀有性作为评价地质遗迹的重要标准之一。

(4)相对耐用性及可反复利用性。

对地质遗迹资源的合理利用一般并不构成对资源本身物质的直接消耗和破坏,因而可以反复为人们所利用。坚固性石质地质遗迹在旅游活动中抵抗外力的能力强,具有相对耐用性。个别地质遗迹如温泉,具有可再生的特点,但是一旦使用过度造成破坏,则短期内难以恢复,因为众多的温泉都与地下水的深循环有关,不可能立即恢复,有些破坏甚至无法恢复原状。

(5)地域整体性。

与所有的地理事物一样,地域性是地质遗迹的基本空间属性,不仅是因为它总是存在于一定的地域,而且它的形成、发展、保存都需要一定的地域条件。地质遗迹与其存在环境具有整体性,对它的研究不可能离开具体地域,离开特定的区域地质环境及地质体抽象地谈论某个地质遗迹的科学性是不可能的。因而,地质遗迹研究还需要跨区域进行对比研究,需要保护地质遗迹种类、数量的多样性。

(6)不可复原性及不可移植性。

地质遗迹要求真实,加上地质遗迹物质及其结构极其复杂,以及人类科学认识水平的限制,人类不可能也没有必要在室内复原某个地质遗迹研究使用。同时,地质遗迹的规模性及其与环境的整体性使其具有不可移动的特点,不可能像保护文物一样将其切割、移位至室内进行抢救性保护。因而,地质遗迹保护的难度相当大。

(7)复杂多样性及多学科性。

被保存到现代在地表容易观察到的各种地质遗迹是以地球科学、生物科学和环境科学为主,还涉及天文学、考古学等学科的多学科研究对象。它涉及地质学、地理学、古生物学、海洋学、环境地学等十多个二级学科和地层及地史学、自然地理学、古人类学、自然环境保护学等二十多个三级学科。就古生物遗迹而言,它所对应的古生物学本身具有地球科学与生物学的双学科属性,而古人类化石、古人类遗址则在我国兼具"地质遗迹"和"文物"的双重属性。

2.4 地质遗迹资源的价值特性

地质遗迹资源是地球在亿万年的演化中形成、发展并保存下来的珍贵的、不可再生的地质自然遗产。讨论了地质遗迹资源的概念,认为地质遗迹资源具有四种价值,即资源价值、科学研究价值、审美价值、生态价值。

2.4.1 直接经济价值

直接经济价值主要体现在旅游价值上。旅游资源分为自然景观旅游资源和人文景观旅游资源,而地质遗迹又是自然景观旅游资源的核心。地质地貌景观、重要古人类遗址及自然灾害遗迹由于其重要性、奇特性、美观性等而成为重要的旅游资源,特别是前者,已成为重要的旅游资源之一。如温矿泉很早就成为医疗保健、旅游的目的地,福建温泉资源量在全国位居第三,作为旅游产品开发利用走在全国前列,影响很大。

2.4.2 间接经济价值

大量的地质遗迹资源虽不具备上述的直接经济可利用性,不能单独进入经济活动产生效益,但却在其他方面具有重要价值,主要体现在:科学研究及教学价值、科普教育价值、灾害及环境教育价值、历史文化价值、生态环境价值及美学价值等。地质遗迹的这方面价值主要体现在:①为国内乃至国际研究动植物生活习性、繁殖方式及当时的生态环境,提供十分珍贵的实物证据;②对研究古地理、古气候、地球的演变、生物的进化等具有不可估量的价值;③为探索地球上生物大批死亡、灭绝事件乃至天体演化研究,提供罕见的实体及实地。地质遗迹的上述特性使其以各种方式进入人类社会生活中来,从而为人类文明进步、经济发展服务,因而具有自然资源的基本属性,成为自然资源家族中的一员。然而,正是其多用性、可用性以及某些地质遗迹物质上的经济价值、收藏价值等,使之往往成为被过度利用、滥用以至于破坏性的一次性利用的对象,如在我国浙江新昌发现了庞大的罕见的硅化木石迹群,但由于未加以及时保护,大量的化石被盗挖、盗卖,当做装饰材料出售。还有一些地方的岩溶洞穴景观也被破坏,石钟乳、石笋等被盗挖出售。

2.5 地质遗迹资源的作用

地质遗迹资源主要有两个作用:一是科研、科普教育作用。地质遗迹是地质历史时期保存遗留下来,可用以追溯地球演化历史的重要地质现象;它是人类了解地球历史的重要依据,也是获取地球演化变迁过程珍贵信息的一个重要途径。人们根据地质遗迹所提供的片段知识,从中了解自然的法则,并可能完整地、有系统地重建一区域的过去地史,以此客观地了解地球环境。同时,也可让年轻一辈通过对地质遗迹的考察而进行野外工作的训练,使抽象的知识与含义得以经过地质遗迹实体的观察而具体化,并以此唤醒人们热爱地球、保护环境的意识。二是作为旅游资源中自然景观类型中的核心部分。所有自然景观基本上都是由地球的内外力原因所形成的。因而,地质遗迹还是重要的旅游资源。地质遗迹由于其可利用性而具有了资源属性,即社会性,从这个意义上讲,可称之为地质遗迹资源。它是"具有资源属性的地质遗迹,即在一定的社会条件和科学认识水平下具有典型的科学意义,能创造社会及经济效益"。

第3章 福建地理特征和地质遗迹形成的地学背景与条件

3.1 福建地理特征

福建位于我国东南沿海,隔台湾海峡与台湾省相望。陆地平面形状似一斜长方形,东西最大间距约 480 km,南北最大间距约 530 km。全省大部分属中亚热带,闽东南属南亚热带。全省土地总面积为 12.4 万 km²,海域面积达 13.6 万 km²。

境内峰岭耸峙,丘陵连绵,河谷、盆地穿插其间,山地、丘陵占全省总面积的 80% 以上,素有"八山一水一分田"之称。地势总体上西北高、东南低,横断面略呈马鞍形。因受新华夏构造的控制,在西部和中部形成北(北)东向斜贯全省的闽西大山带和闽中大山带。两大山带之间为互不贯通的河谷、盆地,东部沿海为丘陵、台地和滨海平原。

闽西大山带以武夷山脉为主体,长约 530 km,宽度不一,最宽处达百余千米。北段以中低山为主,海拔大都在 1 200 m 以上;南段以低山丘陵为主,海拔一般为 600 ~ 1 000 m。位于闽赣边界的主峰黄岗山海拔 2 158 m,是我国大陆东南部的最高峰。整个山带,尤其是北段,山体两坡明显不对称:西坡陡,多断崖;东坡缓,层状地貌发育。山间盆地和河谷盆地中有红色砂岩和石灰岩分布,构成瑰丽的丹霞地貌景观和独特的喀斯特地貌景观。

闽中大山带由鹫峰山、戴云山、博平岭等山脉构成,长约 550 km,以中低山为主。北段鹫峰山长百余千米,宽 60 ~ 100 km,平均海拔 1 000 m 以上;中段戴云山为山带的主体,长约 300 km,宽 60 ~ 180 km,海拔 1 200 m 以上的山峰连绵不绝,主峰戴云山海拔 1 856 m;南段博平岭长约 150 km,宽 40 ~ 80 km,以低山丘陵为主,一般海拔 700 ~ 900 m。整个山带两坡不对称:西坡较陡,多断崖;东坡较缓,层状地貌较发育。山地中有许多山间盆地。

东部沿海海拔一般在 500 m 以下。闽江口以北以花岗岩高丘陵为主,多直逼海岸。戴云山、博平岭东延余脉遍布花岗岩丘陵。福清至诏安沿海广泛分布红土台地。滨海平原多为河口冲积海积平原,这些平原面积不大,且为丘陵所分割,呈不连续状。闽东南沿海和海坛岛等岛屿风积地貌发育。

陆地海岸线长达 3 000 多 km,以侵蚀海岸为主、堆积海岸为次,岸线十分曲折。潮间带滩涂面积约 20 万 km²,底质以泥、泥沙或沙泥为主。港湾众多,自北向南有沙埕港、三都澳、罗源湾、湄洲湾、厦门港和东山湾等六大深水港湾。岛屿星罗棋布,共有岛屿 1 500 多个,海坛岛现为全省第一大岛,原有的厦门岛、东山岛等岛屿已筑有海堤与陆地相连而形成半岛。

3.2 福建地貌特征

福建地貌分区按"区内地貌形态、成因的相似性和区间地貌形态、成因的差异性"原则进行,在具体划分指标上,主要考虑4个标志:①区内地貌类型组合基本相似,地貌形态和地势起伏基本相同,并以少数地貌类型为主体,构成优势地貌景观;②地质构造和地表物质组成,在地形外貌上有显著反映;③区内生物气候条件大体相近,外营力过程较为单一;④区内农业利用现状和发展方向基本相同,并具有较为一致的改造利用途径和措施。据此,全省划分为3个一级地貌区,12个二级地貌区,如图3-1所示。

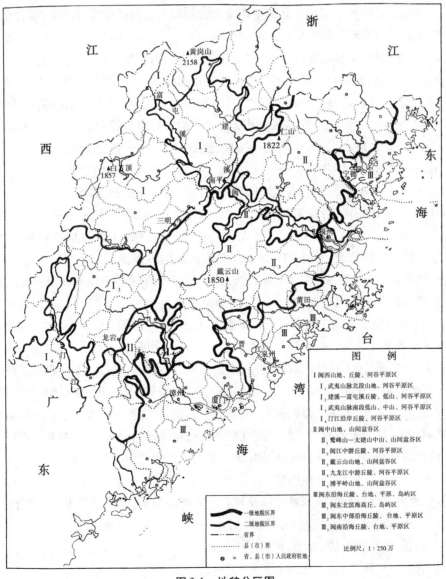

图 3-1　地貌分区图

3.2.1　闽西区

本区位于福建省西部,拥有南平、三明和龙岩三市的大部分地区,北与浙江省相接,西以武夷山脉与江西省为界,南与广东省毗连。东界北起政和县的岭腰,经建瓯市小桥,在南平市夏道过闽江,向西南沿戴云山西麓,经沙县、三明、永安,过岭头到漳平,沿雁石溪西岸,经龙岩市穿富岭直到永定兰地,与闽中山地、山间盆谷区相接。该界线与政和—大埔断裂带基本一致,东西两侧地貌差异显著,农业生产也有不同。全区状似斜置的长方形,南北长 400 ~ 460 km,东西宽 120 ~ 150 km,面积约 52 720.5 km²,约占全省总面积的43.44%,是福建省三大地貌区中最大的一个。

本区在大地构造上,属闽西北加里东隆起带和闽西南海西印支拗陷带,前者是晚加里东褶皱之后的长期隆起地区,后者是晚加里东褶皱之后形成的拗陷带,沉积了较厚的上古生代－三叠纪的地台型沉积盖层。岩浆岩比较发育,活动期次繁多,岩类复杂多样,受侵蚀后表现为不同的地貌形态。本区新构造运动较强烈,以断块上升活动为主,但存在着南北间的差异。在江西的石城至福建的建宁、闽清一线以北,以大面积断块整体活动为主,以南则断块差异活动明显。在本区的中部,由于北东向断裂控制,发育着两列由上白垩系－下第三纪红色砂页岩和砾岩层组成的红色断陷盆地,一列为武夷山—泰宁—连城—武平,另一列为松溪—沙县—永安—龙岩;由于组成红色盆地中的岩性不同,岩层倾角大小不一,在外力作用下,红色砾岩、砂砾岩常发育成千姿百态的丹霞地貌。

本区自西北向东南,海拔逐渐下降。武夷山脉纵贯西部,是闽、赣两省的天然界线,长500 余 km,海拔 1 000 ~ 1 500 m 以上,切割深度 800 ~ 1 000 m,两坡呈不对称状,西坡较陡,东坡较缓。主峰黄岗山海拔 2 158 m。整个山体的纵剖面似"凹"字形,南北高,中部低,但总体来看,北部又高于南部。在武夷山脉中,发育有许多与山脊线成直交或斜交的垭口,它们有的是由断层陷落而成的,有的则是古老的河谷,这些垭口古称"关"、"隘"、"口",是闽赣间和闽浙间的交通要道和军事要冲,也是冬半年冷气流入侵本省的通道。

本区水系发育,河网密布,流入闽江的主要河流有建溪、富屯溪和沙溪,流入九龙江的有雁石溪、万安溪,流入汀江的有旧县溪、永定河等。在浦城、光泽二县局部地区的溪流分别注入浙江的新安江和江西的信江。这些河流共同的特征是:河谷宽窄相间,水量丰富,比降大,嵌入河曲发育,多岩滩和裂点,蕴藏着丰富的水力资源。河谷地貌受地质构造和岩性控制,大多数河流与构造线斜交或直交,峡谷、宽谷相间分布,呈藕节状。在宽谷和盆谷内,沿河发育有高度不等的三级阶地,显示了本区新构造间歇性上升活动具有区域的相对一致性和区内次一级差异性的特点。

依据地貌类型组合的区域差异以及与农业生产的关系,本区又分为以下四个二级区:

(1)武夷山脉北段山地、河谷平原区;

(2)建溪、富屯溪丘陵、低山、河谷平原区;

(3)武夷山脉南段低山、中山、河谷平原区;

(4)汀江沿岸丘陵、河谷平原区。

3.2.2 闽中区

本区位于福建省中部,是闽中大山带的主体部分,北与浙江省为界,南接广东省,西部大致以政和—大埔断裂带与闽西山地、丘陵、河谷平原区相接,东与闽东沿海丘陵、台地、平原区相邻。区内以鹫峰山—戴云山—博平岭山脉为主体,山体呈北东—南西展布,长约475 km,宽度一般 60～100 km,最宽处在大田、德化一带,达 180 km,面积约 41 829.5 km²,约占全省总面积的34.46%。

本区大地构造属闽东燕山断陷带,在西南部分地区则属闽西南海西印支拗陷带。中生代以前,本区是个长期隆起的剥蚀区,中生代以来,受燕山运动影响很大,大规模的火山喷发和花岗岩侵入,广泛堆积着中性—酸性火山熔岩及火山碎屑岩,厚度可达 2 000～3 000 m,构成本区的主要盖层。断裂构造是本区的主要构造形式,东西两侧均为深、大断裂所控制,断裂方向以北东向为主,北西向的断裂也很发育。由于燕山运动的影响,产生强烈的抬升隆起,形成有名的"戴云隆起"。燕山运动以后,经过准平原化过程,山顶准平原的遗迹至今仍清晰可见。后又因新构造运动的影响,山体发生显著的不等量抬升,北部和中部上升幅度较大,南部稍弱。

本区由四大山岭组成,从北东向南西为太姥山、鹫峰山脉、戴云山脉和博平岭。这些山岭除太姥山外,山体大,地势高,切割深,海拔多在 1 000～1 200 m 以上,部分山峰超过1 800 m。由于新构造断块上升的影响,山体两坡呈不对称性,西坡陡峻,东坡和缓,地势从西到东逐渐降低,层状地貌显著。

本区水系的发育,受新华夏两组活动性断裂的控制,呈格子状结构,主要河流均切过北东东向构造线往东南穿山而去,如闽江、晋江、九龙江、霍童溪和交溪等;而一级支流多顺着主要构造线发育,为北东、北北东向,如闽江支流古田溪、安仁溪、大目溪、尤溪、梅溪等。在一些河流的峡谷地段,河谷多呈"V"形,河曲深切,河床纵剖面作阶梯状,比降大,基岩裸露,浅滩多,水流湍急,裂点处常形成瀑布和跌水,蕴藏着丰富的水力资源。本区可分为五个二级地貌区:

(1)鹫峰山—太姥山中山、山间盆谷区;
(2)闽江中游丘陵、河谷平原区;
(3)戴云山山地、山间盆谷区;
(4)九龙江中游丘陵、河谷平原区;
(5)博平岭山地、山间盆谷区。

3.2.3 闽东沿海区

本区位于本省东部,东临东海,西接闽中山地、山间盆谷区,北界、南界分别与浙江省和广东省相邻。全区呈北北东—南西展布,是与海岸平行的狭长地带,长约 535 km,宽70～100 km,面积约 26 818 km²,约占全省总面积的22.1%。

本区在大地构造上属闽东燕山断陷带的一部分,中生代以前是个隆起的剥蚀区,自晚三叠纪开始,这一上古生代隆起区被破碎解体,并在此基础上发生断陷和拗陷,开始沉积,至晚侏罗世,由于燕山运动的影响,大规模的火山喷发和花岗岩侵入,堆积了巨厚的中性—酸性火山熔岩及火山碎屑岩,构成了本区的主要盖层,成为新生代地层沉积的基底。本区断裂构造发育,在闽江以南,以北北东和北东向为主,北西向也很发育;在闽江以北,则以北东东和北西向为主,区内新构造运动升降频繁,但第三纪以来以上升为总趋势,幅度大、速度快,大部分地区剥蚀速度落后于抬升速度,因此构造地貌表现较为清晰。第四纪覆盖层不发育,厚度小,仅在一些局部地区有较厚的沉积物。

本区地势西高东低,海拔绝大部分在 500 m 以下,由山地过渡为高丘、低丘、台地、平原。地貌类型以丘陵为主,平原分布于滨海狭长地带和各大河流的下游,台地广泛分布于福清与诏安之间。河流多为独流入海,构成平行水系,各大河流的下游,江面宽阔,沿岸有河漫滩和阶地发育,河床中多沙洲。沿海港湾、半岛众多,岛屿星罗棋布,海岸十分曲折。

本区地势开阔,自然条件优越,人口密集,交通便利,拥有丰富的热带、亚热带资源和水产资源,是本省工农业生产发达的地区之一。本区可分为三个二级地貌区。

(1)闽东北滨海高丘、岛屿区;

(2)闽东中部沿海丘陵、台地、平原区;

(3)闽南沿海丘陵、台地、平原区。

3.3　福建地质背景

3.3.1　地层

福建省地层发育,自上太古界至第四系均有出露。岩石类型较为复杂,沉积岩和变质岩的总和与燕山期火山岩地层约各占全省陆地总面积的三分之一。地层的综合分区按中国岩石地层区域方案(1994 年),福建省全境属华南地层大区东南地层区的一部分。省内大致以政和—(广东)大埔为界,西部属武夷地层分区,东部属沿海地层分区。根据岩性、岩相、建造类型、变质程度及构造变动特征等,省内除第四系外,可划分为前泥盆纪、泥盆纪–中三叠世、晚三叠世–晚第三纪三个时期的断代地层。各断代地层间皆以明显的角度不整合为界,且地层分区性明显。前泥盆系划分为闽西南、闽西北、闽北、闽东及闽东南沿海地层小区,均属巨厚的地槽型类复理式沉积。闽西北、闽北地层小区前震旦纪和震旦纪地层出露广泛,岩石多具中—深区域变质和混合岩化。闽西南地层小区则主要出露震旦纪–早古生代地层,岩石变质程度较浅。泥盆纪–中三叠世地层划分为闽西南、闽北及闽东地层小区。其中闽西南地层小区晚古生代准地台型细碎屑岩–碳酸盐岩地层出露广泛,化石丰富,是本省煤、铁、锰、石灰岩等沉积矿产的重要含矿层位。晚三叠世–晚第三纪地层划分为闽西及闽东地层小区,以陆相盆地沉积及火山喷发堆积为主,尤其是闽东地层小区燕山期火山岩特别发育,岩类复杂,地层厚度巨大,是研究我国东南沿海中生代陆相火山岩地层的重要地区之一。

3.3.2　火山岩

福建火山岩十分发育,自晚太古代至第三纪均有火山活动,共有 30 个含火山岩地层。据含火山岩地层的建造特征、火山岩的发育程度和喷发物性质,结合地壳运动性质及构造旋回可分为五台－吕梁、四堡－晋宁、加里东、华力西－印支、燕山及喜马拉雅6个构造岩浆期或旋回。晚元古代及其以前的火山岩主要分布在闽西北,闽西南及闽东只零星分布;石炭纪及晚三叠－侏罗世火山岩零星见于闽西南、闽中、闽北地区;晚侏罗世－白垩纪火山岩广泛分布全省,尤以闽东地区最为发育;新生代火山岩分布零星,主要见于闽南海滨地区及内地的明溪、宁化等地。岩石类型繁多,有超基性、基性、中性、中酸性、酸性火山岩及火山碎屑沉积岩等。岩相发育齐全,有碎屑流堆积相、空落堆积相、涌流堆积相、崩落堆积相、喷溢相、爆溢相、火山通道相、侵出－溢流相、喷发－沉积相及潜火山相等。火山喷发方式有中心式及裂隙－中心式两种。火山活动及其形成的火山构造受区域构造控制明显,具有明显的方向性、分带性。火山构造类型多,主要有穹状火山、层状火山、锥状火山、破火山、盾状火山、复式火山、火山喷发中心及爆发角砾岩筒等。其中,燕山期火山岩岩石类型、岩相发育最全,火山喷发类型、火山构造多样,最具典型,分布面积最广,出露约38 000 km²,占全省总面积的31%,是浙闽粤火山岩带的重要组成部分。

3.3.3 侵入岩

福建省境内经历了多旋回、多阶段的地质构造发展历史,各主构造期均伴随有规模不等的岩浆侵入活动。侵入体总面积占省境陆地面积的34.87%。各岩类齐全,按岩石谱系单位等体制划分方法,自早元古代至第三纪,共划分有110个岩石单元,归并为18个超单元、9个序列和21个独立岩石单元,分属于早元古代、晚元古代、志留纪、二叠纪、中三叠世、早侏罗世、晚侏罗世、早白垩世和第三纪等10个不同时期。

印支运动以来,岩浆活动与太平洋板块运动机制关系密切,使印支运动及其以前时期陆间裂隙槽的发生和闭合,各时期侵入岩均属活动大陆边缘的一套钙碱性岩石组合,早白垩世晚期尚有较大规模的碱性岩浆侵入。成因类型主要有幔源型、同熔型、改造型和分异型碱性花岗岩等四种。

本区侵入岩呈带状分布特征,显示出岩浆侵入活动受构造控制的因素较突出,一些岩浆长期活动部位,形成由多期侵入体组成的复式岩体,如光泽、浦城、中村、小陶、武平、漳州等复式岩体,各复式岩体岩浆侵入活动历史不同。元古代和志留纪侵入体,沿韧性剪切带呈底辟或沿一定构造部位呈热气球膨胀等侵位机制较突出;二叠纪、中三叠纪世侵入体热气球膨胀、底辟和岩墙扩张机制较明显;侏罗纪和白垩纪侵入体火山口塌陷、岩墙扩张、顶蚀等被动侵位机制较突出,伴随有底辟、热气球膨胀等复合机制。

岩浆侵入活动与火山活动的关系,目前除西部地区加里东期和印支期侵入岩尚未发现同期火山岩外,吕梁期、晋宁期、东部沿海加里东期、华力西期和燕山期不同阶段侵入岩,均伴随有不同规模的火山活动及相应的火山碎屑岩堆积。前燕山期,同期岩浆侵入活动多滞后于火山喷发。燕山期主要三个阶段侵入岩和火山岩时间相近,且同源、规模相当、演化趋势相同的特征明显,岩石中钾质成分具自东向西递增趋势,与板块构造关系密切。

3.3.4 区域变质岩与变质作用

福建省区域变质岩石分布广泛,出露面积21 800 km²,受变质地层自上古界至古生界。不同的地壳演化和不同的构造层次中均可出现不同的变质作用类型,本省区域变质作用的阶段性和分区性不太明显,根据部分年龄数据推测,划分主要变质期为吕梁期、四堡－晋宁期、加里东期,变质作用类型主要有区域中高温变质作用、区域动力热流变质作用、区域低温动力变质作用。

变质岩系的原岩建造特征及其形成时的大地构造环境、变质变形特征、混合岩化及花岗质岩浆作用的特征是认识恢复变质作用历史过程的主要研究内容。近十余年来,省内及邻区在以上内容及地质年代学研究方面取得较大进展,从而更新了区内构造演化史的认识。

3.3.5 区域地质构造

福建在构造上处于欧亚大陆板块东南缘,濒临太平洋板块,为环太平洋中、新生代巨型构造－岩浆带的陆缘活动带的一部分,是全球构造－岩浆活动最活跃的地区之一。因此,地质上以燕山期中酸—酸性火山岩、侵入岩广泛露布(占全省近2/3面积)而著称省内外。

现有资料表明,自晚太古代以来,福建境内各地史断代的地层、岩石均有出露,但各断代地层、岩石都有不同程度的缺失或剥蚀,且各自的建造、变质变形特征及成矿专属性等都有所差异。这也表明晚太古代以来福建地壳运动十分频繁,以致地壳在纵向上,无论是变质基底还是盖层,都具有多重结构特征;而表壳结构则以脆—韧性断裂及推覆、滑脱构造,尤以脆性断裂极其发育为特色,其中北东及北西向断裂最为醒目。各断代地层、岩石的分布明显地受构造(断裂)控制,从而构成了"东西分带、南北分块"的基本构造格架。

南平—宁化北东东向构造－岩浆带及政和—大埔北北东向断裂带将福建分割为闽西北、闽西南及闽东三个不同的构造单元。闽东南滨海断隆带范围虽小,但在区域构造意义上可与前述三个构造单元相媲美,因而可视为一个独立构造单元。闽西北自晚太古代起,几经沧桑之变,晋宁运动以后基本处于造山隆起状态,其中前震旦纪变质岩及加里东－燕山期花岗岩类发育。因四堡运动而与闽西北断离的闽西南区,震旦纪－奥陶纪及晚泥盆世－早三叠世两度处于拗陷状态的边缘海环境,并沉积巨厚的沉积物;中、晚三叠世的印支运动基本结束了闽西南的海侵历史,并引发了岩浆上侵及水平挤压作用,致使拗陷中的沉积物褶断隆起,形成盆岭地形。由于政和—大埔断裂带的存在及其活动而与闽西北及闽西南两构造单元分离的闽东地区,除沿海地带外,从早古生代至中生代早期处于隆起剥蚀状态;中生代,因断陷作用而发生拗陷,并引发大规模岩浆的侵入与喷发,尤其以晚侏罗世－早白垩世中酸—酸性岩浆的喷发与侵入最为强烈、频繁。燕山中、晚期的构造运动及岩浆的上侵活动,使闽东地区的火山堆积物挠折隆起。闽东南滨海断隆带因燕山期强烈的断裂逆冲作用及岩浆侵入活动,导致变质基底岩块在地表的零星分布及基性—酸性侵入岩的发育。

燕山期的构造－岩浆活动虽然也涉及闽西地区,但可能因政和—大埔断裂带的复活影响了构造应力的传递,因而闽西地区的构造－岩浆活动,尤其火山喷发活动的强度与规模远逊于闽东地区。燕山期岩浆沿各断裂(带)的上侵、喷发及其固结成岩作用,使福建各大小块体紧密地镶嵌、拼接在一起,以致新生代以来的地壳运动使福建处于整体隆升状态。但隆升过程中仍有断裂的活动,因而各块体的降升幅度仍有所差异。

由此可见,福建是个经历多旋回造山活动,并由不同的块体最终于燕山期拼接而成的复合造山带。

第4章 福建地质遗迹资源特征

4.1 福建地质遗产资源概况

福建地处欧亚大陆板块东南缘,濒临太平洋板块。自晚太古代以来,在漫长的地质历程中,频繁的地壳运动、岩浆活动和风化、剥蚀、搬运、沉积等内外地质作用,形成一幅幅或雄奇俊伟或清秀可人的地质景观,还有众多的揭示生命进程的各类古生物化石,为人们旅游观光、探索地球奥秘留下了不可再得的宝贵地质遗产。

4.1.1 地质遗迹分布特征

4.1.1.1 地质遗迹空间分布特征

根据不同地质构造和地貌特征,既以形成地质背景,又兼顾地质遗迹特征,按"区内地貌形态、成因的相似性和区间地貌形态、成因的差异性、组合方式"原则进行具体划分,福建省内大致以政和—大埔断裂为界,形成为东、西两个各具特色的地质遗迹分布带:

(1)政和—大埔断裂以西,闽北—闽西带,分别出露古老变质岩系,石炭纪–二叠纪碳酸盐岩、含煤岩系地层和白垩纪红层及中生代花岗岩、火山岩等。地质遗迹以丹霞地貌、岩溶地貌以及花岗岩,火山岩山岳地貌为主。此外,尚有典型化石、地层剖面、稀有岩石矿物产地等。以典型化石产地、典型地层剖面、稀有矿物产地等为特色,还可细分若干小区。

本带地质遗迹丹霞地貌主要发育于武夷山、泰宁、武平、连城、宁化、永安、沙县等地。

喀斯特岩溶地貌则发育于永安、沙县、宁化、明溪、龙岩、漳平等地。

在政和、建瓯、武夷山、建阳、邵武、顺昌以及三明市的建宁、泰宁、将乐、明溪和宁化、清流、永安、三元、列东、沙县等,广泛出露上元古界的变质岩系,主要由片麻岩、片岩、变粒岩、石英岩等。

此外,本带地层出露比较齐全,典型化石产地、典型地层剖面可与其他大区相媲美。

(2)政和—大埔断裂以东,闽东—闽南带,区内大面积分布燕山期花岗岩、中生代酸性、中酸性火山岩,地质遗迹以花岗岩、火山岩山岳地貌、火山构造地貌为主。在沿海一带,以花岗岩、火山岩构成滨海海岸、海蚀地貌为特征。本带还可细分若干小区。

①鹫峰山—太姥山中山、山间盆谷区。

本区位于闽江中游丘陵、河谷平原区以北,包括鹫峰山和太姥山,山地广大,遍及宁德、南平、福州三个市,含柘荣、寿宁、周宁、屏南县的全部,福安、宁德、古田、政和县(市)的大部以及福鼎、霞浦、建瓯、南平、闽清、闽侯、福州、连江、罗源等县(市)的一部分,面积14 825.5平方千米,占全省总面积的12.22%,地貌类型以山地为主,山间盆谷散布全区,镶嵌在不同海拔上,是本区农田和聚落集中分布的地带。丘陵所占的比重不大。

本区在大地构造上为闽东燕山断陷带的北段,沉积盖层较厚,主要出露上侏罗统南园组,其次是下白垩统石帽山群。

②闽江中游丘陵、河谷平原区。

本区位于闽江中游河谷沿岸丘陵、平原地带,西起闽江铁路大桥,东至闽侯竹岐,南北两侧均以山地、丘陵地貌界线为界,分别与戴云山山地、山间盆谷区和鹫峰、太姥山中山、山间盆谷区相接。包括南平、尤溪、闽清、闽侯和古田县(市)的沿江地区。

本区在大地构造上属闽东燕山断陷带的一部分,中、新生代地层比较发育,上侏罗统南园组广泛出露,其他地层如迪口组、文宾山组、梨山组、长林组在尤溪口以西地区有零星出露,第四系堆积物多分布在闽江两岸,本区高丘陵分布广泛,面积较大,约占全区总面积的56%,一般海拔400 m左右,相对高度200~350 m,主要由南园组火山岩和燕山期花岗岩组成。

③戴云山山地、山间盆谷区。

在大地构造上,本区正处于闽东燕山断陷带的中段,西南隅隶属西南海西印支拗陷带。中、新生代以来,以断裂活动为主,形成一系列北东和北西断裂带。如北东向的政和—大埔断裂、长乐—诏安断裂,分别切过本区西部和东部边缘;西北向的沙县—南日岛断裂、永安—晋江断裂切过北部和中部,其次还有东西向的漳平—仙游断裂和南北向的忠信—嵩口断裂。由于断裂的活动,导致了中、新生代广泛而强烈的火山喷发和岩浆侵入,使区内广泛分布侏罗-白垩系陆相火山岩喷发-沉积岩系,其中以晚侏罗纪南园组出露面积最大,总厚度达6 000多 m。其次是下白垩统石帽山群和石牛山组,前者主要分布闽清、永泰一带,如石帽山(1 237 m)、云山(1 079 m)等,后者分布于德化、闽侯、永泰一带,如石牛山(1 782 m)、石柱山(1 803 m)和五虎山等。古生代及其以前的老地层,多出露西部的大田、德化阳山和安溪剑斗等地。侵入岩以燕山期为主,分布零散,多呈岩体出露,如大洛岩体、桂溪岩体和九仙山岩体等。上述断裂构造和岩层对本区地貌发育起深刻的影响。

本区位于本省东部,东临东海,西接闽中山地、山间盆谷区,北界、南界分别与浙江省和广东省相邻。全区呈北北东—南西展布,是与海岸平行的狭长地带,长约535 km,宽70~100 km,面积约26 818 km^2,占全省总面积的22.1%。

本区在大地构造上属闽东燕山断陷带的一部分,中生代以前是个隆起的剥蚀区,自晚三叠纪开始,这一上古生代隆起区被破碎解体,并在此基础上发生断陷和拗陷,开始沉积,至晚侏罗世,由于燕山运动的影响,大规模的火山喷发和花岗岩侵入,堆积了巨厚的中酸—酸性火山熔岩及火山碎屑岩,构成了本区的主要盖层,成为新生代地层沉积的基底。本区断裂构造发育,在闽江以南,以北北东和北东向为主,北西向也很发育;在闽江以北,则以北东东和北西向为主,区内新构造运动升降频繁,但第三纪以来以上升为总趋势,幅度大,速度快,大部分地区剥蚀速度落后于抬升速度,因此,构造地貌表现较为清晰。第四纪覆盖层不发育,厚度小,仅在一些局部地区有较厚的沉积物。

本区断裂构造发育,在滨海地带以北东东和北西断裂构造为主,此外还有北东向断裂,如福安—南靖断裂、福鼎—长乐—南澳断裂;北西向的有松溪—宁德断裂等;这些断裂构造对本区地貌形成和发育往往起着控制作用。

本区地势西高东低,海拔绝大部分在500 m以下,由山地过渡为高丘、低丘、台地、平原。地貌类型以丘陵为主,平原分布于滨海狭长地带和各大河流的下游,台地广泛分布于福清与诏安之间。河流多为独流入海,构成平行水系,各大河流的下游,江面宽阔,沿岸有河漫滩和阶地发育,河床中多沙洲。沿海港湾、半岛众多,岛屿星罗棋布,且沿海海岸线漫长而曲折,多港湾、半岛和岛屿,其中较大的港湾自北而南有福清湾、兴化湾、平海湾、湄洲湾、泉州湾、深沪湾和围头湾等;较大的半岛有龙高半岛、笏石半岛、惠安半岛和晋江半岛,被称为闽中沿海四大半岛。岛屿星罗棋布,其中较大的有海坛岛、江阴岛、琅岐岛、南日岛和湄洲岛。

本区出露的地层以中生代南园组和石帽山群为主,由于受断裂带控制,南园组呈北东—北东东方向展布,石帽山群于北东方向展布,又呈北西方向延伸,是组成本区地貌的主要岩层。在福鼎南溪还分布有古生代地层。第四纪沉积物多分布在滨海和河流下游河床的两侧,厚度较大,一般可达 40~70 m,是平原的组成物质。燕山期花岗岩多呈岩体产出,广泛分布于全区,也是组成本区地貌的主要岩石。

由此可见,地质遗迹种类及其分布是受区域各个不尽相同的地质构造、地层岩性和地理位置控制的。

4.1.1.2　地质遗产时空分布规律性特征

福建地质遗产在时间上分布的连续性特别好。从古老的元古代片麻岩地质遗产→晚元古代形成的变质岩系地层→早古生代片麻状混合花岗岩→晚古生代和 2.9 亿年前的石炭纪地层地质遗产(永安地层古生物均为地球在这一时期的演化阶段提供了物证)→晚古生代末期 2.5 亿年前的二叠纪印支地壳运动引起岩浆侵入事件→中生代 2.3 亿年前的晚三叠世燕山运动造成多期次岩浆侵入作用(从东南沿海一带的地质遗产为地球这一时期的演化提供了物证)→侏罗纪、白垩纪-陆向火山猛烈喷发地质事件(从东南沿海一带广泛分布于火山岩、古火山机构地质遗产为地球这一演化阶段提供了大量的物证)→5百万年前的第三纪丹霞地貌形成武夷山地质遗产是这种地貌演化的例证)→2.5 万年前的更新世沿海演化海岸线几度变迁之沧海面貌(古海蚀崖地质遗迹……为这一时期历史巨变提供突出的例证)。每个地质历史时期都有地质遗产保存,而且是如此的典型、完美,因而是具有突出的意义和普遍价值的。

4.1.1.3　地质遗迹的典型性和国际可对比性特征

在这里只用几个实例来证明福建地质遗迹的典型性和国际可对比性。

一是武夷山的丹霞地貌典型性和世界可对比性。其岩石组成或是地貌景观,在全国乃至世界范围内是可对比的。

二是永安喀斯特岩溶地貌的典型性可与江苏、贵州等地进行对比。

三是东南沿海中生代火山岩可与邻区进行比较。

4.1.2　地质遗迹资源基本特征

4.1.2.1　岩石种类繁多

福建境内最古老的岩石有 26 亿年的历史。26 亿年来的海陆变迁,形成了现今中西部以沉积岩为主,北部以变质岩为主,东部以火山岩为主的格局。在沉积岩中,各地史时期沉积地层较为完整,形成丹霞地貌的红色地层和喀斯特(岩溶)地貌的石灰岩,且均有较广泛的分布。福建境内的变质岩,既有由动力变质作用形成的东南沿海动力变质带,又有由区域变质作用形成的大面积的闽北古老变质岩系。福建境内的火山岩,为闽浙火山岩带的重要组成部分,几乎覆盖了东半部。花岗岩在福建全省广泛分布,在国内外都是较为著名的,尤以燕山期花岗岩最为突出。

在地层与岩石中,典型地质遗迹极其丰富。许多地质遗迹和地质现象既可供科学考察,又可供人们观赏,如永安刘氏假菊石、武夷山泰昌中鲚鱼化石、屏南东方蝾龙化石、福州等地的晶洞花岗岩、福鼎等地的六方柱状玄武岩、福州寿山石、华安九龙璧、上杭紫金山金矿、南平钽铌矿、龙岩高岭土、平潭和东山的标准砂等。

4.1.2.2 地质构造复杂

在地质历史中,澄江、加里东、海西、印支、燕山、喜马拉雅等地壳构造运动,对福建省都有影响。多期次的地壳构造运动,构造体系的复合、联合,造成了复杂的地质构造格局,为地貌景观资源的形成创造了条件。

受地壳构造运动的影响,福建省境内多断裂地貌,多河谷盆地,多地热温泉,断块山、断崖、断谷等显著而普遍,许多断崖、断谷宏伟壮观,如永泰青云山、泰宁寨下等处的峡谷;多处火山遗迹保存较为完好,如龙海牛头山火山口、福清风迹火山口,以及沙县大佑山、德化石牛山、云霄金坑等地的火山机构。

4.1.2.3 地貌类型多样

福建省西部为山,东部为海,地貌类型多种多样,山地、丘陵、台地、谷地、平原、滨海、岛屿等均发育得较为完好。

山地、丘陵约占全省陆地面积的90%。主要山脉有两列,西列是以武夷山脉为主体的闽西大山带,东列是闽中大山带。两大山带之间为互不贯通的闽中大谷地。沿着河谷,广泛分布着串珠状冲积盆地,如松溪、政和、建瓯、南平、沙县、三明、永安、连城、上杭等盆地。东部沿海为丘陵、台地、平原和滨海地带。福清至诏安沿海广泛分布着由深厚的风化残积层组成的红土台地。平原主要分布于沿海河流下游和内陆河流谷地一带,较大的有漳州平原、福州平原、莆仙平原和泉州平原。水系发育,并呈格子状分布。主要河流有闽江、九龙江、晋江和汀江等。广袤的山区,地形切割深,河床比降大,水力资源丰富,曲流、瀑布、跌水发育,形成了众多的峡谷、曲流、溪湖、瀑布景观。

福建省海岸多为岩岸,弯曲程度居全国之冠,大陆岸线长达3 324 km,港湾、岬角、岛屿、沙滩众多。大小岛屿达1 404个,面积大于1 km^{2}的有78个。厦门鼓浪屿、海坛岛、东山岛等众多海岛,风光迷人。

4.1.2.4 地貌景观丰富

得天独厚的自然地理条件和内、外动力地质作用的长期塑造,使得福建境内地貌景观门类众多,丰富多彩。崇山峻岭、峡谷盆地、丘陵平原、火山湿地、奇峰异洞、断崖绝壁、飞瀑流泉、湍流险滩、海涂岬角、岛屿港湾,真可谓星罗棋布,数不胜数。加之气候温暖湿润,雨量充沛,水系发育,森林覆盖率居全国之首,处处山水相依、山清水秀,构成了迥异于大江南北的美不胜收的自然风光。

就已开发的以地貌景观为主的风景区而言,较典型的如福鼎太姥山、福州鼓山、泉州清源山、福建武夷山、泰宁世界地质公园、福建石林、将乐玉华洞、宁化天鹅洞、闽侯十八重溪、永泰青云山、漳浦滨海古火山群、厦门鼓浪屿、海坛岛、东山岛、屏南白水洋、屏南鸳鸯溪等。

在2005年《中国国家地理》举办的"选美中国"15项评选活动中,厦门鼓浪屿获"中国最美的五大城市"第一名,武夷山、大金湖分别获"中国最美的七大丹霞"第二名和第三名,崇武海岸获"中国最美的八大海岸"第七名,大嵛山岛及南碇岛分别获"中国最美的十大海岛"第八名和第九名。

(1)丹霞地貌景观。

福建有丹霞地貌30余处,分布于闽北、闽中及闽西南一带,由晚白垩世崇安组紫红色砾岩、砂砾岩构成。其中著名的有武夷山、泰宁大金湖、永安桃源洞、连城冠豸山等风景区。山、水、崖、洞、林构成一幅幅美丽别致的山水画卷,自然风光集雄、险、奇、秀、幽于一体,雄伟壮观。武夷山风景区不仅山清水秀、林深树密、风景俏丽,繁衍着许多珍稀动植物,还拥有众多人文景观,被列为世界自然遗产和文化遗产。泰宁大金湖、永安桃源洞、连城冠豸山均为国家风景名胜区。

(2)火山岩地质地貌景观。

中生代强烈的火山活动是福建地质作用的一个显著特点,在国内以至国际上都久负盛名。距今1.4亿~1.0亿年前火山活动形成的晚侏罗世、早白垩世凝灰熔岩、熔结凝灰岩、凝灰岩、流纹岩等酸性、中酸性火山岩,这些岩石由于自身化学成分和形成条件的差异,有的硅多铁镁少,有的硅少铁镁多,有的喷上空中再沉积,有的流出地面,有的则在距地表不远处就凝固了,再加上受后期断裂作用,沿其断裂、裂隙和原生节理产生不同程度的风化、剥蚀、切割作用,形成奇峰绵延、危岩峭拔、峭壁万仞的火山岩地貌景观,此类景观主要分布于鹫峰山—戴云山、大帽山一线以东地区。比较典型的分别有闽侯雪峰山、五虎山、十八重溪,永泰方广岩、姬岩,宁德支提山,闽清大帽山(白岩山),福清石竹山,仙游石柱山,长泰天柱山,德化九仙山,平和灵通山,三明瑞云山等。它们或以峰、以崖、以谷、以水、以林见长,各领风骚。古火山口是福建最具特色的地质遗迹,遍布闽西、闽中及闽东沿海一带,既有永泰青云山、福清凤迹、德化石牛山、沙县大佑山、浦城毛洋头、平和崎坑、云霄金坑等中生代酸性火山喷发遗留的古火山口,也有龙海、漳浦滨海和海岛上的新生代基性火山喷发造就的古火山口,其中后者已成为国家地质公园,其完好的火山口形态、巨型的玄武岩柱状节理犹如万仞利剑直刺蓝天,在国内实属罕见。此外,东南沿海平潭—东山断裂带,由于其断裂产状、性质、特征复杂,带内出露不同地质时代的地层和岩石,变质程度各异,成为令人瞩目的研究大陆和海洋板块碰撞历史的重要窗口,具有很高的科学考察价值。科学工作者通过对这些地质遗迹的考察、研究,将不断揭示出地球演化的无穷奥秘。

(3)花岗岩地质地貌景观。

福建境内花岗岩广泛分布,尤其东部地区大面积发育距今7 000万年前的燕山期花岗闪长岩、二长花岗岩、晶洞钾长花岗岩。受区域性断裂以及花岗岩自身发育的三组相互平行的原生节理、次生"X"形共扼节理影响,常常沿着断裂面、节理面产生风化作用,或沿裂隙面产生滑动、重力崩塌。花岗岩体被雕琢成城堡状、峡谷状、长柱状、长垣状、尖峰式、峰林式、鱼脊形、石蛋形等,构成群峰耸拔、险峰多姿、陡峭巍峨、怪石嶙峋、洞谷幽邃的花岗岩地貌景观。如:福鼎太姥山、福州鼓山、连江青芝山、仙游麦斜岩、九鲤湖、泉州清源山、厦门鼓浪屿、万石山、龙海云洞岩等花岗岩地貌不仅山势雄伟、气宇磅礴,许多景点景随人思,神形兼备,惟妙惟肖,让游人流连忘返。

（4）海蚀地貌景观。

滨海和海岛的花岗岩,长年累月受到雷霆万钧的海浪的冲刷、侵蚀,形成了千姿百态的海蚀地貌景观,如福鼎大嵛山岛、宁德三都澳、闽江口五虎礁、壶江岛、平潭岛、湄洲岛、金门岛、厦门岛、东山岛海蚀、海积地貌景观比比皆是,最具特色的当推平潭岛三十六脚湖及青峰、苏澳一带的海蚀穴、海蚀柱、海蚀崖、海蚀蘑菇、海蚀拱桥和闽江口的金刚腿、五虎礁等景观。

（5）海岸地貌。

海岸地貌包括各类不同的海岸及在岸线上分布的海蚀地貌景观。福建的海岸地貌种类丰富,闽南的海岸沙滩独具特色,分布于滨海和海岛的海蚀地貌千姿百态。尤其是平潭海坛岛、厦门鼓浪屿、莆田湄洲岛、福鼎大嵛山岛、漳浦牛头山、东山岛等最为著名。福建的海岸地貌具有很大的开发潜力。

（6）岩溶地貌。

由石灰岩等可溶性岩石长期遭受富含 CO_2 流水的溶蚀、冲蚀作用,沿着石灰岩裂隙溶蚀产生各种石芽、石林、溶洞、地下河,以及碳酸钙沉淀形成的各种石钟乳、石笋、石柱等形态,总称岩溶地貌景观。福建岩溶地貌仅发育于闽西南拗陷带的永安、将乐、沙县、三明、明溪、宁化、清流、上杭、连城、武平、龙岩等地。产生岩溶的地层为距今 3.2 亿~2.7 亿年前的晚石炭世船山组、早二叠世栖霞组生物碎屑灰岩、含燧石灰岩、白云质灰岩等。在距今 7 000 万年至 900 万年前燕山运动晚期所形成的断裂密集区,水循环作用沿着石灰岩构造裂隙渗透溶蚀,逐渐形成岩溶地貌。岩溶类型以构造裂隙性洞穴为主,常形成楼台形、厅堂形、漏斗形、迷宫形、环式、羽状、枝状、峡谷形、矩形、椭圆形、工字形等不同形态的洞穴,洞内遍布的石钟乳、石笋、石柱、石幔晶莹闪亮、炫巧争奇,地下暗河流水潺潺,相映成趣。岩溶景观主要有将乐玉华洞、永安鳞隐石林、沙县七仙洞、宁化天鹅洞、明溪玉虚洞和龟山洞、龙岩龙硿洞等。其中尤以"光洁如玉、光华四射"的玉华洞最负盛名,其洞之幽、景之美独树一帜,堪称"人间仙境",引无数游人前来探幽揽胜。

4.1.2.5 典型化石、岩石、矿产地

典型化石:如永安坂头二叠纪－三叠纪过渡层的刘氏假腹菊石、亚洲假提罗菊石、马平胁瘤菊石及植物化石,武夷山市早白垩世的寿昌中脐鱼、政和大溪晚侏罗世的东方喙龙等化石。

典型岩石:如福州魁岐碱性花岗岩,福州的寿山石,泉州石刀山的韧性剪切岩,华安三叠系底部的九龙壁（华安玉）,平潭岛大福上升型海滩岩,东山岛康美村前港湾的沉积型海滩岩,古雷半岛油沃的掩埋型海滩岩等,以及莆田平海乡的海岸沙丘岩等,均是科学考察重地。

魁岐碱性花岗岩,是西太平洋构造岩浆带典型岩区,许多国内、外学者、专家不远千里前来考察、研究。

典型矿产地:如清流行洛坑钨矿、龙岩东宫下高岭土矿、龙岩马坑铁矿、南平西坑铌钽矿、上杭紫金山铜金矿、永安李坊重晶石矿、邵武南山下萤石矿、福州峨嵋山叶蜡石矿、东

山石英砂矿等。

4.1.2.6 水体景观

福建省雨量充沛,地形切割较深,为峡谷溪流、瀑布和人工建造水库提供了条件,形成了许多壮美的水体景观。如顺昌石溪畔陡坡上间歇泉,永安、泉州的矿泉,宁德的氢泉,宁化湖村龙王潭泉,永定高陂鲜水塘和武平十方鸳鸯井等。此外,福建也是我国地热资源丰富的省份之一,温泉众多,特别是在城市中出露的温泉十分罕见。

4.1.2.7 建筑石料

福建省建筑石料资源极为丰富,类型齐全,属优势矿种之一。福建省建筑石料的开采利用有着悠久的历史。我国现代许多重大建筑及名胜也采用了福建省的建筑石料,大宗开采且已出口的或有潜在较大经济意义的岩石类型有花岗岩类、混合二长花岗岩类和基性岩类及彩石类等四个主要类型。

4.1.2.8 明溪蓝宝石

明溪蓝宝石位于明溪县城北西约 10 km,面积约 80 km^2。蓝宝石矿床产于河床相砂砾层中,宝石矿物来源于佛昙群玄武岩中的副矿物,经剥蚀、搬运、沉积形成砂矿床,主要宝石矿物有刚玉、镁铝榴石、锆石、橄榄石等。该矿床埋藏浅,易采易选。

4.1.2.9 寿山石

寿山石矿床产于福州寿山火山喷发盆地内,受火山构造或火山构造与断裂的联合控制。在火山热液作用下,矿床内次生石英岩化相当发育,且以地开石化、叶蜡石化、绢云母化、硅化、水铝石化最为发育,其次是高岭土化、黄铁矿化、绿泥石化等。寿山石矿床分布于北起墩洋、南达月洋、西自汶洋、东至连江隔岸近 50 km^2 的范围内。分为高山—金山顶矿带、老岭—松柏岭矿带、虎口—金狮公山矿带、旗山—加良山矿带以及黄巢山环形矿带。此外,寿山溪及其沉积物控制了外生的田黄石的分布。矿石构造常见的有块状、花斑状、水波纹状等。矿石的矿物成分主要有地开石、叶蜡石,其次有水铝石、高岭石及石英等,偶见微量的黄铁矿、氧化铁。

4.1.3 地质公园

为了保护地质遗迹、普及地学知识、发展旅游产业,从 2000 年开始,我国已先后授予了四批共 138 家国家地质公园。目前,福建有 2 个世界地质公园(泰宁世界地质公园、宁德世界地质公园)和 7 个国家地质公园(漳州滨海火山地貌、晋江深沪湾、福鼎太姥山、宁化天鹅洞群、德化石牛山、屏南白水洋、永安国家地质公园等)。地质公园总面积为 1 697.41 km^2,占全省总面积的 1.4%,地质公园已成为福建省旅游业发展的新亮点。

4.2 地质遗迹资源的分类

地质遗迹是指在地球演化的漫长地质历史时期,由于各种内、外动力地质作用,形成、发展并遗留下来的珍贵的、不可再生的地质自然遗产。地质遗迹资源的特点决定了其价值的独特性、宝贵性。因此,根据福建地质特点,依照造成遗迹的动力因素、主体物质组成及成因,以及科学开发和有效保护地质遗迹资源,对地质遗迹资源进行分类,见表4-1。

即地质遗迹依其形成原因、自然属性等可分为下列 5 种类型：

(1)有重要观赏和重大科学研究价值的地质地貌景观；

(2)有重要价值的地质剖面和构造形迹；

(3)有重要价值的古生物化石及其遗产地；

(4)有特殊价值的矿物、岩石及其典型产地；

(5)有典型和特殊意义的地质灾害遗迹等。

表 4-1　福建省地质遗迹分类

大类	类	亚类
一、地质(体、层)剖面大类	1. 地层剖面	(1)区域性标准剖面
		(2)地方性标准剖面
	2. 岩浆岩(体)	(3)典型基、超基性岩体
		(4)典型中性岩体
		(5)典型酸性岩体
		(6)典型碱性岩体
	3. 变质岩相剖面	(7)典型接触变质带剖面
		(8)典型动力变质带剖面
		(9)典型混合岩化变质带剖面
	4. 沉积岩相剖面	(10)典型沉积岩相剖面
	5. 构造	(11)区域(大型)构造
		(12)中小型构造
二、古生物大类	6. 古人类	(13)古人类活动遗址
	7. 古生物化石	(14)古生物化石
	8. 古植物	(21)古植物化石
三、矿物与矿床大类	9. 典型矿物产地	(22)典型矿物产地
	10. 典型矿床	(23)典型金属矿床
		(24)典型非金属矿床
		(25)典型能源矿床
四、地貌景观大类	11. 岩石地貌景观	(26)花岗岩地貌景观
		(27)可溶岩地貌(喀斯特地貌)景观
		(28)丹霞地貌景观
	12. 火山地貌景观	(29)火山机构地貌景观
		(30)火山熔岩地貌景观
	13. 冰川地貌景观	(31)冰川刨蚀地貌景观

大类	类	亚类
	14. 流水地貌景观	(32) 流水侵蚀地貌景观
	15. 海蚀海积景观	(33) 海蚀地貌景观
		(34) 海积地貌景观
	16. 构造地貌景观	(35) 构造地貌景观
五、水体景观大类	17. 泉水景观	(36) 温（热）泉景观
		(37) 冷泉景观
	18. 湖沼景观	(38) 湖泊景观
		(39) 沼泽湿地景观
	19. 河流景观	(40) 风景河段
	20. 瀑布景观	(41) 瀑布景观
六、环境地质遗迹景观大类	21. 地震遗迹景观	(42) 古地震遗迹景观
		(43) 近代地震遗迹景观
	22. 陨石冲击遗迹景观	(44) 陨石冲击遗迹景观
	23. 地质灾害遗迹景观	(45) 山体崩塌遗迹景观
		(46) 滑坡遗迹景观
		(47) 泥石流遗迹景观
		(48) 地裂与地面沉降遗迹景观
	24. 采矿遗迹景观	(49) 采矿遗迹景观

4.3 火山岩地质地貌景观

4.3.1 古火山口地质遗址

中生代强烈的火山活动是福建地质作用的一个显著特点,在国内以至国际上都久负盛名。早白垩世火山岩形成的奇峰叠嶂、峭壁幽谷的火山岩地貌是最具观赏性的地貌景观之一。此外,全省尚有多处保存完好的古火山机构,是天然的火山地质博物馆。

古火山口是本省出色的景观之一,分布于闽西、闽中、闽东沿海一带。特别优美的多在沿海一带,其中首推龙海牛头山火山口,其次是福清风迹火山口,再次是沙县大佑山、德化石牛山、浦城毛洋头、永定堂堡、平和崎坑、云霄金坑等地的火山口,其喷发时期多在晚侏罗世,其次是早侏罗世、白垩世与第三纪。下面分述著名的比较典型且各具特色的古火山机构。

4.3.1.1 西山古火山

该火山位于罗源县霍口畲族乡西山村,主要是由凝灰岩夹凝灰熔岩组成的层火山,发育于北北东向压性断裂、北西向张性断裂和东西向压扭性断裂交汇处。平面略呈北东向展布的椭圆形,面积20 km² 以上。筒状火山颈由含角砾凝灰熔岩及火山集块岩组成,长1 500 m,宽500 m,面积0.6 km²。地形呈小山包,火山口洼地堆积砂砾岩、凝灰岩、粉砂岩和火山集块岩,呈半环状分布于西山村等地。火山口为海拔400 ~ 662 m的环状山,由凝灰熔岩、凝灰岩和凝灰角砾岩构成,呈半环状分布于龙腰、西山、艮尾一带。北部和东部外围广泛分布南园组第二段和第三段凝灰熔岩。火山的环状断裂主要分布于火山口的周围,有的岩墙、岩脉也呈环状出露。放射状断裂分布于西北、东北和东南部,为晚侏罗世中期岩浆经过较长时间喷溢和爆发交替进行而形成。

4.3.1.2 金钟湖古火山

该火山位于长乐市区东北4 km的金钟湖村,主要是由火山碎屑岩和凝灰熔岩构成的层状火山。发育于长乐—笏石断裂带上,平面呈北东向展布的椭圆形,面积在50 km²以上。火山口为椭圆形低缓洼地,其中心部位是海拔446.3 m的锥形山,四周是由一系列侧火山口组成的环状高地。火山口内见有熔结凝灰岩和熔结集块岩。火山口外由各种粒级不同的火山碎屑岩与凝灰熔岩、英安岩、角砾熔岩呈互层组成。火山口周边见有花岗斑岩、流纹斑岩沿脉状和放射状火山断裂侵入。水系和沟谷也相应呈环状或放射状。岩石同位素年龄值为151百万年,为晚侏罗世中晚期火山爆发与喷溢交替进行而形成。

4.3.1.3 溪坪古火山

该火山位于罗源县飞竹乡北部溪坪、安后村一带,是一裂隙式古火山。发育于田地—广坪断裂带的东南面。平面呈北东向带状展布,面积45 km²,向北伸入古田县境。地貌上表现为北东向延伸、相对高度为200 ~ 600 m的起伏丘陵和低山。火山管道长5 000 m,宽50 ~ 700 m,有裂隙式和中心式两种,分别被角砾熔岩、火山角砾岩和火山集块岩所充填。管道周围零星分布英安岩和流纹岩。火山口周围由凝灰岩、粉砂岩、砂岩构成。花岗斑岩岩脉也呈北东向展布,为晚侏罗世火山大规模喷发之后转为沉积与喷发交替进行,而后岩浆沿北北东向断裂喷出并充填火山管道,最后转为中心式喷发而成。

4.3.1.4 凤迹古火山

该火山位于福清市新厝镇凤迹村,主要是由中酸性熔岩和火山碎屑岩构成的破火山,发育于长乐—宏路断裂带西北侧的北东向与北西向断裂交汇处。平面近圆形,面积40 km²以上。火山颈直径约2.1 km,由熔岩集块岩和火山角砾岩构成,寨山和鸡姆山是火山颈的突出部分。火山颈被花岗闪长岩、花岗闪长玢岩所分割和围绕。破火山口为近圆形的洼地,直径2.5 ~ 3 km,面积约4.5 km²。其周围环布早期喷溢的流纹岩,形成向东南开口的环状山。早期喷发的凝灰岩环布于后隐、长岸、云门山、鸟寨尖及城里坡一带,形成山高坡陡的地形;晚期喷溢的流纹岩呈扇状分布于中仑山、红公岭及井里山一带。火山环状断裂和放射状断裂相当发育。岩脉较多,如辉绿岩、花岗斑岩、闪长玢岩、长石斑岩等岩脉。岩脉和水系也呈环状或放射状分布,为晚侏罗世中晚期岩浆多次喷出和侵入,火山口多次爆炸和崩塌而成,见图4-1。

4.3.1.5 永泰青云山古火山

该火山位于永泰县岭路乡南部的云山村、长坑村一带,是一主要由火山熔岩和凝灰岩构成的破火山。发育于北东东向与北西向断裂交汇处,岩石及其组成的山体都围绕喷发

（a）

（b）

（c）

图 4-1　凤迹古火山

中心呈北东东向椭圆形延伸展布,面积 37 km^2,山形雄伟壮观。火山管道呈蘑菇状突起山峰,由石英二长斑岩充填而成,面积 11 km^2。火山口分布着熔岩湖凝固的钾长流纹岩,长 8.25 km,宽 3 km。火山口周围由流纹岩构成的环形山多呈陡壁和锯齿状山峰,其外围由含火山球、火山弹的凝灰岩夹层状黑曜岩组成。环状断裂分布于鸟岩、出米垄、大吉厝一带,放射状断裂分布于东北、东南、西南部,水系也呈环状和放射状,为白垩纪岩浆分阶段喷出、侵入以及火山口多次爆炸、塌崩而成(见图 4-2)。

4.3.1.6　虎头山古火山

该火山位于闽侯县南通镇西北部,是一座主要由流纹斑岩、流纹岩组成的穹状火山。发育于北东东向与北西向断裂交汇处的五虎山洼地西部。平面似马蹄形,面积约 4 km^2。火山通道熔岩在平面上呈环状分布,内环为紫色流纹斑岩,中环为紫红色钾长流纹岩,外环为集块(角砾)熔岩。围绕火山通道分布着以熔结凝灰岩为代表的火山碎屑岩。火山西侧边缘主要分布着砂砾岩和凝灰质粉砂岩,为白垩纪火山多次活动而形成。五虎山火

· 25 ·

图4-2 福建省永泰县青云山

山洼地挺拔于福州盆地南部,边缘地势峻,向内渐趋平缓。火山洼地内虎头山海拔459.2 m,其周围还分布着海拔400~600 m的白面虎、歧尾虎、尾虎等10多座穹状火山。

4.3.1.7 龙海牛头山火山口

龙海牛头山火山口形成于晚第三纪,由玄武岩、粗玄岩、伊丁石化橄榄玄武岩等组成,以柱状节理的独特结构的粗玄岩围绕火山口密集排列,在滨海地区构成非常美丽壮观的地貌。火山口倾斜,朝向海域,一半在陆上,一半在海边,在退潮后显出整个完整的椭圆形,长轴北东向,轴长200 m,短轴长70 m,火山口比长春市伊通火山口更加优美。见图4-3。

图4-3 龙海牛头山火山口

4.3.1.8 平和灵通山火山机构

该火山喷发群位于福建省风景名胜区灵通山旅游区,该风景区由狮子、紫云、玉屏、栖云、擎天、大帽、小帽7个大峰及36群峰组成,山体最高海拔1 287 m。灵通山火山机构是由4~6个规模相似、特征雷同的古火山群组成的,主要岩性为各种流纹岩及集块角砾熔岩、火山角砾岩、集块岩等。正是由于这种群口喷发而形成了灵通山喷发盆地上部的大量堆积物。

灵通山火山群呈近南北向分布,长约5 km,宽约3 km,面积25 km²。明显是受晚侏罗世埼坑环状组合体之环状断裂及北西向构造带控制,具裂隙中心式喷发特征,构成略向东南偏移的一长串古火山体群。据20世纪70年代福建省区调队区调成果,灵通山火山机构是早白垩世初期(距今1.35亿~9500万年)中酸性火山喷发并经过一段间歇沉积后,酸性熔浆再度喷发,可以说它是晚侏罗世埼坑火山机构组合体在早白垩世再次活动的结果。

4.3.1.9 云霄县下河乡金坑村火山口

该火山口位于云霄县下河乡金坑村。火山口在一座山上,形成一个凹下的大坑,周围有许多奇特的石头。在火山口附近的河流里,有一种双色的鹅卵石,里面灰白色,外层黑褐色。据专家考证,这是当年火山口喷发时,炽热的岩浆把地表的石头包住而形成的"石头石"现象。这座陆地火山虽然已沉寂了几千万年,但地质科学家研究所仍把它列为监测全国火山活动的一个观测点,不定期地派专家来这里对火山口进行观测,提取各种科学数据。

4.3.1.10 德化石牛山火山构造洼地

石牛山位于福建中部戴云山区,大樟溪上游,泉州市北面。东与福州市永泰县、莆田市仙游县界连,南与永春县毗邻,西与三明市大田县接壤,北与三明市尤溪县相邻。主峰海拔1781 m,因山上一石似牛而得名。地质公园类型为潜火山岩地貌、火山地质地貌。

石牛山火山构造洼地居于戴云山巨型环状火山构造的核部,福安—南靖北东向、闽江口—永定北东东向、三明—湄洲岛北西向及浦城—永泰嵩口南北向断裂带交汇地带,平面上呈梨形,四周大多被弧形断裂和潜火山岩墙(脉)所围限。区内所见是石牛山火山构造洼地西侧的小部分,呈半圆状,直径约15 km。近似倒放梨形影像,环形边界清楚。地貌上洼地外围呈低缓山岭,围绕洼地发育环状水系,洼地内为高耸陡峭山峰,形成奇峰异景,成为很有潜力的旅游景区。水系也由洼地中心向四周奔流,而更为醒目的是,洼地周边发育有一系列环状、放射状断裂及潜火山岩墙脉,尤显特色。

地质地貌景观是典型完整的放射状的火山塌陷盆地,其主要地质景观有石牛山水蚀花岗岩石蛋地貌、崩塌堆积地貌、晚白垩世石牛山组层型剖面、石牛山复活式破火山口、粒状碎斑熔岩、潜火山岩的垂直分带、瀑布溪流等水体景观,是进行科学研究及科普教育的基地。公园总面积86.82 km^2,主要地质遗迹面积34.15 km^2。

石牛山地区的森林、竹海、中山湿地、峭壁、象形石、瀑布、溪流,动静之间,组成自然界最具动感和变幻的壮丽画卷,是人们登山观日、拾趣郊游、科考探险、地学科普的理想去处,具有巨大的开发利用价值和科学研究意义。

4.3.1.11 福建沙县大佑山火山喷发盆地

沙县大佑山火山构造是一较典型的火山喷发盆地,面积约150 km^2。盆地内的火山地层属石帽山群,岩石组合具双峰式火山岩特点。岩石上部为流纹岩,其形成时代为早白垩世。火山岩相发育较齐全,以爆发相占绝对优势,其空间分布具有一定的规律性。

4.3.1.12 浦城毛洋头火山机构

受邵武—河源深断裂控制,是由多个火山喷发中心组成的大型复式火山盆地。盆地大部分位于浙江境内,东南小部分位于福建境内,盆地有2个火山喷发中心区,即东南部福罗山—湖住溪和西北部大坑火山喷发中心,其间被高溪岩体相隔。出露地层主要有侏罗系上统长林组、南园组及第四系。长林组为一套火山喷发沉积岩类,不整合在基底花岗岩之上,总体走向北东,倾向北西,倾角8°~30°。南园组为一套陆相中酸性熔岩和火山碎屑岩。总厚度大于700 m,走向北东、倾向北西、倾角40°~45°。4个岩性段中第一、二段出露在矿区外围,第三段为一套爆发－塌陷－隐爆等火山作用叠加形成的火山通道相杂岩,岩性种类繁多,产状多变,呈集团状或不规则脉状,在其与第四段接触部位附近有铀矿化,总厚度430~570 m。第四段为侵入－侵出相流纹岩,总体倾向北西,倾角45°~80°,侵出相分布在矿区南部,原生节理发育。侵入相呈不规则贯入火山杂岩中,相变明显,不同部位相带发育不一致,火山通道中可分为底板相、中间相和顶板相。

4.3.1.13 古火山口地质遗产价值分析

全省多处保存完好的古火山机构,是天然的火山地质博物馆。尤其是东南沿海,中新生代火山地质遗迹确属全球稀有的地质奇观,对研究西太平洋火山岩带发育历史有重要的科学价值,是具备学术研究、科学考察、旅游观光、保健疗养、生态维护等多功能的科学宝库。

4.3.2 火山岩地质地貌景观

中生代强烈的火山活动是福建地质作用的一个显著特点,在国内以至国际上都久负盛名。早白垩世火山岩形成的奇峰叠嶂、峭壁幽谷的火山岩地貌是最具观赏性的地貌景观之一。永泰青云山、闽侯十八重溪、屏南白水洋、德化戴山、石牛山、宁德支提山、闽清大帽山(白岩山)、福清石竹山、平和灵通山、三明瑞云山、沙县大佑山、宁化牙梳山等都是著名的火山地貌景观区。比较典型的火山岩地质地貌景观分述如下。

4.3.2.1 八闽岳祖白岩山

白岩山位于闽清县东南部三溪乡境内,距闽清城关43 km,为县境东南的天然屏障。闽清属于中国江南古陆的一部分,由前震旦纪构成褶皱基底,中生代时期强烈的燕山运动形成了新华夏构造体系,奠定了现代地质面貌的基本格局,其区域构造线以北东向和北北东向为主,控制了该区山脉、水系的展布和矿藏的分布。

闽清处于闽中大山带戴云山脉和闽北山带鹫峰山脉的交接地段。县境内的闽江以南为戴云山脉东北麓,山岭绵亘于边境,由于梅溪强烈下切,丘陵广布,有坂东、白中、塔庄、池园等河谷平原,坂东平原为全县之最;北部系鹫峰山脉南麓,地势急剧上升,千米山峰遍布,山岭逼岸,坡陡壁峭,盆谷相间,东桥谷地最大。

白垩纪的火山活动使白岩山从四周低山突兀而起,形成海拔1 237 m的白岩山。白岩山的得名源自山顶色白如玉的石峰。这是一套发育最为完整、典型的火山岩系,地质上此类地貌即以白岩山主峰石帽峰命名,称为"石帽山群"。

白岩山景区以悬崖陡壁、层状方山和岩洞著称,有108处类人类物、惟妙惟肖的天然岩景。其中,白岩骆驼峰以其具形具神,在远近以骆驼命名的山峰中,最为形象生动;仙人镜面对坂东平原,恒古以来当地民众在月夜里都可望着它,对着半空仙镜隐隐约约的仙山倩影发着悠远的遐想;龙洞、珍珠帘、悬鱼洞、观音岩、南蛇出洞、观音岩、仙人迹等奇特的景观都溶注着无数优美动人的传说;千年古刹白岩寺及白玉泉、一家仙、林小妹祠、达摩禅殿等古迹名胜无不记录着八闽文明的精华,宋代理学大师朱熹对白岩山情有独钟,在其为避学禁舍官归田的十五年间,曾多次登临并留下"八闽岳祖"的题刻。历史诸多文人墨客在尽览白岩胜景之后,热情讴歌并勒石铭颂。位于主峰之巅的"威镇南疆"题刻更显示白岩山作为八闽岳祖的宏大气魄。

　　白岩山为闽东地区海拔最高的胜地之一,与四周形成6~7℃的温差,夏季为避暑胜地,冬季可一睹南疆的北国冰雪奇观。白岩山多杜鹃花,红、黄、白、紫多色错杂,灿漫多彩,故又有杜鹃山之美称。白岩山的日出和云海波澜壮阔、绚丽多彩,雾中岩景更是迷离扑朔、腾挪生动。更为神奇的是白岩山的云瀑,若梦若幻的云雾流成的瀑布,让人想到她的上游肯定连接着天河。放晴时分,站立山顶,前有东海、闽江、省城福州,后有戴云、鹫峰莽莽群山,游目骋怀,大可荡涤胸襟。见图4-4、图4-5。

图4-4　白岩山

图4-5　白岩山全景

4.3.2.2　石竹山火山岩地貌景观

　　石竹山国家4A级旅游风景区位于福清市区西郊10 km处,由白垩纪石帽山群火山岩组成。以石奇竹秀、道教名山、祈梦圣地而驰名,此山"石能留影常来鹤,竹欲摩空尽作龙"。如图4-6、图4-7所示,从东面看石竹山,如一条巨龙般逶迤,应了风水学上的"宝地"之征;从南面远望石竹山,整个山体看起来像一个等腰三角形,如古埃及金字塔一般的雄伟壮丽,让人不得不感叹大自然的鬼斧神工。山上石竹寺建于悬崖峭壁之上,仰望犹如空中楼阁,那绿丛中的橙瓦飞檐,兔绕于香烟之中,蒸云吐雾,确如仙境。石竹寺建于唐宣宗大中元年(公元847年),千余年来经久不衰,其一大特点是儒、释、道三教长期和睦共处。寺内建筑也充分体现了三教各自的特点和风格,观音堂、伽蓝殿、仙君楼、玉皇行宫、文昌阁等三教建筑依山而筑,险而不惊。石竹寺初名灵宝观,因寺周巨石嶙峋,且盛产竹子,故改名为石竹寺。石竹寺不仅是一座千年古刹,更是历史悠久的文化胜地。宋代理学家朱熹,明代大旅行家、地理学家徐霞客及清末陈宝琛等名人都到此游览过。至今周围还留下了宋代以来的摩崖题刻 20 多处。石竹寺的另一奇观是祈梦文化。

图 4-6　石竹山风景区

图 4-7　石竹山风景区湖泊

山不在高,有仙则名。石竹山主峰天子峰的海拔只有 534.5 m,但因为山上景色特别优美,特别适合出家人修行,所以自汉代以来一直有道家方士在这里炼丹修行,流传下来诸如林晃真人骑虎飞升的神话传说。更有何氏九仙修道成仙后在这里显圣,成了这里的主神,相传汉代福州太守何任侠的九个儿子在福州于山修行炼丹,后得道于仙游九鲤湖,来石竹山显灵,托梦给世人,为世人消灾赐福,故民间有"春祈石竹梦,冬求九鲤签"的谚语。和石竹山梦文化有关联的有明代官居内阁首辅的福清人叶向高,明永乐年间的状元马铎、大旅行家徐霞客,清代名臣陈宝琛,近代著名的海军将领萨镇冰,著名侨领林绍良、林文镜、蔡云辉等。有了这些达官显宦、文化名人以及海内外福清侨领们成功的例证,石竹梦的灵验更是广为流传。

石竹山的道教文化有许多奇、绝之处,主要有"一梦(祈梦)、一签(抽签)、一春(接春)、一愿(许愿)、一生辰(元辰保护神)"。每年,石竹山都会举办许多重大的宗教活动和民俗活动,就说接春吧,也就是迎接春神、春王。石竹山自古就被奉为行春之治所。每年的立春这一天,数以万计的信徒来到石竹山,手擎香烛,虔诚地跪拜上山,那时香烟升腾,烛光映天,漫山遍野,人山人海,香客蜿蜒成一条火龙,形成了非常壮观的一道人文景观。还有财神诞、玉皇诞、仙君诞、正月十五元宵节、七巧节、中元节、除夕等,都会把石竹山妆扮得热闹非凡。石竹山山、水、林、石、洞、寺兼胜,有一天、二塔、三岩、四泉、五仙、六洞、七峰、十二石等胜景。石奇洞幽,山青竹秀,美不胜收。山下石竹湖,其绿如蓝,其明似镜,湖中一翠绿小岛,似鲤鱼闲游,构成整个石竹风景区令人向往的奇特、独特景观。

4.3.2.3 长泰天柱山火山岩地貌景观

誉贯古今、蜚声中外的闽南名山——天柱山,地处长泰县亭下林场境内,是风光旖旎、景致绝幽的国家级森林公园,见图 4-8、图 4-9。天柱山属戴云东伸支脉,最高海拔 933.1 m。山势嶙峋峭拔,直插九霄,宛若擎天玉柱,是以得名。山间飘云荡雾,笼烟流霞;嘉木葱笼,苍翠欲滴;珍禽翔集,彩蝶翩跹;异卉奇花,暗香馥郁;怪石嵯峨,千姿百态;洞穴深幽,紫气氤氲;飞泉喷壑,溅珠泻玉。置身山间,如履仙境。历朝历代,多少才华横溢的骚人墨客慕名而来,"穷穴必探,绝顶必登",把盏临风,吟咏佳句,铺笺挥毫,草就华章。留下了大量摩崖石刻,为天柱山增色添辉。凡游览过天柱山的人,无不惊叹大自然的造化奇巧,鬼斧神工。正是:"骋目皆画卷,人在蓬莱中。"

图 4-8 天柱山全景

图 4-9 天柱山

屏风石,位于天柱山主峰西面。在天柱山主景区的各个角落,均可清晰地看见这一斜插山崖的屏状巨石。此石"高逾九仞,横展碧空",穿云破雾,气势磅礴。北宋宣和乙巳年(1125 年),长泰知县蔡元章书刻的"天柱岩"三个大字,古朴拙实,肃穆端庄。历经800 余年雨雪风霜的侵蚀,依然笔力遒劲,赫然醒目。整个岩石除了顶部和两侧有些藓迹苔痕,大部分洁白如玉。岩上还有历代古人的题咏,可惜几经沧桑,字迹业已模糊难辨,诚为憾事!明万历年间举人张燮有诗赞道:"高绝盘青霭,岿然似削成。修条依半壁,飞叶上分明。"清代长泰县令庄歆,有感于屏风石的奇特景观,书就脍炙人口的《屏风石赋》,喻屏风石"拟巨灵之斧劈,凸凹肾泯;若女娲之锻炼"。

4.3.2.4 永泰方广岩火山岩地貌景观

方广岩在永泰城东葛岭山腰,为一座天然岩洞,海拔 300 余 m,为中生代早白垩世石帽山群火山岩组成的基岩,由于断层峭壁分化崩裂,在层峦叠嶂、林荫蔽日之中,岩体形如片瓦,凌空舒展,覆盖成一个高约 20 m、深约 30 m、宽约 50 m 的天然洞穴。方广岩顶部有一股清泉由右侧随风飘洒而下,像珠帘一样悬挂在洞口,构成"水帘观瀑"的胜景。"一片瓦"底部悬挂着数十个钟乳石,形成独特的岩景,主要有蛟龙入水、猛虎出山、鲤鱼腾跃、巨牛练角、黄鹤凌空、百鸟朝凤、猿猴探首等,惟妙惟肖,栩栩如生。

4.3.2.5 戴云山火山岩地质地貌景观

福建中部戴云山—石牛山火山洼地处于东南沿海火山岩带上一系列巨型环状火山构造带中。它位于闽东中部戴云山地区,广泛分布有晚侏罗世南园组火山岩、晚白垩世石牛山组火山岩。区内地形复杂,属于中、低山地貌。区内山脉连绵,河谷剧烈下切,峡谷十分发育。戴云山又名迎雪山,主峰位于德化县境内,有"闽中屋脊"之称,主峰群由海拔1 856 m的小戴云、海拔1 713 m的大戴云和海拔1 660 m以上的诸峰构成。戴云山高、广、壮,平日云雾缭绕,难见真容;广则横跨数十里,余绪蜿蜒达闽南沿海;壮则令人震撼。莲花池里藏着全省最高的高山湿地,海拔1 610 m,四周矮山环抱,地势平坦,长约1 000 m,平均宽度约100 m,面积约10万m²。山上有许多国家保护的珍稀动植物。戴云山自然保护区还拥有保护完好的原生性黄山松群落6 400 hm²,是目前我国大陆分布最南端、面积最大、分布最集中、保存最完好、天然更新状态最好的黄山松群落。建于梁开平二年(公元908年)的戴云寺,是福建省历史悠久的古寺之一,省级自然保护区。九派发源,迎客松抒臂迎宾。明人把它的风光景物概括为"戴云秋"、"迎雪春潮"、"一柱撑空"、"七里盘谷"、"六朝真僧"、"石帽顶冠"、"风髻通玄"、"洞畔石英钟舟"、"天池洒雪"、"石壁悬松"、"云中石厂"、"天外线泉"、"山西三鼓"、"岩东石钟"等十六胜景。戴云山主峰东麓有一支侧峰,峰呈东西走向,南北两面则断崖兀立,谓之"大小险",世人皆叹其拥"华山之险,黄山之奇,更有九寨沟之秀"。"大小险",海拔1 347 m,山体绵延数千米,从山脚到顶峰,海拔相差500多m。山顶峰有亭翼然于其上,曰"白仙亭",供奉"五谷神"。据说此亭灵应,有求必应,能庇佑乡邻"风调雨顺,五谷丰登"。常言道:山不在高,有仙则名。可"大小险"却不以仙气闻名,而是以其山势险峻,有大、小二险令游人胆战而得名。上寨村位于雷峰镇境内,一面依着海拔1 606 m的土云岐山腰,其余三面皆是峭壁,风水学将此险要的地理环境称做"油灯挂壁",上寨村小学旁有一面巨石,叫"晒月石",面积有两个篮球场大,上面凹现着许多类似动物脚印、人脚印等奇特的印痕。石牛山位于德化县东部,主峰海拔1 781 m,因山上一石似牛而得名。该山是个典型完整的放射状的火山塌陷盆地,这一中生代火山形成的山峰,构成丰富多姿、奇妙无穷的岩石山洞。加上人们赋予种种的神话传说,使这一自然景观增添了迷人的色彩。很多岩石上留有神奇的传说,有的直削悬立如碑坊、如城门,有的如笔架、如卧榻、如花朵、如飞凤等各种动物。这里洞群密布,大小多达100多处,洞中有洞,迂回曲折。

4.3.2.6 瑞云山——福建最大的火山岩地质地貌景观

国家AAAA级旅游景区瑞云山总面积10 km²,是福建省最大的火山岩地貌风景区(见图4-10)。

图4-10 三明瑞云山

景区形成于1亿年前早白垩世火山喷发时期,集峰秀、石峭、庙古、藤茂、谷幽之胜于一山。由火山口积淀而成的天然大佛堪称华夏之最,还有天马岩、将军藤、蝴蝶谷、火山岩壁、神龟指路、瑞云飞瀑、山洞悬索等胜景。而镶嵌于火山溶洞的千年古刹瑞云寺,佛道共居,尽显神奇与吉祥……景区生态环境一流,年平均气温18～19 ℃,冬无严寒,夏无酷暑,四季皆宜旅游。植被覆盖率达95%,有木本类植物70科210属400多种,草本类和蕨类植物1 000多种,属国家一、二级保护的植物有三尖杉、金毛狗等,景区还是植物活化石四川苏铁的原生地,被列为省级植物保护区,世界植物专家曾多次到此考察。

4.3.2.7 五虎山火山岩地质地貌景观

闽侯五虎山规划范围是以五虎山为龙头,沿五虎山山脉,绵延涵括十八重溪、兔耳山等景区近100 km² 的自然区域。这里地质构造复杂,多阶段复杂的构造运动留下了丰富多彩的地质遗迹,大规模强烈喷发的中生代火山岩带,是五虎山地质的特色,是解读欧亚大陆板块与太平洋板块作用历史强有力的佐证,具有很高的科研价值。据专家介绍,五虎山属戴云山北延山麓,是燕山早期和晚期侵入活动的产物,为火山岩、火山碎屑岩地貌景观,属丹霞地貌区域,其中位于五虎山麓的火山岩遗迹最有特色,各种火山岩有大有小,大者直径达10多 m,如此大面积的火山岩地貌,实属少见。奇崖怪石星罗棋布,有滴水岩、蝴蝶岩、乌龟岩等。因此,五虎山具备成为地质公园的地质构造与地质遗迹。

4.3.2.8 火山地质地貌景观的价值分析与评价

福建省东南地区中生代火山岩规模最大,景观奇特。组合优美的自然景观,不但具备了景观的稀有性、自然性、完整性、环境优美性及观赏的可达性、安全性,而且还具备了环境的优美性和深远的人文历史价值,对研究东南地区中生代火山岩地质学、生物学、地理学、生态学等方面具有较高的科学研究价值和观赏价值。

多种多样的火山地貌景观构成了福建十分重要的旅游资源,每年都吸引着大量的游客。随着旅游业的不断升温以及人们对科普知识的追求,越来越多的旅游者对火山资源及其相关的地学知识抱以极大的兴趣。火山地貌景观旅游开发潜力巨大。

4.4 花岗岩地质地貌景观

花岗岩是地球大陆上出露最多的岩石类型之一,是人类社会经济发展的重要物质资源之一,花岗岩景观是重要的岩石地貌景观之一,在世界自然遗产、世界地质公园、国家公园(包括国家级地质公园、风景名胜区、自然保护区、森林公园)中占有较重要的地位,这些花岗岩景观园区已为人类的科学研究、旅游休闲、科普教育作出了重要贡献。

福建境内花岗岩广泛分布,大面积发育燕山期花岗岩,特别是晶洞花岗岩常形成具有很高观赏性的地貌景观。主要有形态各异的石蛋,挺拔峻逸的峰林、峰丛、峡谷。福州鼓山、连江青芝山、仙游麦斜岩和九鲤湖、泉州清源山、德化九仙山、厦门鼓浪屿和万石山、龙海云洞岩、东山风动石等都是著名的风景区。下面简介比较著名的花岗岩岩石地貌景观。

4.4.1 鼓山花岗岩地貌景观

鼓山复式岩体位于东南沿海福建境内。以魁岐岩体为重点,该岩体是东南沿海晶洞花岗岩带上最具代表性的晶洞花岗岩体。

鼓山风景名胜区位于福建省会所在地福州市东大门,主峰海拔 969 m,总面积 48 km²,分为鼓山、鼓岭、鳝溪、磨溪、凤池白云洞五大景区。自宋代至今皆为游览胜地,是福建省"十佳"风景区之一。

鼓山景区以古刹涌泉寺为中心,东有回龙阁、灵源洞等 20 多景,西有洞壑数十景,其中以十八景尤著,南有罗汉台、香炉峰等 50 多景,北有大顶峰、白云洞等 45 景。这些景点主要由花岗岩经长期剥蚀、风化、崩塌、堆积而成,千姿百态,构成蟠桃林、刘海钓蟾、玉笋峰、八仙岩和喝水岩等自然景观。此外,还有历代摩崖石刻多处。

4.4.2　青芝山花岗岩地貌景观

青芝山位于连江县琯头镇西北侧,面积 6.5 km²,最高海拔 532.5 m。相传古时山上盛产灵芝而得名,因岩洞众多,又名百洞山。景区以自然花岗岩形成的山景、岩洞为特征。全山由奇峰、异洞、怪石、流泉组成 108 景。峰以莲花峰居首,洞以九曲联珠、蝙蝠洞、五曲洞为奇,石以蛤蟆上山、杜鹃泣月、三玉蟾为胜,泉以琴泉、翠壑、泽泉为宜。人文景观有青芝寺、啸余庐、林森存骨塔、栖园等。山上还留下自明代以来文人墨客摩崖石刻 72 幅。景区规划分为百洞景区、青山旅游度假村、闽海观日、清峰覆釜等 4 个景区。

4.4.3　福建仙游麦斜岩

麦斜岩风景区是仙游四大景之一,坐落在县城东北的钟山镇境内,山势巍峨,怪洞藏幽,奇石成趣,引人入胜,宋代著名理学家林光朝称之为"小武夷山",见图 4-11、图 4-12。

图 4-11　麦斜岩风景区(一)

图 4-12　麦斜岩风景区(二)

麦斜岩景区面积为 6 km²,现属省级旅游区九鲤湖的重要组成景区,境内遍布紫红色的石崖、石峰、石球,是一座由花岗岩构成的山峰,主峰海拔 1 006.5 m,常有云雾缭绕峰顶,因而麦斜岩也称"云居山"。从停车场往上望去,整个山体犹如一只横卧的巨狮,中段呈北南走向,巨崖如壁,宛如狮背高隆;南端呈东西走向,略现高昂,犹如吼狮昂首扑爪;北端呈东北走向,似猛狮蹬脚伸爪。因此,当地群众称麦斜岩的山势为"狮穴"。

麦斜岩的岩体由燕山晚期晶洞钾长花岗岩组成,周围大面积分布有侏罗纪南园组中上部山系地层。说明在距今约 9 000 万年前中生代侏罗纪,我国东部地区的那次为燕山运动的造山运动,在这里产生了重大的影响,这次造山运动使深深埋在地下的岩浆冲出地面,形成火山,未喷出而先在地壳中凝结成为"侵入岩"。麦斜岩就属于这一类。由于岩浆收缩,地壳抬升作用,形成三组垂直的节理,将花岗岩切成菱形块状、格子块状等,又经长期流水冲蚀、溶蚀、温差变化及重力作用等外力因素的影响,便逐渐形成气势磅礴、层峦叠嶂、千姿百态的花岗岩地貌景观,景区内有许多奇形怪状的石头,如"大象饮水"、"神龟保口"、"悟空石"、"鲤鱼朝天"、"神鸟护芝"、"钟石"、"蘑菇石"、"莲花石"等,同时也因此形成较大的岩洞,如"梅花洞"、"仙人洞"、"蛇舌洞"、"玉泉洞"等,其形象逼真、生动,让人叹为观止。

麦斜岩以石奇洞怪闻名。最奇的洞为寺院下端的应真洞,据说在洞中烧火,一股浓烟会从山巅冒出。最奇的石为最高峰的钟石,宛如铜钟高高矗立。相传每当气候骤变,这块石头会发出低沉的钟声,连远在莆田涵江的人都听得见。是不是真的这么神奇,我们已难以验证了,因为如今外面的世界太精彩了,麦斜岩的山巅不可能有当年那样的能见度,钟石发出的声波也不可能像当年那样宁静无扰地扩散。然而,我更爱麦斜岩,在滚滚红尘中,她依然坚守着自身的清净与宁静。在那些千奇百状的山石里,那只趴着酣睡的小老鼠,至今没有离开那座可爱的石墩;那朵惟妙惟肖地开在岩石上的灵芝,也没有因为身价不凡而下山入市。占星石的上方有一片悬崖,崖上"搁"着一只石舟,薄薄的石片,两边翘起,船头微抬,当山雾如潮水般涌到它的脚下时,它本该起锚远航了,然而它不走。有时它看起来又像一只飞船,当天上的祥云降到它的眼前时,它本该乘风飞去的,然而它不走。

麦斜岩不仅风景秀丽,而且是中国工农红军一〇八团的革命诞生地,1930年10月,邓子恢同志就来到这里,组建工农红军一〇八团,点燃了仙游武装斗争的烈火,从此,革命红旗就高高地飘扬在麦斜岩上。麦斜岩先后被共青团福建省委授予"青少年德育教育基地",莆田市委、市政府授予"第一批爱国主义教育基地"。现在县委、县政府在麦斜岩建设红军一〇八团革命纪念馆,让一〇八团革命史迹永远载入史册。

4.4.4 清源山花岗岩地貌特征

清源山位于泉州北郊,故俗称北山;它地处福建省东南部,晋江下游东北岸,位于东经118°30′~118°37′、北纬24°54′~25°0′之间;与发展中的泉州市区三面接壤。距厦门市106 km、福州市196 km。又因峰峦之间常有云霞缭绕,亦称齐云山。面积62 km²,主景区距泉州城市区3 km。

清源山风景名胜区属花岗岩地貌的山地丘陵,地势起伏、岩石突兀,主景区最高海拔498 m。地质结构是通过多次构造运动和岩体侵入所形成的,岩体外部呈黑褐色,岩层节理不发达,成土因质以坡积物居多,土壤为温润型。清源山素以岩洞、18胜景闻名于世,其中尤以老君岩、千手岩、弥陀岩、碧霄岩、瑞像岩、赐恩岩、南台岩、清源洞、虎乳泉、灵山伊斯兰圣墓等诸胜为著,自晋至今,均为游览胜地,素享"闽海蓬莱第一山"之誉。

4.4.5 福建太姥山花岗岩地貌景观

太姥山位于福建省福鼎市境内,地理坐标为东经120°05′36″~120°23′45″、北纬26°55′02″~27°10′03″,面积225.10 km²。福鼎地处巨型新华夏系构造东部沉降带内,南岭纬向构造横亘东端,奠定了福鼎地区主要为北东—南西、东—西向的构造格局。地层主要有石炭系、侏罗系、白垩系和第四系,其中侏罗系和白垩系最为发育。岩石主要为燕山晚期侵入岩和喜山期侵入岩,其中最具特色的为晚白垩世晶洞碱长花岗岩和新近纪斑状辉长岩。晶洞碱长花岗岩是本区主要的造景岩石,岩石呈肉红色,含晶洞 2% ~4%,洞径小者约 3 mm,大者可达 10 cm 以上。晶洞花岗岩是一种特殊的深源浅成花岗岩,是陆壳伸展拉张的岩浆记录。太姥山是中国东南沿海晶洞花岗岩峰丛 - 石蛋地貌发育最为良好的地区,是此类地貌的典型代表地,与其他花岗岩地貌相比有其独特性。研究区域内由石峰、石堡、石墙、石柱等组成的峰丛,疏密相间、错落有致。栩栩如生的造型地貌和千姿百态的石蛋,构成了一幅绚丽多姿的画卷。太姥山晶洞花岗岩峰丛、石蛋地貌的发育、演化与岩性、构造,特别是湿润的气候有关,而与处于冰川、荒漠环境的花岗岩地貌对比相去甚远。该类型遗迹对花岗岩岩石学、地貌学、新构造运动等研究都具有重要的科学意义和科普价值。

太姥山是东南沿海低山丘陵唯一的花岗岩峰丛 - 石蛋地貌,燕山晚期"A"型晶洞碱长花岗岩是太姥山造景岩石,北东东、北北西向断裂、裂隙及节理是控制山峰形态和规模的主要构造,风化剥蚀、降水侵蚀和重力崩塌是地貌形成的主要外动力作用,目前该地貌演化处于壮年早期阶段。其构造位置特殊,成景岩性独特,地貌类型丰富,是东南沿海晶洞花岗岩山岳地貌的典型代表和宝贵的地质遗迹。

4.4.6　花岗岩地貌景观价值分析

花岗岩地质地貌不仅是一种重要的旅游资源,而且是研究地质发育历史的重要物证。研究一个地区的地质发育历史时,对花岗岩是十分重视的,不少地质学家认为花岗岩"是人类了解地球深部信息的有效探针","探索花岗岩带形成演化及其动力学机制,…是研究壳 - 幔相互作用的突破口",探讨花岗岩"岩浆 - 构造 - 热事件序列轨迹与造山 - 深部过程,是对造山带研究的新思路"等等。以往这些研究大都是建立在花岗岩形成演化机制上,而对花岗岩地质地貌在演化地质历史上的作用研究报道还不很多。福建花岗岩类型多,特征明显,笔者认为应当重视花岗岩地质与地貌学结合的研究,特别是要重视古地貌学的研究。也许可以揭示浙闽粤中生代岩浆的发展演化规律,进而探索晚侏罗纪 - 白垩纪时期东南沿海大陆边缘活动带的地质构造演化发展历程,其科研开发的价值极高。

4.5　地层剖面与古生物

福建地处欧亚大陆板块东南缘,濒临太平洋板块。在漫长的地质历程中,频繁的地壳运动、岩浆活动和风化、剥蚀、搬运、沉积等内外地质作用,形成丰富多彩的地层地质景观,还有众多的揭示生命进程的各类古生物化石,为人们旅游观光、探索地球奥秘留下了不可再得的宝贵遗产。其比较典型的剖面与古生物分别有以下几种。

4.5.1　福建建宁上太古界天平组的建立及其特征

闽赣交界处武夷山脉中段的建宁县西部地区,建立上太古界天井平组。可划分为两个岩性段:下段薄—中薄层二云片岩与中厚层黑云斜长变粒岩互层;上段厚—巨厚层黑云斜长变粒岩夹薄层二云片岩及斜长角闪岩。

成因:中元古代上坪超单元属于岛弧区幔源分异型钙－钙碱性岩浆序列,它以较深侵位的岩浆底辟作用形成于板块碰撞前,侵位后与围岩上太古界天井坪组、混合岩化、区域变质、构造形变以及退变均为同步发展。它是福建目前已知最古老的变质侵入岩,距今(1 714±20)百万年。

建宁一带中元古代变质深成侵入岩有岩体十多个,上坪、上保两个深成岩体是典型代表。

4.5.2 大圳山变质混合岩典型剖面

晋江石圳海岸地貌地质景观自然保护区,位于福建晋江金井乡石圳村大圳山的东海岸,保护范围以大圳山东北主丘制高点为中心(其坐标为:东经118°39′,北纬24°33′),西部边界距中心200 m,南至主丘下海滩中线,面海一侧延至低潮线为界,保护区面积约3 km²,为县级自然保护区。

大圳山变质岩是中国著名的闽东南区域变质岩带,亦是平潭—南澳变质岩构造带的一部分,其变质岩带北起平潭、南至广东南澳,广泛分布于台湾海峡西岸海岸带、半岛、岛屿地区,呈北东—南西展布,长达325 km,宽10～25 km。由于大圳山海岸为临海突出部,有利的地理位置和独特的外力作用,使其出露良好。大圳山变质岩体是一套十分独特而又复杂的变质岩体,并经历了十分漫长而又复杂的动力热力变质作用,变质岩表面记录着变质岩体形成过程中构造运动的特征,如典型的揉皱现象、眼球状构造、层理化等多种微构造特征,是中国少有的变质混合岩典型剖面。对于研究中国著名的闽东南沿海变质岩带的成因,原岩时代,发展演化历史,构造运动的规模、范围、期次及大地构造等都有极其重要的意义,又是教学的良好场所和一种新型的旅游资源。

4.5.3 大田东坑二叠系－三叠系界线标准剖面

大田东坑地区上二叠统长兴组和下三叠统溪口组地层出露完好,上、下界线清楚,化石丰富,是研究福建省长兴阶及二叠系－三叠系界线较为理想的地点之一。

4.5.4 福建漳平栖霞组的典型剖面

福建漳平岭兜早二叠世栖霞组出露较完整,化石丰富,序列清楚,是福建省研究栖霞组生物地层较理想的地区。按岩性和化石群垂直分布,可分为3个岩性段和相应的3个珊瑚类化石带,自下而上为 Miselinaclaudiae 带、Parafusulinamultiseptata 带和 Cancelinapreimigena 带,后一带在福建尚属首次发现。

4.5.5 福建永安丰海晚二叠世－早三叠世早期菊石动物群

以丰海掘前地层为标准剖面,有大量菊石、腕足类、双壳类等化石,并亦在丰海—加福公路边及溪口村西山沟辅助剖面发现。对丰海地区晚二叠世晚期及三叠纪最早期含菊石地层的研究,华南二叠－三叠纪交替时古地理的变化、生物交替的研究,提供了新材料。

4.5.6 福建仙游园庄地区南园组新层型剖面的建立及时代的重新厘定

福建省仙游县园庄建立了南园组的新层型剖面,重新厘定了南园组的地层层序和岩石组合,根据地层叠覆关系、同位素测年和古生物资料的系统研究结果,将南园组的时代重新厘定为晚侏罗世－早白垩世初期,是研究福建省晚侏罗世－早白垩世火山活动,岩石地层特征较为理想的地点之一。

4.5.7 地层型剖面的价值分析

(1)层型剖面具有区域—国际(全球)对比意义和代表性价值。

许多层型剖面是区域地质对比研究的标准,这些剖面在区域对比、基础理论研究方面有着极其重要的意义。

(2)层型剖面是地球演化历史中特定阶段历史的典型地质记录与档案。

层型剖面,是用特殊文字和实物书写的地球历史档案,其内涵丰富,有岩石学、地层学、古生物学等方面的地学信息,也有揭示古地理、古气候、古环境、古生态方面的信息,还有反映全球变化的地球形变及重大地质事件的信息。这些具有重要的科学研究价值。

(3)层型剖面是重要的旅游地质资源之一。

从地质科学普及与考察的意义上而言,层型剖面是一种重要的旅游与科普教育的地质资源,特别是那些研究程度较高、代表性强的剖面更是如此,如天津蓟县前寒武纪陆相剖面。其中有些地质剖面本身就具有很高的观赏价值,如辽宁大连金石滩剖面已列入国家级风景名胜区。

4.5.8 古生物化石的科学意义

古生物化石是指人类史前地质历史时期形成并赋存于地层中的生物遗体和活动遗迹,包括植物、无脊椎动物、脊椎动物等化石及其遗迹化石。它是地球历史的鉴证,特别是地球生物演化历史的特殊"文字记录"。古生物化石不同于文物,它是重要的地质遗迹,是宝贵的、不可再生的地质自然遗产。

(1)为研究地球生命起源、演化和地史时期生物的生活习性、繁殖方式及当时的生态环境,提供了十分珍贵的实物证据。

(2)对研究地质时期古地理、古气候、古环境的演变,生物的进化等具有不可估量的价值。

(3)为探索地球生物的大批死亡、灭绝事件研究,提供了实物性及实地性见证。

(4)有些特殊、特形化石,其本身或经加工而具有极高的美学欣赏价值和收藏价值。因此,在一定意义上,古生物化石不仅是一类重要的科学研究物质资源,也是一种重要的地质旅游资源和旅游商品资源。

4.6 海蚀、海积地貌景观

海蚀地貌,是指海水运动对沿岸陆地侵蚀破坏所形成的地貌。由于波浪对岩岸岸坡进行机械性的撞击和冲刷,岩缝中的空气被海浪压缩而对岩石产生巨大的压力,波浪挟带的碎屑物质对岩岸进行研磨,以及海水对岩石的溶蚀作用等,统称海蚀作用。海蚀多发生在基岩海岸。海蚀的程度与当地波浪的强度、海岸原始地形有关,组成海岸的岩性及地质构造特征,亦有重要影响。所形成的海蚀地貌有海蚀崖、海蚀台、海蚀穴、海蚀拱桥、海蚀柱等。

滨海和海岛的花岗岩,长年累月受到雷霆万钧的海浪的冲刷、侵蚀,形成了千姿百态的海蚀地貌景观,如福鼎大嵛山岛、宁德三都澳、闽江口五虎礁、壶江岛、平潭岛、湄洲岛、金门岛、厦门岛、东山岛海蚀、海积地貌景观比比皆是,最具特色的当推平潭岛三十六脚湖及青峰、苏澳一带的海蚀穴、海蚀柱、海蚀崖、海蚀蘑菇、海蚀拱桥和闽江口的金刚腿、五虎礁等景观。

4.6.1 宁德福鼎嵛山岛

嵛山岛古称福瑶列岛,意即"福地、美玉"。嵛山岛位于霞浦三沙东面海域,距离三沙古镇5海里,是闽东最大的列岛,由大嵛山、小嵛山、鸳鸯岛、银屿等11个大小岛屿组成,陆地面积28.3 km^2,海岸线长30.12 km。嵛山岛山场宽广、海域辽阔、气候宜人、景色秀丽。岛上有丰富的花岗岩、优质矿泉、草场资源等,海上盛产鳗鱼、带鱼、毛虾、虾苗、七星鱼和鳗鲡等多种海生物。

大嵛山岛直径5 km,面积21.22 km^2,最高处红纪洞山海拔541.3 m,为闽东第一大岛。在海拔200 m处,有大、小两个湖泊。湖周围群峰环拱,其状似盂,嵛山岛也由此而得名,大天湖面积60多 hm^2,小天湖面积10多 hm^2,两湖相隔1 000多 m,各有泉眼,常年不竭,水质甜美,清澈见底。湖畔多有野生乌龟出没。湖四周山坡平缓,是有"南国天山"之誉的万亩草场。在这里恍若置身于"天苍苍,野茫茫,风吹草低见牛羊"的大西北草原,很难想象,在碧波万顷的东海之上竟有如此神奇的意境!见图4-13、图4-14。

图4-13 大嵛山岛

图4-14 小嵛山岛

小嵛山岛为一无人岛,面积3.28 km^2,沿岸因被海水冲刷风化,基岩裸露,礁石林立,海蚀地貌十分突出,构成奇特的景观;岛屿面积0.3 km^2,海拔仅50 m,岛上植被茂密,栖息着成千上万只海鸥和其他候鸟,乍然飞起,十分壮观。大嵛山岛位于福建福鼎市东南方向,距大陆最近处仅3海里多。该岛直径约5 km,面积20余 km^2,岛上大小山峰好几座,其中最高的纪洞山海拔500多 m。在海拔200 m处,有大、小两个"海上天湖"。

嵛山岛海岸线长,岛周围海蚀地貌明显,其岩礁具有很高的审美价值。乘舟环岛而行,沿着30.7 km的海岸线,只见沿岸礁石纷呈,若断若续,参差错落,嶙峋峻峭,形成一条礁石宝链。许多礁石在长期风力、海浪的冲击作用下,塑出各式象形山石景点,令人百看不厌。有金猴观日、千叶岩、海龟礁、石叠礁等众多奇形怪状的岩石景点。此外,还可观看百鸟翔集的鸟岛。此鸟岛面积仅 0.5 km²,海拔不足百米,岛上植被茂密,栖息着成千上万只海鸥和其他候鸟,万鸟飞翔,乍起乍落,十分壮观。登上海岛,在大使岱,有成片的金黄色沙滩,滩面平坦,其上有"白莲飞瀑"淡水汇入,为理想的海滨浴场,是旅游度假的好去处,在这里可举行沙滩排球等沙滩运动。

4.6.2 五虎礁

在闽江口波涛滚滚的海天交接处,还有一座长约 300 m 的岛礁,怪石峥嵘,雄峙大海之中,浪花拍击,犹如五只斑驳吊额大虫,咆哮欲跃,这就是闽江口最负盛名的"五虎守门"天然景观。《闽都别记》记载:"五虎礁在闽江口,中有五峰,岩状似虎,故名五虎。"五虎礁面向东海,背水而卧,虎架鼎鼎,威风凛凛,各呈其姿,逼视大海,真有随时迎击来犯者之雄姿,令人称奇叫绝。粗芦岛,又称荻芦岛,东临川石岛,南隔闽江与琅岐岛相望,是连江县单岛面积最大的岛屿。全岛面积 14 km²,居民超过两万人。整个大岛犹如一座大型的四时如春的大花园,又似一幅优美的画卷,令人陶醉神往。见图 4-15。

图 4-15　五虎礁

4.6.3 平潭岛海蚀地貌奇观

平潭岛位于福建省东部沿海,属省会福州市管辖,距台湾仅 68 海里,是大陆距台湾最近的地方。全岛陆域面积 370.9 km²,海域面积 6 064 km²,拥有 126 个岛屿,648 个有名岩礁,素有"千礁岛县"之称。

平潭"海蚀地貌甲天下"。这里有世界上最大的天然花岗岩球状自然风化造型——体积超过乐山大佛 4 倍的巨型石神海坛天神。这尊巨神横卧在烟波浩渺的大海里,头、身、脚历历在目,造型奇特,形态逼真,是毫无人工斧凿的大自然杰作,令游客们叹为观止。这里还有举世无双的天下奇观——石牌洋。它位于平潭西部的海坛海峡,卓立中流,酷肖舟帆,故又称"半洋石帆",见图 4-16。石牌洋是全国最大的花岗岩海蚀石,主体由两块帆形擎天巨石组成,二石一高一低,低者约 10 余 m,高者达 30 m,托起"石帆"的整个石岛酷似帆船。晨雾晚霞里,石牌洋如巨舟扬帆,悠然行驶;风和景明时,似巨轮停泊,巍然不动;

狂风骇浪中，又像战舰鼓满风帆，破浪前行，动人心魄！平潭岛上，海蚀崖、海蚀洞、海蚀平台、海蚀阶地星罗棋布，异彩纷呈。它们或如蛟龙抱珠，呼之欲出；或似海豚戏水，腾空跳跃；或若利锷刺天，锐不可当；或像鱼龟登陆，摇曳徐行。岛上还有"东海仙境"海蚀造型系列景观，其中仙人井、仙人峰、仙人台、仙人洞以及金光灿烂、神奇莫测的"金观音"，雄奇瑰丽，神秘诱人。素有"石兽世界"之称的南寨石林群，方圆 60 万 m² ，巨岩交错，怪石峥嵘，奇洞错列，佳境迭现，有"一线天"、"蛤蟆岩"、"苍鹰雄视"、"八戒亮相"、"澳洲袋鼠"、"鸳鸯理翅"、"悟空迎宾"、"花豹

图 4-16　海坛天神

巡山"、"绵羊卧岗"、"鸡啄马饮"、"八戒养神"、"悟空仰叹"、"贝多芬侧像"、"奔马岩"、"喜相逢"、"兵马俑"、"阿凡提"、"羊蛇斗"、"神龟上山"以及"三顾茅庐"等象形山石景点 50 余处。

"海滨沙滩冠全国"，这是专家们对平潭的又一评价。平潭全岛海岸蜿蜒曲折，岸线长达 408 km，其中 100 多 km 为优质海滨沙滩，是全国独有的标准沙产地。平潭北、东、南面的长江澳、海坛湾、坛南湾三大海滨沙滩，沙质细白，海水清澈湛蓝，是天然绝佳的海滨浴场，而且面积大，相互连接，背后成片的防护林带郁郁葱葱。按每个游客平均拥有 3 m² 海滨沙滩计算，这里可容纳游客 120 万人以上，是目前国内发现的最大海滨浴场之一。目前，已经建成开放的龙王头海滨浴场，既有夏威夷的浪漫，又有北戴河的风采。一湾绿水，十里平沙，风轻浪柔，林密人多，波光撒银，潮声如乐。在这里，晨观日出，夜赏明月，浪里游浴，沙岸小憩，海边垂钓，滩头拾贝，令人心旷神怡，别有情趣。平潭物产丰富，盛产鱼、虾、蟹、贝、藻等海产品近 700 种，其中金鲟、龙虾、对虾、螃蟹、紫菜、原始贻贝等，享誉海内外。平潭的风能、波浪能、潮汐能为全国最佳区，被国家列为新能源试验基地，这里不仅有中国与比利时合作建设的装机容量为全国第一的风力发电机组，而且有世界第四、全国第二的幸福洋潮汐电站。平潭是一座绿岛，是全国沿海防护林建设先进县，这里林网如织，花果飘香，旅游生态环境优越，是台湾海峡边一颗熠熠生辉的明珠。

4.6.4　福建牛郎岗海蚀地貌

牛郎岗沙滩位于福鼎市秦屿镇东南方，距太姥山 15 km，属于太姥山的晴川海滨景区，它与嵛山岛隔海相望。牛郎岗沙滩具有独特的海蚀地貌景观，沙滩开阔，长 1 200 m，宽 200 m，海水清蓝，沙质细洁，有礁岩、石洞，是海滨旅游胜地。见图 4-17、图 4-18。

4.6.5　福建东山岛海蚀地貌(见图 4-19 ~ 图 4-21)

在东山风动石景区的古城墙下的海边，奇异的海蚀地貌同样会吸引你的眼光，经过海水亿万年的侵蚀雕琢，展现在你眼前的是千奇百怪的岩石和溶洞，你不可以不惊叹大自然的神奇的力量。

图 4-17　福建牛郎岗海蚀地貌(一)

图 4-18　福建牛郎岗海蚀地貌(二)

图 4-19　东山岛海蚀地貌(一)

4.6.6　厦门吴冠海蚀地貌

　　吴冠岸段是厦门为数很少的自然海岸之一,保留着该地区少见的有规模的花岗岩海蚀地貌景观。该段海岸有海蚀崖、海蚀穴、海蚀平台、海蚀洞、海蚀拱桥、海蚀蘑菇等海蚀地貌类型,以及众多形态逼真、造型生动的象形石景观。资料显示,半封闭海湾内成规模的海蚀地貌较少见。

图4-20　东山岛海蚀地貌(二)

图4-21　东山岛海蚀地貌(三)

4.6.7　莆田湄洲岛海蚀地貌

湄洲岛位于湄洲湾湾口的北半部,是一个南北长9.6 km、东西宽约1.3 km、面积约16 km^{2}的小岛。因处海陆之际,形如眉宇,故称湄洲。全岛林木蓊郁,港湾众多,岸线曲折,沙滩连绵,风景秀丽。环岛优质沙滩长达20多 km,可建海滨浴场;还有400多 hm^{2}防风林带,是理想的度假胜地。岛域盛产石斑鱼,乃鱼中珍品。湄洲湾东南临台湾海峡,与宝岛台湾遥遥相望。

妈祖庙　湄洲岛的妈祖庙尊称为"湄洲祖庙",创建于宋雍熙四年(公元987年),即林默娘逝世的同年,初仅数椽,后经历代扩建,日臻雄伟。明代著名航海家郑和七下西洋,回来奏称"神显圣海上",于第七次下西洋之前奉旨来到湄洲岛主持特御祭,扩建庙宇。清康熙统一台湾,将军施琅奏称"海上获神助",又奉旨大加扩建。湄洲祖庙雕梁画栋,金碧辉煌,是全世界华籍海员顶礼膜拜和海内外同胞神往的圣地。

九宝澜黄金沙滩　被誉为"天下第一滩"的九宝澜黄金沙滩位于湄洲岛西南突出部,前临碧波万顷,后枕绿茵千畴。金色的沙滩绵延数千米,宽敞平坦,状如一钩新月,悬挂在湛蓝的大海上。游人在湄洲岛北部的妈祖山朝圣之余,驱车涉足九宝澜,犹如步入仙宫月窟。

鹅尾神石　湄洲岛鹅尾山景区位于湄洲岛最南端,是一座大型的纯天然"石盆景"。景区内部及周围岩石奇特,受风蚀、海蚀和地壳运动等多重作用,形成众多大小不一、形态各异的自然象形石。这些奇石神形俱佳、形象生动、引人入胜,被赋予美丽动人的妈祖传说,蕴含着丰富的地质科普知识。

黄金沙滩　位于湄洲岛的西南端,是岛上最长、最大、最迷人的沙滩,它北拥千畴绿林,南临万顷碧波,东连著名的三湾滩,西接 3 000 t 对台客运码头,沙滩绵延 3 000 m,纵深 300~500 m,坡度 5%,呈波浪状缓缓斜入大海,是天然的海滨浴场和理想的避暑度假休闲宝地。走遍祖国沿海的人均夸赞"行万里海疆,数湄洲第一",历游世界各地的人说"堪与夏威夷相媲美",故而有"天下第一滩"之美称。据传,有人曾在此见到奇幻瑰丽的"海市蜃楼"。鹅尾山位于湄洲岛的最南端,属于典型的海蚀地貌,形成于 1.3 亿年前。大量的海蚀岩经过岁月的洗礼,形成一幅幅栩栩如生、惟妙惟肖的大自然艺术作品,如龟如蛙,似鹰似狮,情趣盎然,各具韵味。山上有"海龟朝圣"、"情侣蛙"、"飞戟洞"、"鲤鱼十八节"、"海门"、"妈祖书库"、"龙洞听潮"等景点。这些景点蕴含美丽动人的妈祖传说和丰富的地质科普知识。岛上还盛产对虾、龙虾、海螺、梭子蟹、石斑鱼、海蛎、紫菜、龙须菜等,是发展海岛探幽、海滨度假、海上观光、海鲜美食的"海上乐园"。

4.6.8　海滩岩

海滩岩是指海岸沙滩在特殊自然环境下形成的一种岩石(见图 4-22),是热带、亚热带砂砾质海岸中特有的一种海相沉积岩,初看像是海滩沙被水泥胶结起来,极坚硬,这种现象很少见,在我国南方的福建、浙江有发现。福建省莆田平海海滩岩自然保护区位于平海镇石井村龙虎山滨海潮间带和海岸上,面积约 20 hm²,该区系第四纪至近期,由于海潮冲蚀作用,形成海滩岩。据了解,目前世界上除莆田外,仅发现 26 处有海滩岩。

图 4-22　海滩岩

海滩岩的独特形态、产状和生成环境对研究海陆变迁、古气候演变、海洋水质、生物群生态今昔变动有着重大意义。平海海滩岩自然保护区的发现对研究地壳升降、海岸变迁及新构造活动、古今环境变化历史具有重要价值。

其成因可能是海风把海边的细沙和小贝壳吹到山丘上,经过日晒雨淋,会把贝壳类变成粉状,就和沙、石混在一起,下雨后贝壳粉和沙、石就像拌混凝土一样混合了,干后又还原成贝壳成分,于是就黏结成海滩岩了。

莆田海滩岩除平海石井外,还有忠门许岐、柳厝、山乐屿、埭头的嵌头、南日的镜仔等六处都是古历史的见证。保护好海洋自然遗迹资源海滩岩,让我们感受到 5 000 年来大自然的变化莫测,沧海桑田之说就展示在眼前。海滩岩是热带、亚热带沙砾质海岸中特有的一种滨海相沉积岩。海滩岩对海平面变化、地壳构造运动、古气候及古地理环境等方面的研究有着重要意义。

4.6.9 海蚀地貌价值分析

海蚀地貌对研究基岩海岸动力地貌特征具有重要的地学意义,对研究全新世构造运动、全新世海平面变化等具有重要的科研、科普价值。海蚀地貌作为区域性的稀缺地学景观资源,还具有很高的景观美学、旅游资源价值,应将其作为自然历史遗迹及时加以保护,并在保护的基础上充分发挥其地学旅游资源价值。可通过肖形策划与艺术设计、提升科技和文化内涵、融合区域旅游资源等措施,建成融美学景观旅游、科技和文化旅游、休闲娱乐旅游于一体的地学旅游景区。

4.7 福建古冰川遗迹

4.7.1 福安古冰川遗迹

古冰川遗迹在福建东部宁德福安市境内被发现,估计为距今约两三百万年前第四纪冰川时期的产物,遗迹资源集中、规模巨大,是目前冰川、冰臼考察发现史上绝无仅有的,堪称“中国冰臼的宝库”、“冰臼奇观中的精品”(见图 4-23)。

冰臼是古冰川作用和古冰川气候环境的直接产物与重要遗迹,是冰川融水挟带冰碎屑、岩屑物质,沿冰川裂隙自上而下以滴水穿石方式对下覆基岩进行强烈冲击和研磨所形成的石坑,因其形态很像古代春

图 4-23 冰臼群

米的石臼而得名“冰臼”。中国首次发现冰臼是在 20 世纪 70 年代,被称为中国地质学界石破天惊的重大发现。

专家们认为,冰臼群主要分布于白云山九龙洞景区及金钟山龙亭溪峡谷景区,大多位于溪段河谷,其数量、类型之多在南方低纬度地区实属少见,与其他地方相比具备三大特点:其一,冰臼数量繁多,在河谷中随处可见,形成大规模的冰臼群,个体大的高约 60 m、直径约 30 m,在冰川冰臼考察发现史上是绝无仅有的。其二,冰臼形态类型丰富、口小腹大,特征明显,大小冰臼连环相套,一些冰臼形态都属新发现。酷似“漏斗”、“交椅”、“板壁”、“龙爪”等形状的冰臼,是古冰川运动存在的有力证据。由此可推断,在距今 200 万

至 300 万年前的第四纪早期,福安曾为冰川所覆盖。其三,大量的 U 形底冰悬槽、冰脊、冰川漂砾及冰川铲切等遗迹,在中国南方地区均属首次发现。白云山冰川遗迹,不仅观赏价值高,而且具有很高的科研价值。

4.7.2 莆田仙游九鲤湖古冰川遗迹

九鲤湖也是个典型的第四纪古冰川遗迹,其数量之繁多,保存之完好,进一步证实了福建在漫长的地质演化过程中有过第四纪古冰川活动,见图 4-24、图 4-25。

图 4-24　古冰川遗迹(一)　　　　　图 4-25　古冰川遗迹(二)

九鲤湖也是一个冰川 U 形谷。谷中有的地段非常平坦,在宽度 50 多 m 的平底谷中,没有较深的溪流穿过,排除了由河流侵蚀、冲刷导致的成因,在两壁和溪床中也看不到任何断层迹象。在冰川 U 形谷中,有特大的冰坎形成的"百米飞瀑"景观。前后还有几个规模较小的冰坎。在岩面上,有大量冰川擦沟,有的擦沟中还存在由几次冰碛物斜冲形成的小擦沟,而且擦沟内部存在大量擦痕,这是流水或其他任何外动力都无法形成的地质现象。在九鲤湖近 30 000 m² 的岩面上,头大尾尖的擦痕随处可见,并随岩面起起伏伏,甚至延伸到擦沟和岩洞的壁上。洞边缘"救生圈"状的突起,是在冰川活动期岩石受挤进的结果。

在九鲤湖约 4 800 m² 的范围内有 100 多个岩洞。这些岩洞中,有的洞中有洞,十分罕见。在九鲤湖,岩洞也仅仅出现在 500~600 m 的溪段,而且大量岩洞是出现在非常平坦的、没有湍急水流作用的岩面上,排除了由地表急流水作用形成的"壶穴"。在岩面上,有大量北西—南东向的冰川擦痕,而且这一擦痕明显延伸到岩洞的壁上。在九鲤湖找到了冰石堆积、羊背石等古冰川遗迹。这些有力的证据充分证实了洞穴是由古冰川作用形成的。

4.8　丹霞地貌景观

4.8.1　概述

丹霞地貌是在具体的时空条件下,在一定的物质基础之上,经过地质构造运动和外力作用下,遵循一定的发育规律而形成的。

4.8.1.1 丹霞地貌发育的物质基础——红层

丹霞地貌发育的物质基础是红层,故其属于红层地貌。红层主要是从中生代,特别是侏罗纪到早第三纪的陆相红色岩系,是一种典型的陆相沉积,是在封闭的、相对干燥的内流盆地环境中形成的,一般称为"红色砂砾岩"。红层物质成分是陆相碎屑,主要来自于角砾岩、砾岩、砂岩、粉砂岩、泥质岩的砾屑、岩屑、砂屑,化学胶结物主要为硅质、钙质和铁质,碎屑颗粒组成差异很大,有洪积泥砾、河床相沙砾、砂质和以泥质为主的湖盆相粉砂质或淤泥质沉积等,颗粒因此大小不一,分选性差,球度也差,磨圆度一般为次棱角状。

4.8.1.2 地质构造运动对丹霞地貌的控制

(1)区域构造对沉积盆地的控制。

在中生代,印支运动结束了我国南海北陆的局面,中国基本形成了大陆环境,但由于侏罗纪期间,燕山运动使我国大陆从南北分异转向东西分异,从东部沿海到大陆内部,形成了许多断陷盆地,使水系向这些盆地作向心集合,盆地接纳和堆积了上千米厚的碎屑物——泥沙、砾石。在白垩纪时中国大部分地区处于大陆性很强的亚热带干旱或半干旱气候条件下,这足以保证盆地有足够的淋溶并保持长时期的氧化环境,导致了高价铁(Fe^{3+})的富集。这些泥沙、砾石经铁质等固结成红色水平的砂砾岩层—白垩纪红层。

(2)断层节理决定了山块的格局。

盆地内部的构造线格局是控制丹霞地貌山块格局乃至山块形态的基本因素。大的构造线控制山块总的排列方向,小的构造线则控制山块的走向、密度和平面形态。如福建永安桃源洞的"一线天",岩石产生北西向(NW285°)张性破裂面,百丈崖沿垂直节理崩塌形成的一个陡崖,崖壁走向NW295°。

(3)岩层产状控制坡面的形态。

岩层产状对丹霞地貌形态的影响主要是对山块顶面的构造坡面的控制,一般来说,近水平岩层上发育的丹霞地貌具有"顶平、身陡、麓缓"的坡面特征,如百丈崖缓倾斜岩层上发育的丹霞地貌则"顶斜"。具有单面山的特点,其斜顶基本和岩层层面一致,如桃源洞洞口。

(4)地壳升降对地貌发育进程的影响。

这体现在红层盆地必须是后期上升的,为侵蚀提供条件。上升一定程度而长期相对稳定,利于丹霞地貌按连续过程从幼年期到老年期逐步演化。

(5)外力作用的影响。

直接影响因素有流水风化和重力等作用,其中流水是主动力,在干旱区,风力的塑造作用不可忽视;在湿润地区,生物风化作用有一定影响。

4.8.2 福建丹霞地貌分布

福建省丹霞地貌主要分布在武夷山、武平民主均营、泰宁金湖、武平万安楼下、泰宁、武平民主坡下、永安桃源洞、顺昌高阳南亨、连城北团车上、清流水茜赤岭下、连城揭乐文亨(冠豸山)、清流嵩溪黄坊、连城朋口马山前、清流嵩口河背、连城庙前芷溪、建瓯徐墩溪口、沙县、武平中堡鸦部塘、沙县南霞下洋厝、上杭临城老君坑、漳平新桥仓坂、上杭临城马势滩、漳平南洋犁坂、长汀童坊龙头坊、漳平南洋永兴、龙岩雁石下盂、光泽李坊兜溪、龙岩雁石下盂等。其中,尤以武夷山、泰宁金湖、永安桃源洞、连城冠豸山等闻名国内外,是福建省重要的旅游风景区。

4.8.2.1 武夷山——丹霞地貌的地质公园

人们常说的武夷山指的是武夷山脉中景色最美的"小武夷山",也就是武夷山丹霞地貌景区。景区位于闽北武夷山市西侧及西南面一带,距崇安县城南 15 km。武夷山丹霞地貌区是由红色砂岩和沙砾岩组成的低山丘陵,大致呈东北—西南走向,南北长 18.5 km,东西宽 1~5 km,面积 61.33 km²。其中典型丹霞地貌面积 54.44 km²,占 88.76%;红层丘陵 2.77 km²,占 4.52%;老年期丹霞地貌及红色砂岩为基座的河流阶地 4.12 km²,占 6.72%。主峰三仰峰海拔 729.2 m,气势突兀,是武夷山的旅游标志。

武夷山风景名胜区及其附近地区由花岗岩、火山熔岩、变质岩和砂页岩等构成的中山、低山。最高海拔约 1 800 m,在海拔 350~1 200 m 有 7 级剥蚀夷平面,形态有山顶缓坡形、山坡肩膀形、谷底裂点形(占绝大多数)。丹霞地貌的顶面坡以圆弧形为主,陡崖坡有罕见的切层洞穴群和最大的晒布岩,崖麓缓坡多由红层组成。河流纵谷常沿着北北东走向较软的中生界砂页岩发育,断层谷断续长数十千米;横谷常沿着北西西的走向节理发育。

丹霞地貌主要发育于侏罗纪至第三纪的水平或缓倾的红色地层中。红色砂岩经长期风化剥离和流水侵蚀,形成孤立的山峰和陡峭的奇岩怪石,造就了武夷山优美的自然风光。"三三秀水清如玉"的九曲溪,与"六六奇峰翠插天"的三十六峰、九十九岩的绝妙结合,它异于一般自然山水,是以奇秀深幽为特征的巧而精的天然山水园林。九曲溪景观丰富多彩,变化无穷。各具特色的景观画面由一条九曲溪盘绕贯串。游人凭借一张竹筏顺流而下,即可阅尽武夷秀色,此乃武夷山景观的精华,堪称世界一绝,见图 4-26~图 4-29。

图 4-26　武夷山(一)　　　　　　　　　图 4-27　武夷山(二)

4.8.2.2 泰宁丹霞地貌的特点(见图 4-30~图 4-33)

最完好的古夷平面:千百万年来,泰宁大地记录展现了中生代濒西太平洋大陆边缘活动带形成、发展演化的进程,保留了完整而显著的古夷平面,构造控制破碎的山体、独具一格的网状谷地和红色山块,发育着错综迷离的峡谷群,它们和雄伟壮观的丹崖赤壁、各具特色的深切曲流、独特美妙的丹霞洞穴群随机组合,共同组成了"泰宁式"地貌。

最密集的网状谷地:区内 70 多条线谷、130 余条巷谷、220 多条峡谷,或纵横交错,或并行排列,峡谷的密度、深切曲流的曲度和峡谷生态的原始性,为中国丹霞地貌区所罕见,仿如"丹霞峡谷大观园"。

图 4-28　武夷古崖居

图 4-29　摩崖石刻

图 4-30　丹山

图 4-31　天穹岩

图 4-32　象鼻岩

图 4-33　金湖风景区

最发育的崖壁洞穴：泰宁丹霞洞穴十分发育，大型单体洞穴 60 多处，壁龛状洞穴群 100 多处，无数千姿百态的大小洞穴构成了独具特色的丹霞微地貌景观，堪称"丹霞洞穴博物馆"。

最丰富的岩穴文化：泰宁丹霞地貌与中国传统的儒、释、道、民居、丧葬等水乳交融，形成独特的丹霞岩寺文化、学子文化、民居文化、岩穴丧葬文化，是人与自然和谐共处的典型范例。

最宏大的水上丹霞：丹霞地貌与湖、溪、潭、瀑完美结合，形成山环水绕、绿水丹崖、景色秀丽、雄伟壮观、国内外罕见的"水上丹霞"景观。

世界自然遗产——上清溪（见图 4-34、图 4-35）。上清溪主要是漂流观看沿岸独特的丹霞地貌景色，总长有 50 km，千百年来人迹罕至，两岸原始林木葱茏茂密，奇花异卉常开不断，故又称百里花溪、天然生态公园。

图 4-34　上清溪

图 4-35　峡谷两壁

上清溪沿岸幽奥的丹霞地貌堪与武夷山风景区的九曲溪、著名的武陵源金鞭溪相媲美。

4.8.2.3　永安桃源洞丹霞地貌（见图 4-36）

永安位于福建省中部偏西，它于明景泰三年也就是 1452 年立县。永安市内南北塔是永安的开县塔。永安市人口 32 万余人，总面积 2 942 km^2。永安市不仅有丰富的矿产资

图 4-36 桃源洞景观

源,还有丰富的旅游资源。它拥有两种不同的地貌:桃源洞——丹霞地貌、石林——喀斯特地貌。

桃源洞因盛产拼榈树,古有拼榈山之称,是闽中著名的丹霞地貌风景区。构成桃源洞风景区的岩层是属晚白垩世赤石群的紫红色厚—巨厚层砾岩、砂砾岩、砂岩、粉砂岩,因为这些岩石形成于炎热干燥气候下的氧化环境,颜色赤红,所以又俗称"红层"。所谓丹霞地貌,指层厚、产状平缓、节理发育、铁钙质混合胶结不匀的红色砂砾岩,在差异风化、重力崩塌、侵蚀、溶蚀等综合作用下形成的城堡状、宝塔状、针状、柱状、棒状、方山状或峰林状的地貌。该地貌因在广东丹霞山表现典型而得名。因其形态类似岩溶,故又称"假喀斯特"。约在 1 亿年前,这里还是一个南北长约 9 km,东西宽约 8 km 的封闭式内陆盆地,环绕盆地的大小溪流不断地把大量不同粒度、不同岩性的岩石碎屑带入盆地并沉积下来。经过数千万年的时间,在盆地里沉积了厚达 1 000 m 以上的地层。由于大量铁的氧化,岩石颜色赤红。约在 5 000 万年前开始了新的造山运动(喜马拉雅运动),本地区开始抬升,地层中发育了大量的节理、裂隙,盆地遭到破坏,沙溪和桃花涧开始形成。这些大小河流对红层进行侵蚀、冲刷、切割,并把冲刷下的碎屑带走,使河流、沟谷两侧峭壁丛生,形成最初的丹霞地貌。但是这最初的丹霞地貌经过数千万年的侵蚀、风化作用已基本被夷平。现在景区看到的丹霞地貌是在约 300 万年前的最后一次造山运动后形成的。这次运动使景区抬升约 200 m。在岩层的节理、裂隙及软弱岩层(如砂岩、粉砂岩)处,流水、大气的侵蚀、风化作用特别强烈。经过一段时间后,软岩层变低,而较硬的砾岩、砂砾岩则相对变高,形成了大面积桃源洞的多彩多姿的典型丹霞地貌。本地区地壳上升幅度不大,其悬崖峭壁的最大高度只能达到 142 m,一般只达到数十米至 100 m 左右,所以在桃源洞风景区内常可见这种高度的悬崖峭壁。全风景区 300 m 以上的山峰共有 50 个,平均高度为322.05 m。

桃源洞从唐代开始到五代后晋时期,有了寺庙。明代时得到了较大的发展。南宋宰相李纲和左正言邓肃及明代大旅行家徐霞客都曾在此驻足并留有诗句。明万历年间(1605 年),当地安砂人两郡司马陈源湛捐资建有亭、台、楼、阁十余处,取"世外桃源"之意,改名为桃源洞,并在入口120 m高的峭壁上36 m高处刻有"桃源洞口"四个大字,从此桃源洞闻名遐迩。桃源洞似洞非洞,实为桃源洞天,这里景色极其优美,自宋代以来,就一直是一处著名的风景名胜区。据历史记载,南宋宰相李纲于宋徽宗宣和元年(1119年)来此游览后,就将其美景与武夷并列。后历代文人墨客还都将其设想为陶渊明笔下的世外桃源,尤其明崇祯三年(1630年)著名旅行家徐霞客到此游览更是叹为观止:"余所见一线天数处、武夷、黄山、浮盖,曾未见如此大而逼、远而整者。"留下"一游胜读十年书"的感叹。徐霞客所提的"一线天"其高68 m,全长127 m,最窄处0.4 m,为国内独有,被誉为中国"最狭长的一线天",及列入"大世界基尼斯纪录"。桃源洞天的奇岩怪石,深谷流水,构成优美的山水风光,良好的生态环境体现的丹霞景观在全国仅有的20余处以丹霞地貌为特色的风景名胜中也不多见。

4.8.2.4 福建冠豸山丹霞地质地貌特征

(详见5.4.2)

4.8.2.5 宁化的丹霞地貌

福建宁化白垩纪红层盆地位于华夏古陆武夷隆起西南部,地处中亚热带湿润区,自上新世以来,盆地内上白垩统崇安组紫红色巨厚层复成分砾岩、砂砾岩经漫长地质时期流水侵蚀、风化剥蚀、重力崩塌等外力作用缓慢雕塑,发育丹霞崖壁、石堡、石峰、石柱、石墙等正地貌,局部发育线谷、巷谷、峡谷等负地貌,构成一幅老年期丹霞地貌景观,是开展老年期丹霞地貌科研、科考的理想场所。主要分布在东北部安远和水茜白垩纪断陷红层盆地,属于晚白垩世紫红色砾岩、砂砾岩、砂岩组成的低山丘陵。风景区内重峦叠嶂、沟壑纵横、壁立千仞,碧水丹山,山、水、岩、洞、林构成一幅美丽别致,引人入胜的山水画卷。

4.8.3 丹霞地貌价值研究

4.8.3.1 丹霞地貌的景观与遗产价值

丹霞地貌分布区内往往沟壑纵横,起伏剧烈,风化壳较薄,土壤养分较少,生态脆弱,大多不宜作为工、农、交通用地。但典型的丹霞地貌山块离散,群峰成林,赤壁丹崖上色彩斑斓,洞穴累累,高峡幽谷,清静深邃,石堡、石墙、石柱、石桥造型丰富,变化万千,其雄险可比花岗岩大山,奇秀不让喀斯特峰林;红层盆地中又多有河溪流过,丹山碧水相辉映。因此,丹霞地貌是构成风景名山的一支重要地貌类型。在中国5批177处国家级风景名胜区中,就有丹霞山、武夷山、龙虎山等29处名山全部或部分由丹霞地貌构成,占16.38%;在4批137处国家地质公园中,有17处主要由丹霞地貌构成,占12.41%;在我国已经被批准的31处世界遗产中,全部或部分以丹霞地貌为背景的有6处,占19.35%。作为一种独特的风景地貌用于科教旅游和生态旅游,比较其他功能的开发更能实现资源价值,更有利于兼顾经济、社会效益和环境效益。随着人们的旅游需求不断增加,其遗产价值将得到更加充分的显现。

丹霞地貌区还孕育和沉淀了丰富的人类文化遗产。丹霞地貌最突出的形态要素是赤壁丹崖,单体或群体形态上常呈完整的块状或城堡状,紫红色调,给人庄重和神圣之感,同我国传统文化表现权威、富贵、吉祥的色彩一致,也是中国宗教崇尚的主色调,从环境角度加强了宗教场所的威严感和神秘感。这种自然风光与神秘意境的结合,常使丹霞地貌区成为宗教圣地。如集儒、释、道三教于一山的福建武夷山,道教名山江西龙虎山、安徽齐云山、四川青城山、甘肃崆峒山等均由丹霞地貌构成。

组成赤壁丹崖的厚层红色砂岩层,其岩性致密均一、硬度较小,易于雕刻,因而留下大量摩崖石刻、摩崖造像、崖壁画等,如四川大足石刻、乐山大佛享誉海内外;而赤壁上遍布的浅平丹霞岩洞往往成为石窟艺术的载体,如甘肃麦积山石窟、炳灵寺石窟等石窟艺术成为甘肃最富有特色的旅游资源。赣州通天岩的摩崖造像,齐云山、武夷山的摩崖石刻等都是历史和宗教文化珍品。

此外,丹霞赤壁上众多洞穴为居住、悬棺葬、文物存放等提供了天然场所,如龙虎山、武夷山绝壁上大量春秋战国时期的岩墓群,存放在距地面上百米的丹霞洞穴内,成为墓葬奇观。这些在考古方面,亦具有十分重要的意义。了解文化多元,世事的沧桑。

4.8.3.2　丹霞地貌的开发利用价值

丹霞地貌分布区内往往沟壑纵横,起伏剧烈,风化壳较薄,土壤养分较少,生态平衡脆弱,一般不宜作为工、农、交通用地,但典型的丹霞地貌如永安的桃源洞,位于南方丹霞地貌风景区,地处湿润气候带,有大大小小的溪流蜿蜒于群峰之间,使得丹崖、秀水、青山相互衬托,山水林洞多样统一,造型下成色瑰奇绚烂,深深透露出丹霞特有的绮丽清婉与雍容祥和的韵味,符合大多数人好奇、求新、审美的基础感应下的追求心理,其在回返自然、观光揽胜方面的潜在开发价值极大。因此,将丹霞地貌作为一种独特的风景地貌用于旅游开发,比较其他功能的开发更能实现资源价值,更有利于兼顾经济、社会效益和环境效益。特别是对三明永安来说,开发利用好这一丹霞地貌风景区,有利于缓解就业压力,吸引外来投资,增加旅游收入和财政收入,保护环境和带动其他产业的发展,赢得新的发展机遇,为海西建设作出一份贡献。

4.8.3.3　开发特色旅游产品

丹霞地貌具有形态美、结构美、色彩美、意境美,雄、秀、奇、险的美学特征,观赏价值很高,是名副其实的"红石公园"。三明永安桃源洞景区内山块离散,群峰成林,赤壁丹崖色彩斑斓,洞穴累累,石堡、石墙、石柱、石桥造型丰富,变化万千,其雄险可比花岗岩大山,奇秀不让喀斯特峰林,红层盆地中有河溪流过,丹山碧水相辉映,是绝佳的旅游圣地,游客的天堂。但近年来面对强势的旅游业竞争,在省内如泰宁大金湖、武夷山均超过了永安的桃源洞,因此为提高桃源洞的知名度和竞争力,吸引更多的游客,必须拿出特色的旅游产品,满足市场的需求。

4.8.3.4　开发教学研究、科普教育旅游产品

丹霞地貌发育典型,若在此设立地质地貌实习基地,探究丹霞地貌的形成过程、形态特征、形成环境要素等。也可针对大众的科普教育旅游,在这方面是一个大有潜力可挖掘的文化旅游资源。

4.9　福建石林与喀斯特地貌景观

由石灰岩等可溶性岩石长期遭受富含 CO_2 流水的溶蚀、冲蚀作用,沿着石灰岩裂隙溶蚀产生各种石芽、石林、溶洞、地下河,以及碳酸钙沉淀形成的各种石钟乳、石笋、石柱等

形态,总称岩溶地貌景观。福建岩溶地貌仅发育于闽西南坳陷带的将乐、沙县、三明、明溪、宁化、清流、永安、上杭、连城、武平、龙岩等地。产生岩溶的地层为距今 3.2 亿~2.7 亿年前的晚石炭世船山组、早二叠世栖霞组生物碎屑灰岩、含燧石灰岩、白云质灰岩等。在距今 7 000 万年至 900 万年前燕山运动晚期所形成的断裂密集区,水循环作用沿着石灰岩构造裂隙渗透溶蚀,逐渐形成岩溶地貌。岩溶类型以构造裂隙性洞穴为主,常形成楼台形、厅堂形、漏斗形、迷宫形、环式、羽状、枝状、峡谷形、矩形、椭圆形、工字形等不同形态的洞穴,洞内遍布的石钟乳、石笋、石柱、石幔晶莹闪亮、炫巧争奇,地下暗河流水潺潺,相映成趣。岩溶景观主要有将乐玉华洞、永安鳞隐石林、沙县七仙洞、宁化天鹅洞、明溪玉虚洞和龟山洞、龙岩龙硿洞等。其中尤以"光洁如玉、光华四射"的玉华洞最负盛名,其洞之幽、景之美,独树一帜,堪称"人间仙境",引无数游人前来探幽揽胜。

福建石林属岩熔喀斯特景观,华东地区独有,其景观结构形态特别。一是地上石林、地下溶洞。喀斯特地貌所特有的石芽、石笋、石锥、石柱多达 400 多座,最高达 36 m,并且形态各异。那些林立的怪石,拟人状物、千姿百态,不得不使你感到大自然的神奇所在。进入石林景区,仿佛置身于一特大盆景中,地下溶洞更使你感到万分惊讶。"地宫"里的钟乳石不论直立、倒挂,在灯光的作用下都更显得惟妙惟肖。二是植被丰富。云南路南石林以裸露为主,而福建石林则因为有丰富的植被,当你观赏其外景时,它似乎对你"犹抱琵琶半遮面",而当你进入内景时,它又毫无保留地将美景全献于你。在这里,你尽可感悟到自然的造化、历史的厚重、文化的多元和世事的沧桑。

4.9.1 明溪玉虚洞

玉虚洞(见图 4-37),距明溪县城 2.5 km,为典型的喀斯特地貌。石色如白玉黄蜡。开发始于宋开宝二年,迄今已有 1 200 多年。相传古时这里龙蛇作祟,被玉虚仙翁镇服得名。玉虚洞分为明洞、暗洞、外景三个游览点。明洞前有"观音殿",面积约 150 m²,由三根天然石柱支撑。洞口有明代镌刻"玉虚洞天"、"玉虚仙洞"、"玉宇天浆"等擘窠大字。洞口下方新建檐歇山式天柱阁。洞内有"天泉"、"斗狮"、"龟石"、"步丹台"等十几景。后为"桃华洞",广容千人,岩石晶莹、色彩斑斓,有"佛头岩"、"祥云岩"、"隐鹊岩"、"跃鱼石"等十几景。其中虚鸣窍最妙,用芦扫轻拍即发出巨响。洞壁四周有历代文人墨客题咏的摩崖石刻近百处。暗洞有电灯照明,内钟乳倒悬,有"龟蛇入洞"、"雄鹰守洞"等景。外景奇岩怪石,石径盘旋曲折,直通岩顶,半山和岩顶有亭供游人休息。岩下泉水汨汨,有花圃、梅园、杜鹃园、棕榈园、茶馆,供观赏和休息。历史上徐霞客在此驻足畅游,将滴水岩与玉华洞称为"武夷三绝"。

图 4-37　玉虚洞

毛泽东、朱德、彭德怀等老一辈无产阶级革命家也曾经游览过。1931~1934 年红军曾在此设立战地医院,因而红军战地医院在 2005 年 10 月被省列为重点红色旅游景区。

4.9.2 玉华洞

玉华洞(见图4-38~图4-40),位于福建省将乐县,在海峡西岸显示了其独特的区域位置。福建境内以火成花岗岩体为主而形成的丘陵,并以高程1 200多m的武夷山脉为地势的核心,而少量具有石炭二叠系碳酸盐岩沉积的盆地,相应发育了与西南等地碳酸盐岩大片分布的情况不完全一致的岩溶洞穴等景观。还有,玉华洞具有极其丰富的历史文化珍迹,这是很多洞穴所难与其相比的。

图4-38 玉华洞——仙人田

图4-39 玉华洞——擎天柱

图4-40 玉华洞——龙宫

4.9.2.1 地质、地貌、溶洞景观成因

(1)地质构造。

玉华洞风景名胜区位于闽西北隆起南缘,地层区划属四明山—武夷山分区邵武小区。地层发育较全,可划分为28个地层单元,风景名胜区为典型浅海碳酸盐岩沉积。风景名胜区山体主要属老虎山复式向斜霞村背斜,以石炭系上统船山组为主,并有部分二叠系下统栖霞组、下统文笔山组、下统童子岩组等地层构成的灰岩断块山。山体岩性多为生物微晶灰岩、细晶灰岩。

玉华洞所在的天阶山,船山组地层约占山体面积的4/5,为一套厚巨层状和块层状生物碎屑泥微晶灰岩,其氧化钙(CaO)含量达50%以上。栖霞组地层主要分布在山体西北段,玉华洞发育在船山组地层灰岩之中。地层倾向近正北,倾角60°~80°。天阶山及其附近发育有两组断裂:第一组近东向西;第二组近南向北,规模较前组小。断裂原为压扭性,后转张性。此外,还有NW320°(320°)和NE60°(60°)两组节理非常发育。溶洞承袭南北断裂和节理发育,明显受到构造控制。

(2)地貌特征。

风景名胜区为典型的喀斯特地貌特征。其地貌分类主要有:喀斯特丘陵和喀斯特平原(盆谷)。喀斯特丘陵海拔多在200~700 m,比高一般100 m左右。丘体多呈短条状或峰林状,丘顶浑圆,大都基岩裸露,部分悬崖峭壁,节理裂隙发育。坡面有石芽、溶沟发育,"山骨棱厉,透露处层层有削玉裁云态",形态多姿。风化层较薄,发育的红色石灰土类,质地黏重,淋滤作用深,呈微酸性反应。风景名胜区内丘陵林木生长较多,植被覆盖较好。古镛镇、漠源乡、南口乡等地分布的丘陵、溶洞发育,有盲洞和穿洞,并具有成层性,玉华洞、金华洞、银华洞都分布在这里。喀斯特平原(盆谷)是一种负地形,面积较小,分布零散,形状不一,呈长方形、椭圆形的为多。地面较平坦,切割较弱。在平原边缘裂隙发育地带,常有喀斯特泉出露。组成的物质主要是石灰岩溶蚀残余,再经水流作用堆积的碎屑物,土层较厚,所发育的土壤质地黏重,透水性较差。天阶山东北面的狭长盆谷是其代表。风景名胜区碳酸岩类岩石主要出露于古镛镇、漠源乡、南口乡、安仁乡、高唐镇,岩层较厚,质地较纯。在地表水和地下水的溶蚀和侵蚀作用下,形成独特的地表和地下喀斯特形态,形成溶沟、石芽、溶斗、落水洞、溶蚀洼地、溶蚀盆地、孤峰、溶丘、峰丛、溶洞、地下河及各种钙质沉积的石钟乳、石笋、石幔等形态。

4.9.2.2　玉华洞(溶洞群)风景名胜区的溶洞景观成因

玉华洞(溶洞群)风景名胜区的溶洞景观成因主要有地质成因、化学成因、物理成因等。在适合的气候条件及水和空气的共同参与下,经过漫长的岁月形成独具特色的弘含奇瑰、炫巧争奇、遍布幽奥的神奇景致。

(1)地质成因。

晚石炭纪(距今约2.96亿年),这里是一片汪洋大海,形成生物繁多的热带、亚热带碳酸岩台地,进行了碳酸盐沉积。沉积作用延续了1 900万年,沉积了100余m厚的质地较纯的石灰岩(船山组 C3c)。此后又继续沉积了200余m厚的不纯灰岩爽泥粉砂岩(早二叠系栖霞组 P2q),之后又沉积了海相泥岩(文笔山组 P1w)、海陆交互相含煤碎屑岩(童子岩组 P1t)、河湖相碎屑岩(晚二叠系早期翠屏山组 P2cp)及海相泥岩(晚二叠系晚期大隆组 P2d)、海相钙质泥炭、粉砂岩、硅质岩等,总厚度达千余米。

距今2.43亿年到2.31亿年的三叠纪发生了广泛的印支造山运动,受其影响,这里结束海侵,隆起成山,并遭受剥蚀。距今2.13亿年的侏罗纪晚期和白垩纪的燕山运动波及本区,形成一个地堑,老地层麻源组逆冲而上,船山组地层下落,因而得到保存。此后1亿多年的时间其上覆的新地层不断被剥蚀殆尽。距今三百多万年的第三纪,可能在燕山期即发生的南北断裂,由压扭性转化为张性,从南部麻源组新组成的山地穿越天阶山的中部,顺断裂南段发育成一条大的沟谷。至此,风景名胜区的地貌轮廓大体已奠定。之后,地壳逐渐抬升,溶洞所在地层被抬升到包气带中,岩溶作用活跃,形成了溶洞景观。

(2)化学成因。

碳酸岩化学溶蚀和沉积,是含有碳酸和其他酸类的水,流经碳酸岩裂隙时,溶解大量的碳酸钙,成为饱和的碳酸氢钙溶液。饱和的水溶液在温度、气压改变时,溶液中二氧化碳蒸发、逸散,便发生碳酸钙析出、结晶的沉积。化学溶蚀和沉积受水的活动方式、流量大小,气象等因素影响,变化很大。化学溶蚀时对洞厅、通道的形成起主要作用。化学沉积物形成的主要形态有:

滴石类　由洞顶不连续水流——滴水形成,从滴点到落点形成对应沉积,主要有石钟乳、石笋、石柱。当地下水流渗进洞穴时,在洞顶沉积成小突,逐渐往下沉积成棒状,经长时间沉积,加长加粗,形成石钟乳;水流沿石钟乳滴落,在洞底流布,形成盘状石饼,逐渐累叠、加厚,石饼受滴部位加厚快于其他部位,遂向上发展为石笋;石钟乳与石笋对接,便形成石柱。

洞壁流石类　由洞壁连续运动的水流——薄膜水形成,主要形态有石幔、石瀑等。

洞底流石类　系洞底流水形成,主要形态有石梯田、钙华板等。石梯田为间歇性漫流作用所成。当地下水沿洞底流动时,在地形稍为隆起处,水流发生扰动和流速变化,导致二氧化碳和碳酸钙加速逸散与就地沉积,逐渐形成可阻水的石天墅,构成田连阡陌的梯状石田。此外,还有溅水作用而形成的石葡萄、石珊瑚等,这类沉积物一般附生在先成物上。

（3）物理成因。

溶洞景观的物理成因主要为流水的冲刷、沉积和崩塌。含酸水对碳酸岩的溶蚀作用在流动的情况下加剧,流速与溶蚀可成正比。波痕、贝窝、沟槽为其主要特征。玉华洞内的溪源,黄泥等洞发育的边槽非常壮观,这种形态与地下暗河有密切的生成关系。玉华洞内的白云洞为穹洞,穹洞的形成与后期崩塌改造有关,后洞附近的巨块崩塌物有二十几米高。鸡冠石,亦称雄鸡报晓,即为崩塌石块。溶洞景点的形成是地质构造活动与洞穴包气带空气、渗流的活动方式等因素共同作用的结果。这个过程不但随时变化、互相参与、互相转换,而且仍在继续。

（4）水文状况。

风景名胜区地表水属金溪水系漠村溪流域。天阶山南部被元古界麻源群地层所组成的中山环锁,其间有沟谷、洼地,有一定的汇水面积。

天阶山体的地下水补给主要来自南部沟谷的地表径流,通过洼地的落水洞潜入地下与暗河相接。暗河流出洞口,汇入漠村溪。银华洞所在石灰山地表径流由沟谷汇入漠村溪。

风景名胜区地下径流主要为碳酸盐类型溶洞水。玉华洞内有灵泉、井泉、石泉,天阶山麓的梅花井泉均为该类地下水出露。据有关部门化验,为低矿化度矿泉水,符合国家饮用水标准。玉华洞、银华洞、金华洞内还可听见流水声,目前无法查清的暗河、暗泉有多处。

4.9.2.3 植被状况

风景名胜区植被区划隶属闽西博平岭山地常绿槠类照叶林小区,是常年温暖的照叶林地带。东以顺昌县宝山—沙县茅坪一带为界,北以泰宁县九峰山一线为界。

典型植被类型的建群种中,米槠、丝栗栲、南岭栲、罗浮栲、甜槠、大叶锥、青冈栎、钩栗、锥栗、石栎、杉木、马尾松、毛竹占优势,苦槠、茅栗、木荷、板栗、枫香、光叶石楠、小叶黄杞、拟刺杨等较少。杉木、马尾松、毛竹是县内森林主要植被,面积大,生长良好。森林下有黄瑞木、乌药、毛冬青、杜鹃等。在郁闭的常绿阔叶林下草本植物不多,常见的有狗脊、中华里白、油莎草、地毯等。指示植物有成片的杉木、马尾松、毛竹林,层间植物较常见的是藤黄檀。主要植被类型为常绿阔叶林,还有部分人工营造的福建杉、马尾松林和少量毛竹林。区内野生植物169科973种。国家一级保护植物有水杉、苏铁,国家二级保护植物有金钱松、油杉、水松、银杏、福建柏、杜仲、青钱柳、格木、长叶榧、鹅掌楸、观光木、黄山木兰、福建青冈栎,国家三级保护植物有长苞铁杉、南方铁杉、沉水樟、闽楠、浙江楠、天竺桂、青钩栲、巴戟、青檀、凹叶厚朴、深山含笑、短萼黄连、八角莲、红豆树。药材资源较丰富,有药用植物36种。风景名胜区植被覆盖率为91%,各种植物生长旺盛,构成的绿色景观为国内岩溶地区所罕见。风景名胜区有得天独厚的地理气候条件,植被众芬竞秀,草木争荣,四季常青。丰富的植被类型和植物群落形成了多样的景观效果,常绿阔叶林浓绿茂密,落叶阔叶林生长季节多呈浅绿色,常绿针叶林外貌呈深绿色,针叶阔叶混交林浓淡交辉,色彩纷呈。随着四季的变化,转换着各异的色彩,春季万紫千红、桃李芬芳,夏季林木葱郁、绿荫如屏,秋季绚丽多彩、争奇斗艳,冬季青松傲立、林木苍劲。

4.9.2.4 价值评价

玉华洞风景名胜区位于福建省中西部的将乐县。将乐县东临顺昌,西接泰宁,南连明溪,北抵邵武,东南与沙县毗邻。县境东西宽59 km,南北长71 km,总面积2 246 km²。20世纪90年代初,在一次全国岩溶学术会议上所作的学术报告中,曾把桂林芦笛岩、浙江瑶琳洞、福建玉华洞和北京石花洞并称为中国四大名洞。当时,从已开发洞穴的国内外知名情况、洞穴的发育特征和所具区域地质条件上,进行综合分析,而得出这四个名洞的概念。当然,这并不是说这四个溶洞在众多已经开发的洞穴中,各个方面都是居于前列的地位。这四大名洞,能有广泛的美誉,有其独特的区域性和科学性,以及文化上的独特内涵。

4.9.3 龙岩龙硿洞

龙硿洞(见图4-41)地处武夷山脉南段,位于新罗区雁石镇龙康村,距市区48 km,有"福建最好的旅游公路"直抵。属喀斯特地貌,历史悠久。据考证,此洞形成于3亿年前的古生代,原是一片汪洋大海,经三次地壳运动和间歇演变而成,为我国现已探明的特大溶洞之一和福建省重点风景名胜区。此洞早在唐代时就已被发现,历代时有游人到此探奇访胜。至今为止,龙硿洞已探明面积达54 000 m²,分上、中、下三层,有2条画廊、8个大厅、16个支洞、64处景观、3 000余 m游程,空间宏敞;洞中有山,山中有洞;洞中有水,时隐时现;洞连着洞,洞套着洞,层层叠叠,曲径通幽;大小石钟乳千姿百态,亦幻亦真,真可谓七情六欲皆备,瓜果稻菽飘香。洞口地处山坳,四周山石嶙峋,林木茂密。洞口上方,原国家旅游局局长刘毅先生题写的"龙硿洞"三个飘逸遒劲的大字,赫然入目。入洞口处,

图4-41 龙硿洞

为一个大小可容纳数十人的"三仙洞",举首仰望,顶壁上有一些模糊不清的字迹,据说是抗战时期部分台湾抗日爱国民众在此活动的遗迹,为这个天然溶洞增加了一丝历史的分量。

4.9.4　宁化天鹅洞

宁化天鹅洞群(见图4-42)位于福建省西部宁化县城东28 km处,一处"养在深闺人未识"的地质奇观,她犹如一幅透视亿万年沧桑巨变的优美画卷,最精华的是天鹅洞和神风龙宫。天鹅洞汇集了大自然鬼斧神工创造的石塔、石柱、石笋、石钟乳、石球、石灵芝、石珠、石盘、石桃、石人参等形态41种,数量达7 442个,分布在大厅套小厅的多层洞穴中,如花似玉、如鸟似兽,惟妙惟肖,许多地质学者皆称之为"中国稀有

图4-42　宁化天鹅洞群

的地下岩溶博物馆",许多艺术家更是为大自然的鬼斧神工而叹为观止。

神风龙宫可泛舟游览的地下河1 000余m,幽深迷离,河道宽处如明镜般的西湖,窄处蜿蜒曲折,似奇险三峡,更似有"甲天下之美"的桂林山水,泛舟荡桨于暗河碧波之中,倍感"漓江之秀龙宫藏,武夷九曲洞中漂"。两个溶洞内呈现出不同风格的岩溶奇观,令人耳目一新,拍掌称奇!而作为在地表上就很少见的岩溶石林,却惊现于地下暗河之间,这一奇特的喀斯特地质地貌在国内外都是极为罕见的。因此,2004年1月,国土资源部授予"福建宁化天鹅洞群国家地质公园"称号,这是福建目前唯一获此殊荣的岩溶洞群景观。

4.9.5　永安石林

永安石林规模仅次于云南麓南石林,号称"全国第二"。石林属岩溶喀斯特地貌(见图4-43),外景多姿壮观,似天然盆景,内景似地下谜宫,侧景则秀丽别致。有"天然石头动物园"之美称的石林景区的标志性景点美猴抱桃,形象逼真,常令游人叹为观止。

鳞隐石林总面积1.85 km²,独特的喀斯特地貌造就了地上石林、地下迷宫的奇异景观。石林发育于石炭-二叠纪的石灰岩里,高的达36 m,低者2~3 m,形态各异,有孤立的柱状、塔状、锥状,也有共一基座的丛状、笔架状,有平顶的、尖顶的,有的是光滑的柱状而顶部却是密集的锯齿状溶沟和石芽,有的灰岩裸露,有的罩着一层藤本植物盘缠的披纱,美丽而壮观。千姿百态的石芽、石锥、石柱、石笋,拟人状物,鬼

图4-43　鳞隐石林

斧神工,尤其是"美猿寿桃"、"霸王别姬"、"千年之吻"、"想你一万年"、"黑熊护笋"、"可爱的考拉"等,惟妙惟肖,妙趣横生,令你不忍离去。鳞隐石林地下还蕴藏着许多溶洞,其中十八洞主洞长 217 m,溶洞分上、中、下三层,洞中有洞,状若迷宫。洞中钟乳悬挂,五彩缤纷,内有一泓清泉,清澈见底,这在石林景观中是罕见的。

鳞隐石林是石灰岩在一个相当长时间的稳定环境里,在较单一的动力条件下,受风化和溶蚀作用而形成的埋藏石芽,再经剥蚀裸露后发展成为石林,但在古代河流流经的地方,地表河流的搬运和沉积,在埋藏石芽和石林形成的过程中起到了重要作用。

距鳞隐石林 1.5 km 的洪云山石林,这里的石林并不十分高大,但地表怪石林立,有"天然动物园"之称。更令人惊讶的是,溶洞中的钟乳石等化学溶积物仍在发育之中,色彩缤纷,光彩夺目,十分迷人。石林的成因及其古地理环境的探讨是专门的学问,全国高校地理学科的师生将其列为教学基地,纷至沓来。

奇异的永安鳞隐石林是一处不可多得的自然遗产,具有很高的观赏价值和研究价值,在这里,您可尽情体验自然的造化、历史的厚重、文化的多元和世事的沧桑。

4.10　典型的断块山地貌

南平茫荡山(见图 4-44)自然保护区位于南平市西北 15 km 处,保护区中心位于东经 118°06′、北纬 26°50′。涉及大横、茫荡、西芹 3 个镇,黄墩和四鹤 2 个办事处及峡阳国营采育场,由茫荡山、"三千八百坎"和溪源庵名胜三个部分组成。保护区总面积 3 577.3 hm²,建于 1988 年。

图 4-44　茫荡山风光

4.10.1　地貌特征

茫荡山自然保护区地处武夷山脉北段向东南延伸的支脉南端,鹫峰山脉的西南支脉,区内海拔 1 000 m 以上的山峰有 12 座,500 ~ 1 000 m 的山峰 30 座,主峰蒙瞳洋海拔 1 364 m,区内最低海拔 136 m,相对高差 1 228 m。地貌属于东南丘陵区,可划分为中山、低山和丘陵 3 个类型。保护区系一较典型的断块山,坡度较大,东侧为著名的"三千八百坎"。

区内气候温暖,雨量充沛。保护区位于闽江上游,水系发达,溪流众多,建溪和富屯溪环绕其缘,区内多为短小的山沟小溪,主要有溪源小溪、"三千八百坎"小溪、石笋坑小溪、石佛小溪、玉地小溪、茂地小溪、依朝前山小溪、大坑小溪等8条,各小溪汇入闽江支流的建溪和富屯溪。年平均温度19.4 ℃,山顶极端低温可达 −6.3 ℃。年降水量2 000 mm,其中50%集中在4、5、6月三个月。山高雾多,年蒸发量1 381.3 mm,小于降水量,相对湿度79%;霜期短,植物生长期达300天。当地自然条件优越,林木生长良好。

4.10.2 植物资源

境内植物种类繁多,树种资源丰富。有温性针叶林、暖性针叶林、落叶阔叶林、常绿针阔混交林、常绿阔叶林、硬叶常绿阔叶林、竹林、常绿阔叶灌丛、草甸等9个植被型52个群系191个群丛,包含了我国中亚热带地区大部分的植被类型。据初步调查,保护区有植物104科275属625种,其中珍贵树种有38种,总蓄积量24.3万 m³。按全省植被区划,保护区属于中亚热带常绿阔叶林地带,海拔1 100 m以上为针叶林带,1 000 m上下夹杂较狭的针阔叶混交林带。阔叶树主要为壳斗科的甜槠、乌冈栎、栲树、多穗石栎和山茶科的木荷,石楠科的石楠以及樟科、木兰科、杜英科、冬青科的一些种类。针叶树种以黄山松、马尾杉、杉木为主,此外还有部分毛竹。珍稀树种有钟萼木、紫楠、黄樟、红豆树、红豆杉等。

4.10.3 动物资源

保护区动物地区区划上属于东洋界华中区东部丘陵平原亚区,区内动物资源丰富,已查明有野生脊椎动物37目104科453种,其中兽类8目20科58种、鸟类18目47科207种、爬行类3目12科70种、两栖类2目8科31种、淡水鱼类6目17科87种。无脊椎动物昆虫纲、蛛形纲等32目267科2 039种。列入国家重点保护的野生动物有50种,其中国家一级保护的有云豹、金钱豹、黑麂、黄腹角雉、白颈长尾雉、蟒蛇、金斑喙凤蝶等7种,国家二级保护的有穿山甲、猕猴、水獭、大灵猫、鬣羚、松雀鹰、蛇雕、白鹇、花鳗鲡等43种。属IUCN物种11种,CITES附录物种54种。列入《中日候鸟保护协定》物种63种,列入《中澳候鸟保护协定》物种17种。"三有"保护动物261种,省重点保护物种34种。昆虫模式标本36种,鱼类模式标本1种。此外,保护区还有大型真菌42科90属159种,微生物17科31属61种。

4.10.4 科学研究价值

保护区长期以来受到有关高等院校、科研机构和许多著名专家、学者的关注。近百年来,中外许多植物学家都曾涉足茫荡山采集标本,如英国植物学家S. T. Dunn1905年到南平,在茫荡山采集发现十余个新种。新中国成立后钟心煊、林镕、何景等专家先后到茫荡山开展研究工作。经过多年调查,保护区共采集模式标本70种。

建区以来,保护区与有关院校、科研机构和有关专家开展了多方面的学术交流活动,先后接待前来考察、研究、教学实习的专家、学者、大中专生及青少年夏令营活动近2万人次,较好地发挥了自然保护区作为科研、科教培训基地的功能和作用。

4.11　典型矿产地

福建省矿产资源种类相对齐全,能源、黑色金属、有色金属、稀有金属、稀土金属、非金属等矿种在省域范围内均有分布。矿产资源特点可归纳为"三多"、"三少"、"一集中",即:非金属矿产多,金属矿产伴(共)生组分多,贫矿多;大型、特大型的金属矿床少,富矿少,能源矿产种类少。由于福建省地质构造差异较大,各种矿产的形成及其在空间上的分布,明显受不同级次构造单元与地质构造的控制,矿产分布在空间上具有分区、分带的特点。铁矿主要集中分布在闽西南的龙岩、漳平、安溪、德化、大田一带;钨矿主要集中在闽西的清流、宁化一带;上杭紫金山、武平悦洋为金、银、铜矿密集区;铅锌矿主要分布在闽西北的尤溪、大田、建阳一带;铌钽矿仅产于闽北南平市;煤主要集中分布在闽西龙岩、永定、大田、永安、永春 5 大煤炭基地;石灰岩主要分布在闽西北龙岩、永安、漳平、将乐—顺昌一带;叶蜡石主要集中在东南沿海火山岩地区,尤其是福州市;萤石主要分布在闽西北的邵武、建阳、光泽、顺昌、清流一带;饰面花岗岩石材、天然石英砂则以闽江口以南的东南沿海地带最为丰富;地下热水主要分布于闽江以南。现就部分比较典型的矿产资源简介如下。

4.11.1　南平西坑铌钽矿床

西坑矿区位于华南褶皱区东部,闽西北隆起带与闽西南拗陷带交界处靠北东向的政和—大埔断裂带一侧,属加里东期基底褶皱隆起带。

区内地层主要出露前震旦纪建瓯群(AnZ)区域变质岩系,其次为早侏罗世梨山组(J₁l)和晚侏罗世长林组(J₃c)、南园组(J₃n)陆相沉积 - 火山岩系。此外,晚泥盆世 - 早三叠世地层均为小面积或零星分布。前震旦纪建瓯群分布于南平安丰桥—沙县下柳源一带的广大地区。由老至新为迪口组(AnZd)、龙北溪组(AnZl)、大岭组(AnZdl)、麻源组(AnZm)、吴垱组(AnZw)。麻源组分布于西坑、西芹至西南部的沙县下柳源一带,出露面积最大,岩性为斜长变粒岩、云母石英(斜长)片岩、石英(斜长)云母片岩和云母片岩,为区内含矿伟晶岩脉的主要围岩。

区内褶皱、断裂构造发育。南平复式向斜为本区基底地层复式褶皱的一级构造,北起安丰桥,南至郑湖一带,长 50 km,宽 15 km,轴向北段为北东,南段转为南北向。南平西坑—沙县下柳源稀有金属成矿带位于基底地层复式向斜内。复式向斜的次级褶皱极为发育,主要有北东向和南北向两组,后一组形成时间略晚,它迁就、改造早期褶皱而呈"S"形展布。北东向次级褶皱主要有上村背斜、东山坪向斜、留地背斜等,南北向次级褶皱有石笋坑背斜、溪源头背斜、西坑背斜等。这些次级褶皱中还发育有更低序次的褶皱,含矿伟晶岩脉的形成主要受低序次小褶皱所控制。区内断裂构造按走向分为近南北向、北东向及北西向三组,断层加里东期可能形成于或海西期,其后具长期活动性。北西向断层形成较晚,多具平推性质。

区内侵入岩分布广泛,岩类复杂,主要有加里东期花岗岩(γ_3)、海西期花岗岩(γ_4^1)

和燕山早期花岗岩(γ_5^2),且以燕山早期黑云母花岗岩($\gamma_5^2(3)C$)分布最广,规模最大。海西期片麻状黑云母花岗岩(西芹、溪坪岩体)和片麻状二长花岗岩(金龙岩岩体)与区内的伟晶岩脉存在时空和成因联系,岩体内见有伟晶状析离体及钾长石脉等,岩石常见熔蚀交代结构,普遍具片麻状以及眼球状构造,片麻理与区域构造线近于一致。岩体与围岩有时呈过渡关系。副矿物组合为磁铁矿-钛铁矿-榍石-褐帘石-磷灰石-锆石,还见有锡石、铌铁矿、含铪锆石等。岩石化学成分以高硅、富碱、过铝及贫 Ti、Fe、Mg、Ca 为特点,稀土组成为富轻稀土型,具负 Eu 异常。

区内脉岩也很发育,主要有早期的花岗伟晶岩(ρ)和晚期的花岗斑岩($\gamma\pi$)、辉绿(玢)岩($\beta\mu$)等。自南平西坑至沙县下柳源,已查明伟晶岩脉 400 余条,单脉长几米至数百米,厚几十厘米至几十米,而脉群(组)长几百米至 1 300 m,厚达 58 m。按主要造岩矿物分为四种类型:Ⅰ.钾长石-斜长石型;Ⅱ.钠长石-钾长石型;Ⅲ.钾长石-钠长石型;Ⅳ.钠长石-锂辉石型。一般Ⅲ、Ⅳ类型构成铌钽工业矿体,Ⅳ类型具大中型钽矿床规模。各类型伟晶岩在空间上具有一定的水平分带,即Ⅰ~Ⅳ类型,从花岗岩体向外展布,其变化特点是:由以斜交围岩片理、脉状产出为主,到以平行围岩片理、透镜状产出为主,规模趋于增大;内部构造及矿物共生组合趋于复杂,钠长石、锂辉石的含量增多,钾长石含量减少,为钽富集成矿提供了重要条件;稀有元素矿化随类型演化由弱而强,矿化类型由 Nb、Ta→Nb、Ta、Sn、Be→Nb、Ta、Sn、Be、Li、Cs。

价值分析:除矿产价值外,还有了解其矿物组合、伟晶岩脉的内部构造及分带特征以及科研及找矿意义。

4.11.2 行洛坑钨矿

行洛坑钨矿位于福建省宁化县(原清流县)境内,地理坐标东经 116°55′、北纬 26°21′。行洛坑钨矿是一个规模巨大的产于花岗岩中的细脉型含钼黑白钨矿床。其矿床类型极为少见,具有独特的地质特征。此矿床的发现,为我国钨矿的地质找矿工作提供了新的找矿方向。现将行洛坑钨矿细脉型矿体地质特征简述如下。

矿区位于华南加里东褶皱系东端闽西北加里东隆起区边缘。区内主要出露地层为震旦系-寒武系浅变质岩,次为上泥盆统-下二叠统和少量上白垩统-第三系;区域性近东西向、北东向断裂发育;岩浆岩主要为燕山早期花岗岩。行洛坑岩体为同源同期多阶段侵入的分异杂岩体,分南岩体、北岩体和深部隐伏岩体。岩浆侵位是中浅—中深成相花岗岩,而不是浅成—超浅成相斑岩。

矿床主要产于花岗岩体内,具多类型组合,有细脉型钨钼矿、大(薄)脉型钨矿、夕卡岩型钨矿等 3 种类型。其中,细脉型规模巨大,产于南岩体上部,矿体长 636 m,平均宽 159 m,最大延深达 525 m。矿体走向北东东,倾向南南东,倾角 70°,与岩体产状基本一致。矿石矿物主要有黑钨矿、白钨矿、辉钼矿、黄铁矿、黄铜矿、铁闪锌矿、毒砂、辉铋矿、锡石等。

矿区围岩蚀变较发育,岩体内具面型蚀变,有钾长石化、钠长石化、云母化、水云母-伊利石化、硅化、绿泥石化、碳酸盐化等;矿脉两侧具线型蚀变特征,有云英岩化、钾(钠)

长石化等;岩体外变质岩中也具面型蚀变特征,有硅化、绢云母化、绿泥石化、黄铁矿化等。

矿床类型属花岗岩中充填(交代)细脉浸染型中偏高温钨(钼)矿床,简称细脉浸染型钨(钼)矿床。

4.11.3 马坑铁矿

马坑铁矿是福建目前最大的铁矿床。它具有产出层位稳定、物质组分较简单、品位中等、变化小、有害杂质含量低,以及主矿体呈层状连续单一的特点。

矿区位于华南褶皱区东部,闽西南拗陷带东南靠政和—大埔断裂带一侧。区内自奥陶纪至侏罗纪地层均有分布,以石炭纪-二叠纪地层最为发育。奥陶纪浅变质岩分布于矿区西部和东北部,为本区的基底地层。晚泥盆世和早三叠世地层为一套粗碎屑岩、碳酸盐岩、细碎屑岩夹煤层的准地台型沉积,其中中石炭世经畬组(C2j)为一套硅泥质角砾岩、泥岩、粉砂岩、白云质灰岩、硅质铁质层夹火山岩地层,是区内铁矿的主要赋存层位。侏罗纪地层分布于东南部,为一套陆相沉积火山岩地层。区内褶皱、断裂发育,区域构造线以北北东向为主。褶皱构造主要表现为多期构造运动形成的叠加褶皱,多为线状褶皱,轴向以北北东为主,规模较大的有大洋背斜、苦坑崎獭向斜、火德坑马坑背斜,其中火德坑马坑背斜为区内的主要控岩控矿构造,轴向北东40°~45°,长26 km,宽3 km。断裂构造有北东、北北东、南北、北西及东西向几组:北东向断裂发育于古生代地层中,属区内的早期断裂;北北东向断裂为区内最为醒目的构造,构成两个断裂带;南北向断裂发育于古生代地层中,并切入大洋岩体,具多期活动特征;北西向断裂常被北东、北北东向断裂错断并切穿燕山早期花岗岩体,具长期活动特征。区内以燕山早期侵入岩较为发育,规模大,分布广,主要有二长花岗岩(ηγ52(3)b)、含黑云母花岗岩(γ52(3)c)、细粒花岗岩(γ52(3)d),以含黑云母花岗岩规模最大,主要有出露于矿区西部的大洋岩体和东部的莒舟岩体,与铁矿有成因联系。燕山晚期侵入岩有中粒花岗岩(γ53(1)b)、花岗斑岩(γ53(1)d)、石英斑岩(λπ53(1)d),多呈小岩体或岩脉产出。此外,还见有印支期辉长辉绿岩和辉绿闪长岩脉产出,侵入于早石炭世早三叠世地层中,与铁矿空间关系密切。区内早石炭世早二叠世地层、侏罗纪地层中均有火山岩产出,其中以早、晚侏罗世火山岩分布最广。而与区内铁矿具有密切成生关系的是早、中石炭世火山岩,岩性为安山质熔结凝灰角砾岩、安山玄武岩及含凝质砂质泥岩等,矿区外围的广大地区也发现有此类火山岩,显示了海西期的这套以中基性为主的火山岩在马坑矿区外围的区域上广泛分布,可能是该区铁矿的主要成矿层位。

4.11.4 连城庙前锰矿

连城锰矿包括庙前、蓝桥两个矿区,是福建目前最大的锰矿,而且品位富,其中不少是化工锰矿,为国内有名的富锰矿区。矿区位于连城县正南,直距36.5 km。矿区出露有石炭系下统林地组、中统黄龙组和上统船山组、二叠系下统栖霞组等地层。发育有走向北西、北北西—北北东、东西向等7条断裂。矿体产于北北西向断裂、破碎层及第四系堆积层中,呈不规则脉状、透镜状、似层状等。矿床属风化型淋积—堆积氧化锰矿床。矿体赋存于第四纪堆积层中,成因类型为坡残积型和淋滤型两种,全区共有矿体15个,矿石类型为氧化锰矿,主要矿物为硬锰矿。

4.11.5 连城县中坪铅锌矿地质特征

中坪矿区位于闽西连城县县城方位176°,直距约34.7 km,行政区划隶属连城县庙前镇中坪村管辖。中坪铅锌矿床赋存于石炭 - 二叠系经畲组地层的大理岩矽卡岩带中,受一定层位控制,且矿化规模较大。区域地质特征,本区构造以断裂为主,主要发育北北东向断裂,存在少量东西向断裂。地层总体倾向向东。区内岩浆活动较强,主要为晚侏罗世侵入的苦竹超单元。岩性为浅肉红色斑状 - 似斑状细粒 - 中粒花岗斑岩。

4.11.5.1 矿区地质特征

地层:矿区内出露地层简单,主要为石炭系林地组(C1l)和石炭 - 二叠系经畲组(CPj),其中林地组地层推覆在经畲组之上)。构造:本区构造以断裂为主,未见大的褶皱(曲)构造,主要断层有一条 F_1 断层。侵入岩:区内岩浆岩主要为晚侏罗世永兴超单元(J3YX),侵入岩体分布在矿区的西北部,岩性为灰白色斑状二长花岗岩,局部有石英闪长岩侵入,呈岩脉产出。围岩蚀变、矿区围岩蚀变主要发育于断裂破碎带及矿体的顶板;主要蚀变类型有热变质、绿帘石化、绿泥石化、黄铁矿化、矽卡岩化、硅化、碳酸岩化、大理岩化、局部见透辉石化、石榴石化等;主要蚀变岩类有石英角岩、黄铁矿化铅锌矿化大理岩、黄铁矿透辉石角岩、硅化石英细砂岩、绿泥石化含角砾晶屑凝灰岩、黄铁矿化绿泥石化粉砂岩、铅锌矿化矽卡岩等,硅化、碳酸盐化、透辉石化等,变质矿物呈隐晶 - 微粒状变晶集合体不均匀分布或呈脉状穿插于大理岩之中。

4.11.5.2 矿床特征

铅锌矿体主要赋存于石炭 - 二叠系经畲组地层的大理岩矽卡岩带中,具有一定的层位性。主矿体呈似层状 - 透镜状产出,赋存标高650～750 m水平,夹在大理岩矽卡岩带中,容矿岩石为大理岩或矽卡岩。总体产状倾向北东。矿石结构主要为它形粒状结构、半自形粒状结构,次为碎裂结构、交代结构。常见的矿石构造主要有条带状构造、浸染状构造、斑杂 - 浸染状构造等。矿石物质组分,方铅矿:铅灰色 - 钢灰色,半自形 - 它形粒状、不规则粒状,强金属光泽,粒径0.023～1.8 mm,常呈稀疏浸染状和细脉状分布矿物粒间或呈脉状充填于围岩裂隙中。闪锌矿:棕褐色,它形粒状,粒径0.023～0.966 mm,常呈稀疏浸染状、不规则斑杂状、脉状充填于围岩裂隙中。磁铁矿:灰褐色,它形粒状,半金属光泽,粒径0.06～0.21 mm,常见呈团块状集合体产出,主要分布于赋矿断裂构造带内。黄铁矿:铜黄色,它形粒状,强金属光泽,粒径0.012～0.118 mm,常见呈星点状、团块状集合体产出,主要分布于节理裂隙面附近。矿石中主要有用元素为Pb、Zn。脉石矿物主要有绿帘石、石英、方解石、绿泥石等。

4.11.5.3 矿床成因

本矿区矿体赋存于经畲组地层之中,具时控和构造控矿的双重特点。该区地层铅、锌元素原始丰度较高(矿源层),在强烈的地壳运动、岩浆侵入、构造热力作用和地下热水循环等诸因素作用下,地层中的成矿物质活化、迁移、汇集(叠加)在构造和岩性有利部位,经再富集形成铅锌矿床。

4.11.6　福建邵武萤石矿床特征

福建萤石矿产资源比较丰富,已探明的萤石矿储量目前在全国仅次于内蒙古和湖南而居第三位。前两省(区)储量虽大,但是萤石多以伴生组分产出,其产量受主矿种产量的制约。至于浙江的萤石矿,经多年开采,保有储量正在减少,生产也有下降趋势。福建萤石矿开采,方兴未艾,从发展趋势看,很可能成为我国主要的萤石矿产地。福建萤石资源的特点之一是矿石品位高,可选性好。CaF_2品位变化在35% ~ 95%,多数为50% ~ 60%,大于60%的富矿占较大比例。矿石类型也简单,杂质少,有害组分除SiO_2外,S、P、$CaCO_3$、$BaSO_4$等含量均很低,无需选矿或经简单选矿后,产品即能满足各种工业用料要求。选矿试验表明,即使是贫矿,经简单浮选,也可获得品位达95% ~ 98%的精矿。开采条件好,是本省萤石矿的另一个优势。已知矿体大都出露地表,且分布集中。比较典型的有邵武萤石矿,该区位于邵武县南东,直距20 km。矿区出露地层为建瓯群的片岩和变粒岩。北东向40° ~ 50°的压扭性断裂纵贯全区,为该矿区的控矿构造。矿体产于北东向宽达31 m的压扭性断裂带中,属萤石和石英—萤石建造的中—低温热液矿床。

4.11.7　福建永安省重晶石矿

福建境内至今只发现3处重晶石矿产地,分布在闽北的南平市、闽西的沙县和永安市。其中永安李坊重晶石矿是福建省独一无二的大型重晶石矿床。该矿床具有交通较方便、开采条件好、矿石质量优、矿石可选性好、回收率高等诸多优点。因此,它的开发利用为我国石化工业发展和出口创汇起到一定的作用。

永安李坊重晶石矿床位于闽西南永梅拗陷带的北部。重晶石矿赋存于寒武系中下统林田群上段。含矿岩系为一套浅海相细碎屑 – 化学沉积岩,分布面积约30 km^2。单矿体呈层状、透镜状和串珠状产出。矿石以变晶结构为主,次为筛状变晶结构和变余砂状结构。矿石以条纹状构造为主,次为揉皱构造。矿石的矿物成分以重晶石为主,脉石矿物有石英、绢云母、黄铁矿和少量方解石、白云母、黑云母、金红石等。

4.11.8　福建明溪蓝宝石矿床

明溪蓝宝石矿区位于闽西北隆起和闽西南拗陷带的交界处,周围出露的基底岩石为震旦 – 寒武纪变质火山岩、变质砂岩等,其上为泥盆纪桃子坑组石英砾岩和林地组石英砾岩及石炭 – 二叠纪的石灰岩,呈不整合覆盖。区内有松溪—明溪—长汀北东向大断裂通过,在其与北西向断裂交汇处,分布着新生代陆相超基性 – 基性火山活动产物。蓝宝石主要与晚第三纪佛昙群的火山角砾岩、玻基辉橄岩、橄榄玄武岩及第四纪的含深源包体火山岩、碱性玄武岩有关。蓝宝石主要赋存于近源现代山涧河谷小盆地的洪冲积以及有碱性玄武岩出露的残坡积物中,特别富集在现代河床及阶地的砂砾岩层中,并在有利地段形成工业矿体。与蓝宝石伴生的矿物主要有镁铝榴石、锆石、钛铁矿、辉石类等。

4.11.9 华安玉

华安玉(见图4-45)矿体在福建华安县境内分布范围广,出露面积约 104 km²。

该矿区位于闽西南拗陷带与闽东火山断拗带的交接部位,区内构造运动强烈,岩浆活动频繁。矿区及周边地层以中生代为主,主要有三叠统溪口组、大坑村组和文宾山组及侏罗系梨山组,其中溪口组为浅海相,其余为陆相沉积的碎屑岩类,表明三叠纪末至侏罗纪初期该区处于相对稳定的沉积环境。从晚侏罗世开始,岩浆活动处于活跃期,侵入体既有晚侏罗世的花岗岩,亦有早白垩世的花岗闪长岩及第三纪的辉长岩、辉绿(玢)岩等。

图4-45 华安玉

矿区地层仅出露三叠系溪口组及第四系残坡积层。溪口组岩性为中薄层状钙硅质粉砂岩、泥岩、长石石英细砂岩及透辉石(绿帘石)长英质角岩。区内发育有3层条带状透辉石(绿帘石)长英质角岩,即华安玉矿体。地层总体走向65°~75°,倾向南南东,倾角35°~54°。构造区内三叠系溪口组呈一走向北东东、倾向南南东的单斜构造。受区域北北东及北西向断裂构造的影响,区内岩石中节理、裂隙较为发育。区内侵入岩主要为晚侏罗世侵入的古竹岩体。

华安玉乃华安一绝,它原名九龙璧,因历史悠久,别名尚多,曾有梅花石、北溪石、五彩玉石、罗汉石、九龙玉石等称呼,俗称茶烘石(茶烘是华丰的俗名)。它早在明清时代就作为贡品进献朝廷,为历代石玩家所青睐,现北京故宫博物馆仍有收藏。它作为中国十大奇石之一,于2000年入选中国十大国石候选石,2001年又被评为"中国四大名玉"之一,定为"八闽奇石"。华安玉不但文化内涵丰富,而且具有很高的实用、观赏和珍藏价值。

华安玉分布在福建漳州市—九龙江流域,是距今2.48亿年古生代二叠纪的海相沉积岩,经距今1.63亿年中生代侏罗纪陆相火山喷发变质而成条带状硅钙质角岩,命名为九龙璧玉石。九龙璧质地坚贞浑厚,肌理褶皱的变化大,风格迥异,色调雄奇高古,造型精妙独特,图案纹理富有国画意境。由于两个方面的原因使九龙璧产生特殊的肌理:一是地壳运动导致条带状硅钙质角岩产生强烈的扭曲,表现出一种有序的张力美、地质美;二是经亿万年的激流冲刷,将质地较软的钙质等部分淘去,而将质地较坚硬的硅质留下,便形成了凹凸明显、沟壑纵横的肌理。这些肌理的存在,便犹如国画中使用了皴法,艺术味道很浓,视觉效果很好。九龙璧其主要成分为石英、长石、硬玉类的透辉石、软玉类的透闪石、阳起石等,经硅化重新结晶而成。经地矿部鉴测,九龙璧的物理性能为:容量2.72,抗压强度 2 414 kg/cm²,抗折强度 122 kg/cm²,抗拉强度 111 kg/cm²,抗剪强度 316 kg/cm²,硬度为摩氏 7~7.5 度,耐磨度为 0.92,吸水率为 0.06%,孔隙率为 0.12%,光泽度为 100(法)。可见,九龙璧观赏石肌理缜密,质素细腻,光洁度极高,温润感极强,叩之声如金玉,观之泽似油脂,且耐磨耐腐蚀,抗压、抗拉、抗剪、抗渗透强度高,在十大名石中保存性最好,还比灵璧石略胜一筹。

专家们认为,九龙璧蕴含丰富的文化内涵,意韵丰富,蕴涵深刻,其质美,美在坚贞雄浑;色美,美在五彩斑斓;纹美,美在构图逼真;形美,美在造型奇巧;意美,美在意味深长。其中蕴含的天地灵气、日月精华,无比奥妙神奇,只可意会,不可言传。

因九龙璧硬度、密度高,吸水率几乎为零,故产品遇水后不变色、不易附着污物,使用中不易产生划痕,这是一般花岗岩不能比拟的。九龙璧石,似石非石,犹如硅质碧玉,五彩斑斓,嵯峨万象,其自然美和沧桑感是其他岩石类无法比拟的,是石中一绝。

在第二届华安玉精品评鉴会上,由中国宝玉石协会11位专家教授评出的华安玉天然奇石作品《巍巍昆仑·大王峰》以168万元被竞价拍卖,引起巨大轰动;其出类拔萃的碧玉品位,在中国宝玉石界享有较高的声誉。

4.11.10　福建龙岩东宫下高岭土矿

福建龙岩高岭土矿位于龙岩市北东约4 km处,在大地构造上,处于永梅上古凹陷带次一级构造龙(岩)漳(平)复式向斜之北西翼、龙岩山字形构造脊柱东侧。大部分以脉状产出的主矿体呈北西向分布在东宫下村至青草盂一带。矿床的发育与区内广泛出露的燕山早期黑云母花岗岩密切相关。后者在垂直方向由上而下相变为似伟晶岩带、云英岩带、白云母钠长石花岗岩带、铁锂云母钠长石花岗岩带、黑云母花岗岩带。其中白云母钠长石花岗岩是本区高岭土矿的主要成矿原岩。高岭土矿床属风化残积型,由花岗岩就地风化水解而成。高岭土储量可观,矿石自然白度高,是优质的陶瓷原料,也可用做造纸的填料和涂料,具有很高的经济价值。

4.11.11　福建东山县滨海石英砂矿

东山县位于福建省南部,为台湾海峡南端的近陆岛县,该县处于福建沿海动力变质带的南段,动力变质岩分带明显,岩性齐全。石英砂矿床分布在东山岛东侧,有梧龙和山只两个大型矿区,按对口勘探工业指标,划分为玻璃砂和型砂两个工业类型,是一特大型矿床。

地质概况:本区大地构造位置,属闽东燕山断拗带之二级构造单元的闽东南沿海变质带的南端,长乐—南沃断裂带的东侧,区内主要构造线为北东向。东山岛出露的基岩,主要为上三叠统–侏罗系的动力变质岩,东北部零星分布有岩浆岩。基岩出露面积约占全县的2/5,其余均为第四系掩盖。动力变质岩在区内分带显著,岩石受变质程度不同,划分为5个岩性带,由深到浅分为混合花岗岩性带、条痕状混合岩性带、条带状混合岩性带、混合质变粒岩性带、浅变质岩性带。第四纪松散堆积物覆盖面积广泛,主要为滨海相砂质、泥砂质堆积,分布在海积一级阶地和潮间带上;少量沿低丘和山间盆地分布的风化残坡积物;偶见顺沟谷和山麓地带出现的含角砾、砂、黏土混合物堆积。滨海相堆积,按岩性可分为砂质和泥砂质堆积两个类型,砂质堆积分布在岛的东侧和南侧,面向外海开口的迎风湾。

矿区位于东山县城东南方向,距县城5 km。矿区主要由一套以滨海相为主的第四系松散沉积物组成。玻璃砂矿层主要赋存于第四系滨海相细砂层中。

4.11.12 福建福清海亮浅色花岗石矿床

该矿床属于岩浆型酸性岩浅色花岗石矿床,位于福建省福清县东南沿海之滨,属东汗乡海亮村管辖。海亮距县城约 50 km,距福厦公路约 57 km,海陆交通方便。

矿床地质:燕山期二长花岗岩属大王笼岩体,呈北北东向小岩株侵入于侏罗系小溪组地层中,出露面积约 30 km²。相带不发育,主要岩性为中心相的中细黑云母二长花岗岩。边缘相为二长花岗斑岩,于岩体东北部出露宽约 100 m。

矿区内脉岩较为发育,有辉石闪长玢岩、辉绿岩、闪长玢岩、花岗细晶岩及石英脉。呈东西向、北西向、北东向展布。

区内断裂主要有北西西向—北西向和北北东向,有的被岩脉充填。节理较发育。

矿体:花岗石矿体位于邱头尾村西南,分布在上元顶、三块斋一带,在储量计算范围内的矿体长约 1 200 m,宽 220 ~ 440 m,出露标高 25 ~ 122 m。

矿石:本矿区浅色花岗石分为灰白色(占总储量的 75.4%)、浅肉红色(占总储量的 24%),此外还有少量黑色花岗石(占总储量的 0.6%)。

灰白色中细粒黑云母二长花岗岩,呈灰白色,中细粒花岗结构,块状构造,由斜长石(35% ~ 40%)、钾长石(25% ~ 33%)、石英(25% ~ 30%)、黑云母(5% ~ 8%)和少量磁铁矿、磷灰石、褐帘石、锆石等矿物组成。

浅肉红色中细粒黑云母二长花岗岩,呈浅肉红色,中细粒花岗结构,块状构造,由钾长石(30% ~ 35%)、斜长石(30%)、石英(30%)、黑云母(5%)和少量磷灰石、褐帘石、磁铁矿、锆石等矿物组成。少量黑色花岗石为辉石闪长玢岩,呈灰黑色,斑状结构,基性,具有半自形—他形细粒状结构。

黑云母二长花岗岩的化学成分:SiO_2 73.65%、Al_2O_3 13.40%、Fe_2O_3 2.11%、Na_2O 3.87%、K_2O 3.40%。物理性质:抗压强度 174.0 ~ 195.8 MPa,抗折强度 13.2 ~ 15.3 MPa,容重 2.64 g/cm³,肖氏硬度 86 ~ 88 度。

开采技术条件:矿区岩石裸露,剥离量少,适于露天开采,水文地质条件极简单。矿区内构造简单,节理裂隙不甚发育,岩石坚硬,为露采边坡的稳定性提供了有利条件。

4.12 福建湿地特征

福建省复杂多样的自然地理条件孕育着丰富的湿地资源,不但有大量天然的陆域和海域湿地类型分布,还有面积广阔的人工湿地。千姿百态的湿地景观和较为稳定、健康的湿地生态环境,使福建成为众多鸟类的重要繁殖栖息地、越冬场所和迁徙停歇地。现就福建主要湿地特征简介如下。

4.12.1 闽江河口湿地

闽江河口湿地(见图 4-46)坐落于福建长乐市和马尾区境内,位于闽江入海口的梅花水道,保护区总面积 3 129 hm²,地处东亚——澳大利亚西亚候鸟迁移通道的中间地带,是候鸟迁徙的重要驿站、越冬地和庇护所,水鸟资源异常丰富。有水鸟 9 目 24 科 152 种,每年在该湿地越冬的水鸟有 2 万只以上,估计在此迁徙停歇的水鸟数量超过 5 万只,有黑嘴端凤头燕鸥、卷羽鹈鹕、黑脸琵鹭、勺嘴鹬、遗鸥、东方白鹤、小天鹅等众多珍稀濒危物种,属于生物多样性敏感地带、重点区域和旗舰物种分布区,是亚热带地区典型的河口湿地。

由于该区域位于闽江入海口,周边社区人口数量多,台风经常光顾。人为活动的影响及生态环境的变化,外来物种互花米草的入侵,以及上游和周边污水、其他污染物流入,珍稀濒危动植物资源正受到威胁,而且这里是湿地生态系统类型的自然保护区,对水质的要求特别高,因此保护区生态系统存在较大的脆弱性。

2007 年 6 月,保护区内侧周边 281.85 hm² 区域被划为湿地公园予以保护,2008

图 4-46　闽江河口湿地

年 11 月 19 日,国家林业局正式批准为国家湿地公园,成为福建省首家国家级湿地公园。按照规划,湿地公园由天然湿地保育区、湿地生态养殖区、湿地生态农业园、湿地文化街和湿地观光园等 5 个景区组成,是一处集湿地保护恢复、科研监测、宣传教育、实地观光、休闲度假等于一体的多功能滨海湿地公园。

4.12.2　宁德东湖国家湿地公园

宁德东湖国家湿地公园位于宁德市区东南部,公园总面积为 623.8 hm²。2009 年 12 月底,宁德东湖国家湿地公园获得国家林业局批准,这是福建省建设的第二个国家湿地公园。东湖国家湿地公园生物多样性丰富,已查明维管束植物有 48 科 88 属 98 种、野生脊椎动物有 31 目 79 科 226 种,湿地特征典型,湿地景观和历史文化价值高。该湿地生物的多样性十分丰富,已查明维管束植物有 48 科 88 属 98 种;野生脊椎动物有 31 目 79 科 226 种;共有鸟类 14 目 30 科 110 种,占福建省鸟类总种数的 20.0%。

东湖国家湿地公园的建设,将有利于宁德市湿地生态的保护,改善城市区域内的生态环境,提升城市品位,促进宁德市中心城市影响力的提升和旅游事业的发展,并将在普及湿地知识、提高湿地保护意识、推动生态文明建设等方面发挥重要作用。

4.12.3　集美马銮湾湿地公园

集美马銮湾位于厦门西海域西北隅,围堤之前曾与西海域相连,是一个碧波荡漾、船只穿梭的天然海湾,原有水域面积达到 21 km²,拥有红树林、沼泽、鸟禽、鱼类、贝类等丰富资源。

4.12.4　漳州市西溪湿地公园

漳州市西溪湿地公园湿地陆域面积 71.88 hm²,其中沙洲面积 9.67 hm²,滨江陆域(常水位)62.21 hm²,另有溪面 18.76 hm²,总计 90.64 hm²,已纳入漳州市城市绿地系统规划,是福建省首家具有典型南亚热带滨江风貌的城市湿地公园。

4.12.5　福建漳江口红树林和盐沼湿地

福建漳江口红树林湿地位于云霄县漳江口,距离云霄县城 10 km。地理位置在东经117°24′07″~117°30′00″、北纬 23°53′45″~23°56′00″,总面积 2 360 hm²。本区属于亚热带海洋性季风气候,气候温暖湿润,光、热、水资源丰富,水域理化条件好,自然条件优越。区域内的植物资源有 5 科 6 属 6 种红树植物、16 科 27 属 29 种 1 变种盐沼植物、59 科 152 属184 种 3 变种 1 亚种滨海植物。植被资源按《中国植被》的划分方法,该区域主要植被类型可以分为红树林、滨海盐沼、滨海沙生植被 3 个植被型;有白骨壤林、桐花树林、白骨壤林＋桐花树林、秋茄林、秋茄林＋桐花树林、木榄林、芦苇盐沼、卡开芦盐沼、短叶茳芏盐沼、铺地黍盐沼、厚藤群落、苦蓝盘群落、露兜树群落等 13 个群系;有秋茄—老鼠簕等 22个群丛,是北回归线北侧种类最多、生长最好的红树林天然群落。

红树林是一种海岸带重要的生物资源,是典型的海滩涂湿地植物,它有许多特殊的生理和形态适应机制,既不同于陆地生态系统,也不同于海洋生态系统,是独特的海陆边缘湿地生态系统,能在自然生态平衡中起特殊作用。

4.12.5.1　漳江口红树林湿地建设意义

(1)红树林湿地的作用和地位。

湿地与森林、海洋并称为全球三大生态系统,具有丰富的生物多样性和很高的保护利用价值,素有“地球之肾”、“生命的摇篮”、“文明的发源地”、“物种的基因库”之美誉。研究湿地、保护湿地,为了我们共同的地球之肾是中国自然资源学会湿地保护专业委员会活动的宗旨。红树林为自然分布于热带和亚热带海岸潮间带的树木植物群落,生长在港湾河口地区的淤泥质滩涂上,称为“海底森林”。红树林湿地蕴藏着丰富的生物资源和物种多样性,是全球水鸟迁徙重要的栖息地和繁殖地。

(2)红树林湿地生态系统维护。

漳江口红树林湿地是云霄县重要的湿地生态系统,是沿海防护林的重要组成部分,是建设绿色云霄和林业生态县的一项重要内容。红树林湿地保护工作将以保护红树林湿地的生态系统和改善生态功能及增强沿海地区抗灾能力为中心,按照优先保护、科学恢复、合理利用、持续发展的原则,紧紧依靠地方各级政府和社会力量,努力实现漳江口红树林湿地保护建设事业快速健康发展。还将进一步开展红树林湿地保护宣传活动,加快红树林资源的恢复和发展步伐,大力提高科研水平,构筑科技支撑体系,提高湿地研究水平。

4.12.5.2　福建漳江口红树林湿地的价值

红树林湿地拥有丰富的野生动植物资源,是众多野生动植物繁衍生长的地方,是地球上生物多样性丰富和生产力较高的生态系统。它不但类同于自然森林能吸收大气中的二氧化碳、释放氧气,蓄水调洪,调节气候,促淤造陆,降解环境污染等功能,而且能为鱼类提供充足饵料,为牲畜提供营养和生长的一切必要矿物质的饲料,也能为人类提供食物、药材等资源。红树林作为一种自然资源,它的直接价值和间接价值远远超越了陆地森林价值,很有必要对它进行各方面的价值评估,让世人对红树林的公益性价值在客观事实上得到充分的认识。只有红树林的真正价值得到世人的认可,并在市场经济中得到体现,红树林的保护和建设才能得到全社会的支持和重视。只有全社会的重视和支持,红树林的保护和建设才能真正成为全人类的"公益"事业,才能满足人类进步发展的需要。

4.12.6　福建泉州湾河口湿地

位于福建省泉州市的泉州湾河口湿地,因其特殊的地理气候和丰富的生物多样性资源,已成为中国亚热带河口湿地的典型代表,2002 年被批准为省级自然保护区,面积876.9 hm^2。该湿地曾分布大面积的红树林,由于历年围垦和养殖业的发展,红树林仅洛阳江北岸保留一片约21.2 hm^2。

4.12.7　福建洛阳江口红树林湿地景观

红树林主要分布于洛阳江的东岸,行政区划属于惠安县;而米草则集中分布于洛阳江的西侧,行政区划属于洛江区和丰泽区。2006 年期间福建洛阳江口红树林湿地及其周边地区景观变化明显。

4.12.8　福建九龙江河口湿地

九龙江地处福建省东南部,是福建第二大江,河长285 km,横跨龙岩、漳州、厦门 3 地(市),汇水面积 14 741 km^2,年平均径流量148 亿 m^3。九龙江河口湿地面积达 6 000 多hm^2,主要位于漳州的龙海市红树林自然保护区境内。九龙江口红树林省级自然保护区位于福建省龙海市九龙江入海口,涉及紫泥、海澄、浮宫和角美 4 个乡(镇),地理坐标为东经 117°54′11″ ~ 117°56′02″、北纬 24°23′33″ ~ 24°27′38″。保护区总面积为 420.2 hm^2,其中核心区面积237.9 hm^2,包括甘文片、大涂洲片和浮宫片三块。主要保护对象为红树林生态系统、濒危野生动植物物种和湿地鸟类等,属海洋与海岸生态系统类型(湿地类型)自然保护区。

九龙江河口是海洋深入大陆内部形成的形似坛状的河口湾区,北侧为侵蚀 - 剥蚀台地,南侧为丘陵,西侧为河口段,系冲海积平原,其间因港道河汊发育而被分割成大小不同的几个区片,呈三角洲状,沉积物主要由黏土和粉砂质黏土组成,下层为海相淤泥。东侧为口外海区,水深宽坦,海底以淤泥质沉积为特征。水深多在 5 m 左右,海底地形由内向湾口倾斜,坡度 0.1% ~ 0.2%。湾内水下沙洲繁育,大部分呈指状向湾口方向伸展。

保护区以潮间带滩涂为主,是九龙江河流自上游泥沙冲积在水道中淤积而形成的潮间滩涂。

保护区属南亚热带海洋性季风气候,暖热湿润,雨量充沛,干、湿季分明,多年平均气温21.1 ℃,无霜期328 d,年日照时数为 2 223.82 h,年均有雾日数14 d,年降水量1 371.9mm,降水多在 4 ~ 9月,年平均 4 次台风。九龙江河口湿地是九龙江流域多年沉积形成的大片滩涂,区内土壤主要是滨海盐土。九龙江是北溪和西溪两个河系的共称。九龙江河口上段分为北港、中港和南港。下段是咸水区域,盐度相对比较高,保护区的甘文位于北港和中港汇流处,大涂洲位于南港出口与海门岛之间,浮宫片位于南港与南溪汇流处,三片都属于海水和淡水交汇区域。九龙江河口属径流与潮流相互作用的强潮海区。九龙江河口湾泥沙主要来源于河流输沙和潮流输沙,年平均输沙量为246.1 万 t。由于大量泥沙入海,九龙江滩涂面积平均每年增加1.8 km^2。

保护区内湿地资源丰富,有红树林沼泽 288.0 hm²,潮间淤泥滩涂 90.9 hm²,潮间盐水沼泽 15.4 hm²,河口水域 25.9 hm²。

保护区植被类型主要有红树林、滨海盐沼和滨海沙生植被 3 个植被型,有秋茄林、秋茄+桐花树林、芦苇盐沼、短叶茳芏盐沼、互花米草盐沼、苦郎树群落、鸡矢藤群落等 7 个群系。区内野生动植物资源丰富,已查明维管束植物 54 科 107 属 134 种,其中红树植物 5 科 7 属 10 种,分布面积广大的红树植物是主要植物资源。

保护区动物区属东洋界华南区闽广沿海亚区。已查明野生脊椎动物有 21 目 54 科 212 种,其中兽类 3 目 3 科 6 种、鸟类 16 目 40 科 181 种、爬行类 1 目 6 科 17 种、两栖类 1 目 5 科 8 种。列入国家重点保护的野生动物有卷羽鹈鹕、褐鲣鸟、海鸬鹚、黄嘴白鹭、黑脸琵鹭、黑翅鸢、普通鵟、鹗、小杓鹬、小青脚鹬、褐翅鸦鹃、草鸮等 29 种。其中属中日两国政府协定保护候鸟有 96 种,中澳两国政府协定保护候鸟有 52 种。此外,保护区还有众多的水生生物资源,包括潮间带生物 231 种、浮游植物 93 种、浮游动物 60 种、鱼类 129 种、甲壳类 36 种。

1988 年经省政府批准建立了龙海县红树林保护区,2006 年 12 月综合考虑红树林资源保护与地方经济发展的现实需要,经省政府批准,保护区进行了范围调整,并重新确定界限和功能区划分,保护区面积扩大到 420.2 hm²,由甘文片、大涂洲片和浮宫片三个部分组成。

保护区独特的地理位置和丰富的生物多样性,长期以来受到了厦门大学、国家海洋三所等有关高等院校、科研机构和专家学者的关注,开展了多方面的科学考察与交流活动,取得许多研究成果。建区以来,共接待前来考察、研究、教学实习的专家、学者、大中专学生及青少年夏令营近 5 000 人次,并成为厦门大学重要的教学基地,较好地发挥了自然保护区作为科研、科教培训和科普基地的功能和作用。

4.12.9 泉州湾河口湿地省级自然保护区

福建泉州湾河口湿地(见图 4-47)省级自然保护区位于福建泉州市境内,地跨惠安、洛江、丰泽、晋江、石狮 5 县(市、区),地理坐标为东经 118°37′45″ ~ 118°42′44″、北纬 24°47′37″ ~ 24°57′29″。保护区总面积 7 045 hm²。保护区主要保护对象为河口湿地生态系统、红树林及其栖息的中华白海豚、黄嘴白鹭等珍稀野生动物,属海洋与海岸生态系统类型(湿地类型)自然保护区。

泉州湾位于晋江和洛阳江的出海口,地貌中陆地地貌属冲海积平原、海积平原、风成沙地等,海岸地貌包括海蚀地貌和海积地貌,海底地貌包括水下浅滩、深槽。保护区属正规半日潮。属海洋性季风气候,多年平均气温为 20.4 ℃,年均降水量为 1 095.4 mm,年均相对湿度为 78%,为台风多发区。

保护区内生物多样性丰富,已记录物种达 1 000 多种。有浮游植物 104 种,其中硅藻 86 种、甲藻 16 种、蓝藻 2 种;浮游动物 82 种,其中水母类 21 种、毛颚类 8 种、枝角类 2 种、桡足类 41 种、十足类 7 种。底栖动物 169 种,其中甲壳动物 55 种、多毛类 45 种、软体动物 41 种、棘皮动物 9 种。已查明泉州湾有高等植物 191 种,隶属于 143 属 51 科,其中喜盐植物 26 种。海岸植被根据耐盐和控制盐分的方式分为拒盐植物、泌盐植物、聚盐植物

图 4-47　河口湿地

和一般耐盐性植物。红树植物有秋茄、桐花树、白骨壤等。其中桐花树、白骨壤在此处为自然分布北限。

列入国家重点保护的野生动物有 27 种,其中有国家一级保护动物中华白海豚、中华鲟,二级保护动物有黑脸琵鹭、黄嘴白鹭、伪虎鲸、宽吻海豚、江豚、绿海龟、玳瑁、棱皮龟、虎纹蛙、白氏文昌鱼等 24 种。列入 CITES 附录物种 14 种。中日协定保护候鸟 25 种,中澳协定保护候鸟 18 种。列入省重点保护野生动物 22 种。

泉州湾河口湿地是中国重要湿地之一,是中国亚热带河口滩涂湿地的典型代表。1994 年《中国生物多样性保护行动计划》的"中国优先保护生态系统项目"中被规划为优先项目。2000 年被列入《中国湿地保护行动计划》的"中国重要湿地名录"。

4.12.10　福建省湿地资源合理利用及保护对策研究

湿地是一种特有的土地资源和生境,也是地球上的一类主要生态系统。湿地与人类的生活息息相关。福建省湿地资源丰富,并为社会经济发展提供了重要保障。但是一些地方盲目开垦、乱占滥用、过度开发、不合理利用湿地,再加上环境污染、外来物种入侵、泥沙淤积等多种因素的威胁和制约,造成湿地生态功能不断下降、全省湿地面积缩小等后果。因此,应采取借鉴已有可持续开发利用与保护的经验,对其优化利用,建立和完善法律法规,提高全民湿地保护意识,建立湿地自然保护区及生态示范区等湿地资源保护的对策。

4.13　水体景观

水体的景观特点:

(1)溪涧及河流。溪涧及河流都属于流动水体。由山间至山麓,集山水而下,汇集成了溪流、山涧和河流,一般溪浅而阔,涧深而狭。园林中的溪涧,应左右弯曲,萦回于岩石山林间,环绕亭树,穿岩入洞,有分有合,有收有放,构成大小不同的水面与宽窄各异的水流。对溪涧的源头,应作隐蔽处理,使游赏者不知源于何处,流向何方,成为循流追源中展开景区的线索。溪涧垂直处理应随地形变化,形成跌水和瀑布,落水处则可以成深潭幽谷。城镇内的过境河流,过去均为水陆交通,现在应把河流结合到园林中去,成为园景,并将其引入园内,构成河湖系统。

(2)池塘。池塘属于平静水体,有规则式和自然式,规则式有方形、圆形、矩形、椭圆形及多角形等,也可在几何形的基础上加以变化。池塘的位置可结合建筑、道路、广场、平台、花坛、雕塑、假山石、起伏的地形及平地等布置。可以作为景区局部构图中心的主景或副景,还可以结合地面排水系统,成为积水池。自然式水池在园林中常依地形而建,是扩展空间的良好办法。

(3)瀑布。瀑布是由水的落差造成的,是自然界的壮观景色。瀑布的造型千变万化,千姿百态,瀑布的形式有直落式、跌落式、散落式、水帘式、薄膜式以及喷射式等。按瀑布的大小有宽瀑、细瀑、高瀑、短瀑以及各种混合型的洞瀑等。人造瀑布虽无自然瀑布的气势,但只要形神俱备,就有自然之趣。

(4)潭。潭即深水池。作为风景名胜的潭,必须具有奇丽的景观和诗一般的情调。

(5)泉。泉来自山麓或地下,有温泉与冷泉之分。福建泉源相当丰富,仅温泉就有1 000多处,大都辟作休疗养胜地,许多冷泉的泉水富含对人体有益的矿物质和微量元素,已经开发成饮用水,或作高档饮料,而大部分冷泉水都用来煮茶。作为游览胜地的泉水,都有共同的特点,即泉源丰富,味甘清凉,清澈见底。作为景观观赏的泉,根据出水姿态的不同可分为山泉、涌泉、喷泉、壁泉以及间歇泉等形式。

4.13.1 闽江水系源头

闽江发源于严峰山南麓的均口镇均口村张家山自然村以北(见图4-48),流经台田村、土楼上、湖阳、跳鱼、九进坑等自然村,进入毗邻宁化县的水茜溪。水茜溪为沙溪水系上游支流,台田溪即为水茜溪的上游,境内13条主要溪河中唯一属于沙溪的一条,它在县境内的流域面积38 km²,年径流量0.46亿 m³。先后两次对闽江江源进行考察,经过分析比较,根据"河源唯远"的原则,确认台田溪为闽江正源,闽江源流为台田溪—水茜溪—九龙溪—沙溪—西溪—闽江,台田溪源头从严峰山西南坡岩下流出涓涓细流,并在峭壁下汇成一口三四平方米的水潭。源头至闽江入海口,全长562 km。

图4-48 闽江源刻石

4.13.2 福州北峰皇帝洞特大瀑布群

皇帝洞瀑布群(见图4-49),是福州北峰四大自然奇景之一,具有丰富的生态资源,面积800多 hm²,融大峡谷、巨石河床、瀑布群、大湖泊四类大型山水景观于一体,是福州目前已开发的单体面积最大的原生态景区。景区内拥有福州最大的瀑布群,大小瀑布共计23处,其形态各异,似天际飞水,尽显气势之磅礴,是福建省迄今发现的峡谷形态最典型、瀑布数量最多、生态保护最好、人文景观极其丰富的大峡谷湖泊景区。

图4-49　皇帝洞瀑布群

古人云:"天下之至奇至变者水也。"飞来溪水随山势起伏跌宕,在乱石窝中左旋右转,如玉柱、如白练、如银帝。皇帝洞的瀑布有20余处,玉柱瀑、浣纱瀑、虎啸瀑、象鼻瀑、龙潭瀑、帝帘瀑……构成福建特大瀑布群,最集中的地段每隔二三十米就有一道瀑布。崖水相连,崖水交映。由崖壁、瀑布而看那周边的草木、青天和夕阳时,让人一下就想起王维的诗句:"瀑布杉松常带雨,夕阳彩翠忽成岚。"嬉戏浅滩于道旁,仰望瀑布于危崖,让人感叹造物之神奇、流水之多姿。你看那象鼻瀑左右两道瀑布飞流直下,势如千军万马,声如虎啸龙吟。戏珠瀑似彩练悬空,又如巨龙吐沫,湍急的水流冲到潭里,激起沸腾的浪花,犹如万朵珠花。最雄奇的瀑布当推帝帘瀑,落差76 m,水流注入深潭,激起万千水雾,似滚滚浓烟从底部的大石缝中喷涌而出,气势恢弘。

4.13.3　福建三绝之一——仙游九鲤湖飞瀑

相传在汉武帝时,有何氏兄弟在此修身炼丹,丹成后跨乘湖中九鲤成侧,升上天宫,九鲤湖因此而得名。据说,这里还有三个深不可测的"仙灶",是九仙炼丹时留下的遗迹。

九鲤湖以瀑布景观最为著名,但其峰、洞之景亦甚奇特。九鲤湖四周,千岩竞秀,怪石嶙峋,有蓬莱石、瀛洲石、羽化石、玄珠石、龙擦石、枕流石等,每一块石头均有一个美丽动人的传说。九鲤湖附近还遍布各种奇形怪状的溶洞,有的似锅、有的似瓮、有的如脸盆、有的如葫芦,还有的像脚印,相传亦是仙人炼丹时留下的遗址。

九鲤湖碧波荡漾,清澈透明,远山近景倒映湖中,静影沉壁,胜似图画,九鲤湖恰似"灵圆一镜"。每当旭日东升,九鲤湖浮光耀金,景色迷人;每逢夕阳西下,满天彩霞泻落湖中,色彩斑斓,分外娇娆。倘若明月千里,清辉直泻,湖面银光闪闪,幽雅静谧之景色更是迷人。

然而,九鲤湖最美的毕竟是飞瀑。九鲤湖飞瀑按其每次跌落,可发九漈,名曰雷轰漈、瀑布漈、珠帘漈、玉柱漈、石门漈、五星漈、飞凤漈、棋盘漈和将军漈。每一漈各具风韵,以瀑布、珠帘、玉柱三漈风景最美。

九鲤湖飞瀑,每漈的间距或长或短,长者可达10 km,短者则有200~300 m。瀑高亦是大小不一,高者可逾百米,而低矮者只有3~4 m,形成九漈的总落差可高达430多m!九鲤湖飞瀑之中第一漈就是雷轰漈,它位于伊仙宫左侧,是九鲤湖的进水处,落差虽不大,然形态特殊,瀑布冲击着布满溶洞的河床,发出雷鸣般的轰响,故得其名。第二漈瀑布漈,是九鲤湖飞爆中最高的一漈,大量的水流从九鲤湖中溢出,跌落百丈悬崖,摧金捣玉,翻滚而下。但见崖壁生烟,霓虹隐现,呈现一派绚丽缤纷的美妙景象。

再继续下行,便是珠帘漈与玉柱漈了。此两漈从两个方向而来,一同流进深邃的白龙潭中。过去的珠帘漈曾清秀妩媚,素绢一般飘落,而经过水流长期的冲蚀,现在瀑布已向后退移,瀑布便成一柱水龙,喷射而出,虽失去了往日的秀丽风姿,然亦形成了另一种磅礴的豪壮气势。一旁的玉柱漈是一个分成两股水流的瀑布,相比之下,玉柱漈则显得纤巧多姿,清丽秀气得多了。

第五漈,便是石门漈,这里山势险峻,悬崖壁立。徐霞客在其游记中曾这样写道:"……两崖至是,壁凑仅容一线,欲合不合,欲开不开;下涌奔泉,上碍云影,人缘其间,如猱猴然,阴风吹之,凛凛欲坠……"水流至此,猛然转折,冲过一处夹缝,造成一般二丈余高的粗大瀑布,跌落狭窄高深的石门之中,然后沿着回头峰和耸天峰下壁立的石崖夹沟,悠悠东流而下。

自石门漈下到第九漈将军漈,还有 10 余 km。一路还有五星漈、飞凤漈、棋盘漈三瀑。但途中悬崖深谷,难以行走。五星漈下是一个由五块大石相聚而成的细梅花状水潭,水流萦绕其间。飞凤漈是因一旁有飞凤山而得名,亦许是瀑布像一只飞天的凤凰吧。飞凤漈的景色妩媚秀丽。溪流再向下流,便到了一个不高的悬崖,倾覆而下形成第八漈——棋盘漈,棋盘漈气势并不雄壮,但因旁边有一埠形同方桌的棋盘石,附近还有一些乱石堆积,若一群围看下棋和下棋的人,故显得十分独特。自棋盘漈向下一里光景,则至九鲤湖飞瀑的最后一漈——将军漈了。自上俯视,并不见将军漈之风姿,但从瀑上两旁山石对峙,瀑布在其中飞泻而下,发出轰鸣之声,震撼山谷,就显出将军漈之神威风采了!

4.13.4 福建武夷山青龙大瀑布

武夷山青龙大瀑布(见图 4-50)位于武夷山九曲溪的上游,武夷山国家自然保护区的通天河峡谷,峡谷内有青龙大瀑布、通天河大峡谷、问天石、乱石银波、清凉龙涎、翠玉朦胧、龙翔九天等十多处景点。

武夷山青龙大瀑布景区游览道全长 2 300 m,地处断裂带,地势险峻,森林群落近乎原始。终年绿涛翻腾,生机勃勃,中亚热带的生物物种在这里都能找到踪影,峡谷游道两边挂牌的珍稀观赏树种就有 100 多种,这些造型别致、景观独特的珍稀名贵花木与峡谷内的流泉飞瀑相辉映,置身其中,犹如人间仙境,世外桃源。

武夷山青龙大瀑布及周边地带经测定是武夷山空气中负氧离子含量最高的地方,平均每立方厘米达到 6.7 万个,最高处分别是每立方厘米达到 13.6 万个和每立方厘米达到 11.2 万个,是名副其实的天然氧吧。

图 4-50 武夷山青龙大瀑布

4.13.5　福建九龙祭瀑布群

九龙祭瀑布群(见图 4-51)是省级
风景名胜区,位于周宁县城东南 13 km 处
的危峰断峡之中。

九龙祭瀑布群总落差为 300 m,在长
达 1 000 m 的流程中连续九级不同的落
差穿过峡谷,形成奇绝的飞瀑深潭。九瀑
各展奇姿,各具特色。其中,第一级瀑布
最为壮观,瀑高 46.7 m,宽 76 m,丰水期
可达 83 m。瀑流经陡峭的崖巅腾冲跌
落,直泻深潭,声如轰雷,震撼山谷,瀑花

图 4-51　九龙祭瀑布群

飞溅,激化为迷蒙烟雾,弥漫山谷,若逢斜阳映照,幻成彩虹横空,斑斓耀眼。巨瀑右上方
还有一个直径 14 m 的潭穴镶嵌瀑间,人称"龙眼"。第四级称为龙牙瀑,瀑长 46 m,瀑面
中有巨石突兀,形似龙牙,把瀑布扯成两半,故名。两股瀑流冲进一个面积为 2 800 m² 的
"卧龙潭"。

第六级至第九级是瀑瀑相接,人称"四叠瀑"。4 级瀑布流程 692 m。瀑间遍布怪石,
其形态各异,神奇逼真,有"龙井"、"龙脊"、"龙角"、"龙甲"、"龙爪"、"龙珠"。九级瀑布
以下为一长达 120 m 的长潭,游人泛舟其间,观赏四周山景,情趣横生。

九龙祭瀑布群四周群山耸立,峰奇石异,栩栩如生,有"鸽子峰"、"金鱼峰"、"腾龙
峰"、"骆驼峰"、"蟾蜍爬壁"、"石猴观瀑"等。

九龙祭瀑布群被誉为"福建第一"、"华东无二",1987 年被评为第一批省级风景名胜
区。现公路已直通景区,景区内"九龙祭风景区管理所"大楼已落成,还建有 2 个观瀑亭、
4 个凉亭,供游客观瀑、歇息。

4.13.6　福建永泰青云山青龙瀑布

永泰县青云山风景区中最奇的是青龙瀑布(见
图 4-52)。

青龙崖高 80 m,"一崖高耸接云天"。崖顶有
一个呈半圆凹槽的断壁。水流从断壁的槽口跌落
而下,被半空的一片岩石挡住。水石相击,铿铿锵
锵,然后再泻而下。如此经过类似的 5 个回合,形
成美丽的"五叠泉",比庐山的"三叠泉"景观有过
之而无不及。青龙瀑布经几个场次的飞珠溅玉之
后,集中水力又以雷霆万钧之势,凌空直下"青龙
潭"。这个"青龙潭"也是古代火山的喷发口之一,
今天却溪水盈盈,有竹排让人游戈,颇有一番诗情
画意。

图 4-52　青云山青龙瀑布

4.13.7 福建最好的漂流景点——九鲤溪瀑

九鲤溪瀑景区，位于太姥山岳景区西南侧，面积25 km²。九鲤溪又名赤溪，发源于福鼎太姥山、霞浦目海尖和柘荣东山埂三座大高山，汇集13条支流，流长25.86 km，下游延伸至霞浦县境内杨家溪，注入东海。溪流弯曲，两岸青山夹峙，绿树葱茏，怪石林立，碧水澄澈，似武夷九曲。由龙亭南兜乘竹筏，顺水漂流而下，直至渡头村，途径7曲16滩，全程11.5 km，需2个小时。沿溪可领略两岸"唐僧西拜"、"仙女下凡"、"达摩面壁"、"雄狮下山"、"金龟戏鳌"等72处鬼斧神工、惟妙惟肖的山石景致。溪流时缓时急。平缓处，如闲庭信步，悠然自得；湍急处，飞筏似箭，有惊无险。到了下坪洋，水面宽达100多m，水流平稳，溪河开阔，可容数十竹筏，并排竞渡，并驾齐驱。在漂流尽头处的渡头，有两片面积约为250亩的天然枫树林，林边河滩上夹有百佟轩的荻花滩。每年秋末初冬，枫林尽染，红遍山种；而荻花则一片雪白，别有情趣。在两片枫树林的间隔地带，有17株树龄为15～800年不等的古榕树林，虽历尽沧桑，仍生机盎然，天空枝叶交错，地面虬根盘绕，如孔雀开屏，似青龙探江，各显姿态。据专家考证，这是全球纬度最北的一片古榕树林。龙亭瀑布位于龙亭村的古庙观音亭南400 m处。瀑布落差136 m，瀑布下方有一块可容200人观瀑的巨石，巨石下是一个10 m见方的龙潭。仰观瀑布，飞流直下，犹如白练悬空，烟雾飘渺，声势逼人，凉风习习。瀑布周围有拔地而起数十米的岩峰"将军印"、"文笔架"等几十处岩石景观。溪口瀑布位于桑园翠湖大源头下游，落差60 m，飞流直下，水汽弥漫，彩虹缤纷，瀑布下方，峡谷两岸布满千姿百态的水蚀岩，水雾飘渺，时隐时现，犹如神话中的水底世界。

4.13.8 福建泉州德化岱仙瀑布

岱仙瀑布有"华东第一瀑"之称（见图4-53），发源于德化县石牛山的赤石溪，溪水流经山势雄浑的飞仙山峰，飞泻直下139 m，奇妙的是，部分溪水流到边崖，形成一道更宽的、水流似油从漏斗穿过状的油漏瀑，因此岱仙瀑布也称岱仙双瀑。岱仙瀑布在水口镇湖坂村，分两股飞泻而下，东为岱仙瀑布，西为油漏瀑布。岱仙瀑布急流直下，声若雷鸣，气派非凡。油漏瀑布像一张镶在大石的银毯，阳光直射，恰似珠帘下垂。两处交相辉映，格外壮观。

图4-53　岱仙瀑布

4.13.9 美丽的百丈崖瀑布

百丈崖瀑布（见图4-54）群位于福建省漳州市长泰县北部，省道郊柏线旁，龙津江支流青坑溪上游，共有自然形成大大小小的瀑布10多个，其中落差4 m以上的瀑布有4个。大小瀑布终年流水淙淙，自下而上一处比一处险，也一处比一处奇，最大的第一级瀑布高达76 m，水宽近20 m，水流量10 m³/s，可与全国最大的瀑布——贵州黄果树瀑布（高68

m,宽81 m)相媲美。瀑流从陡峭的崖巅腾冲跌落,直泻深潭,涛声如雷,震山撼谷,水雾迷漫,在阳光照射时有一道迷离的横空彩虹,斑斓耀眼,景色壮观。瀑布之间有巨石,状如黑鲤,它劈开瀑流,仿佛要腾空飞去,形成了一个"鲤鱼跃龙门"的神秘景点。第一级瀑布下的二、三级紧接相连,各有奇姿,瀑流旁怪石嶙峋,地势险峻,周边林竹茂密,植被完好,仍然保持原始状态,有"雅鲁藏布江大峡谷的微缩景观"之称。百丈崖瀑布群两岸悬崖陡壁,植被葱郁,置身其间,欣赏急浪、怪石、绿树交相辉映,探寻大自然的神奇和奥秘,别有一番情趣。

图 4-54　百丈崖瀑布

4.13.10　大金湖水瀑漈

大金湖水瀑漈又称白水漈瀑布。瀑布分为两层,间距百余米,上为斜漈瀑布,下为水漈瀑布,远眺似白练悬空,是金湖最大的瀑布。它发源于泰宁第二高峰——峨嵋峰的九栋岭,在两山对峙间,石峡中开,流水奔突而下,汇聚沿途的小溪、山泉注入金湖,百米之外便能听到瀑布轰雷般的响声。每当雨过天晴,瀑布周围雾气腾腾,在阳光的照耀下,还可以看到一道彩虹悬挂其中,光芒四射,蔚为壮观。

4.13.11　永泰龙门瀑布

龙门瀑布群位于永泰县葛岭镇龙门峡谷景区,距福州市中心48 km。景区内有齐天瀑布、仙桃瀑布、龙门瀑布等。齐天瀑布位于龙须瀑布斜对面的悬崖峭壁上,高100余 m,宽13 m。瀑布从高崖上垂直飘落,枯水季节瀑布上半段是水,下半段是烟,飞花四溅,如烟似雾;丰水季节似一条银河直落九天,瀑下水潭浪翻云涌,甚为壮美。仙桃瀑布位于龙门峡谷主景区,瀑布高30 m,宽5 m,瀑布直接跌入龙门溪,溪中有一巨石,上面生长金黄色的石苔,形状酷似熟透的仙桃,景致耐人寻味,故名"仙桃瀑布"。龙门瀑布位于龙门峡谷末端,距天龙瀑布约45 m,瀑布高80余 m,下宽约20余 m,瀑布分三跌而下,瀑布汹涌喷射而出,撞向凸出的悬崖,呼啸奔涌泻入潭中,其声如雷,极为壮观。人在瀑布脚下似乎被它的气势震得站立不稳,浑身上下都被细小的水珠打湿了,峡谷里的山风阵阵吹来,在大热天也让人不觉得产生一股寒意。有诗云:"寒入山谷吼千雷,派出银河轰万古。玉虬垂处雪花翻,四季雷声六月寒。"

4.13.12　福鼎雁溪瀑布

福鼎市管阳镇溪头溪是赛江源头支流之一,由九条小溪汇聚而成,雁溪瀑布是这条溪流内最美最迷人的景观之一,该瀑布隐伏于大山皱褶里的溪头北定自然村,来到距北定村一里处的山口,你眼前便可展观一个迷人的景观:一脉清溪如玉带在谷底蜿蜒而过,串起了一迭飞瀑、急滩和深潭,夹溪两岸奇石林立,怪岩迭现,满山古树新竹,摇曳多姿,在飘忽的雾气中,变幻着各种迷人的景象……最令人叫绝的是雁溪瀑布,该瀑布宽约60米,高约

13 米,飞瀑虽不及南宁德天瀑布壮观宏伟的气势,亦不及黄果树瀑布高大诱人的姿态,她只是从上游淋漓地向下流泻,薄处如帘,会随风移动,猛处逼人,如见刮顶级大风。柔时如见飞雪漫卷,刚时如节日烈火,令人目不暇接。

4.13.13　闽侯旗山别有洞天瀑布

别有洞天瀑布位于福建省福州市闽侯县福州旗山景区,区内有充满神话般色彩的"狮子山"、"大岩顶"、"象鼻峰"和奇特的高山平湖"天池湖"、"地池湖",还有落差 130 多 m 的别有洞天瀑布以及"梅雨潭"、"珠帘"、"玉女"、"潜龙"、"捣珠洒玉"、"三叠潭"等落差百米的瀑布群,姿态万千,形成极其丰富、壮观和极具特色的美丽的大自然景色。

4.13.14　霞浦龙亭瀑布

龙亭瀑布为霞浦杨家溪景区四大主景区之一,瀑布落差 136 m,为福建省单落差最大的瀑布,且瀑布周围还有"将军岩"、"仙人峰"等 28 个自然景观。瀑布由文、武两条瀑布构成,文瀑如寒泉漱玉;武瀑分两级而下,威武壮观。瀑下有巨石,可容 20 人仰观飞瀑千仞,蔚为奇观。

4.13.15　南靖树海瀑布

树海瀑布位于南靖船场镇下山村境内,宽 45 m、高 21 m,气势壮观,胜景天成。周围方圆数百里树海郁郁葱葱、密密层层,被誉为"华东黄果树"。

4.13.16　南平中岩瀑布

溪源瀑布群位于福建南平市延平区近郊的溪源峡谷风景区,是茫荡山风景名胜的王牌景区。主要由中岩和北斗两姐妹瀑布组成,总落差分别为 900 m、650 m,丰水期形成形状各异的 108 叠瀑布,其中单级落差 30 m 以上的有 10 级,主瀑单级落差分别为 128 m、156 m,瀑宽可达 40 多 m。

溪源森林瀑布群景区从中岩瀑开始,中岩瀑丰水期如龙吟虎啸、雾腾雷震,枯水期似珠洒琴鸣、悦目爽耳。九级瀑布又各具风韵。

游龙嬉水:由多叠小瀑布组成的溪流瀑,她小巧舒缓,落差不大,却很富生气和韵律。

潜龙品泉:枯水时为潜流瀑,丰水时滚滚而来的瀑流,划破苔藓厚重的树石,形成闪亮的"品"字。

骊龙探珠:属梯状瀑,时而势若双龙,并驾齐驱;时而其中一瀑,落潭前化为二道珠帘,宛如两位娇媚的少女羞涩深情地期待着白马王子的爱,瀑下有鸳鸯石,传说为少女抛出的绣球所变。

银龙浴波:40 多 m 的银瀑从空中飞下,瀑幅越往下越宽,变成多歧瀑。

蟠龙卧石:飞流破壁而下,形成直瀑,"白水如棉,不用弓弹花自散",在坚硬参差石岩下,形如 30 多 m 的蟠龙卧在石上,隐影水中。

玉龙鸣籁:此瀑像那身着银色薄幔的仙女,乘龟贺鹤翩翩而至;又似玉女拨弦,天泉垂帘,"大珠小珠落玉盘",其声悠扬婉转。

蛟龙出谷:犹如一条蛟龙从巨石中喷出,訇然如雷,把巨石一分为二后,又作势穿石入岩,刹时再从貌似龙头的巨石中分成两股飞出,"两龙争蟄不知夜,一石横空不渡人"。

天龙饮川:又称巨人瀑、神女瀑。总高 156 m,丰水期形成,瀑泉从 1 360 m 的茫荡山主峰悠悠扬扬畅游后,从海拔 1 000 m 的双峰耸峙的壶口中倾泻,形成"瀑落九天"的气势。"飞流一万尺,界破碧山烟,醉眼朦胧看,长虹饮玉川"之诗形象地描写此情此景。巨人瀑身高百米,宽可达 40 多米,其右手和脖子比常人特别突出。山下远看,头上皇冠高大,似行书"天";侧面仰看,这座巨瀑还似正孕育骄子的女神,游人称其"闽江之母"。

巨人瀑顶上景观更美更绝,但未开发,游客可折道右行经北斗瀑下山。北斗瀑,总落差 650 m,有九级 48 叠,其中单级落差超过 50 m 的有四级,分为摘星瀑、通天瀑、飞云瀑、穿石瀑、散花瀑、上叠雪、下叠雪和吟雷瀑等。

溪源瀑布群产生了许多负离子,可以沁人心脾,涤荡胸怀享受到大自然赋予的无穷魅力。登溪源瀑布群,即沐森林浴。瀑布景区一年四季都适于游鉴变幻不一的山水景色,会给人以不同的情趣,很堪玩味,引人遐思,"别后三日,梦中犹作飞涛声"。

4.13.17　瀑布景观文化

一般认为,瀑布是指从河床纵断面陡坡或悬崖上倾泻下的水流。瀑布所在的位置,其上下河床比降具有较大的差异,故在地学上,瀑布往往是裂点位置所在。瀑布有高低、大小之分,大的瀑布如银河奔泻,气势磅礴;小的瀑布则细流如带,如云如雾。

瀑布千姿百态,变幻无穷,以其瑰丽多彩为中华民族的大好河山增添无数胜境。相对其他水体而言,瀑布给予人类的主要不是实用价值,而是审美价值、精神享受。喜欢从大自然中汲取创作源泉的文人墨客,对瀑布飞流钟爱有加,不但留下了登临观赏的足迹,也留下了无数题咏、题刻以及绘画的墨宝与佳话,更给瀑布增添了浓重的文化色彩。瀑布文化堪称水文化百花园中的一朵奇葩。

瀑布大多处于高山险峰之上,从陡壁悬崖之上飞泻而下,以其晶莹的水帘和轰鸣的响声,构成自然界中独具一格的壮观景象。如有的瀑布如江河倾翻,直落而下,气势磅礴;有的瀑布如珠帘垂落,绞绞飘舞;有的瀑布则层层叠叠,聚而复散,姿态多变;有的瀑布则从洞中飞泻而出,如"银河倒泻入冰壶"……凡此种种,不胜枚举。

多姿多彩的瀑布形成按照地学原理,地表上任何一种地貌单元,均是地球的内营力和外营力相互作用的产物。所谓内营力,主要是指地球深部物质运动引起的地壳构造运动和岩浆活动。地壳运动又有水平运动和垂直运动之分,岩浆活动则往往形成火山地貌。所谓外营力是指起源于太阳能和重力能影响所产生的冰川、水流波浪和风力等的作用,其地质意义可归结为剥蚀作用、搬运作用和堆积作用三种。瀑布的形成也是地球内、外营力的相互作用的结果。在瀑布形成过程中,内营力起着重大的作用。一种是由水平运动或垂直运动造成的断层或裂谷,为瀑布的形成提供了必要的条件,此时若有溪流或江河流经断层或裂谷,则可形成瀑布。如著名的黄河壶口瀑布就是这样形成的。另一种形成瀑布的内营力是火山爆发过程,熔岩的漫溢将河道阻塞,使原来的河床形成一个新生的岩坎,河水由岩坎上翻跌而下,形成瀑布。如黑龙江宁安县境内的吊水楼瀑布(又称镜泊湖瀑布)就是这样形成的。

外营力作用形成瀑布的机理是由水流对河底软、硬岩基岩的差别侵蚀造成的。在两者出露处,硬岩层突露于易受侵蚀的软岩层之上成为陡崖,水流在此陡落形成瀑布。我国大多数瀑布的形成都是缘于此因。形成瀑布的动力若不仅有水流的冲蚀,而且还有水流的溶蚀作用,则往往形成喀斯特瀑布。

形成瀑布的第三种原因,是河流的袭夺。所谓河流袭夺,指的是处于分水岭两侧的两条河流,其中侵蚀力较强、侵蚀较深的河流进行下切侵蚀,最终将另一侧那条河流的一部分袭夺过来,使之成为袭夺河流的支流。由于袭夺河的下切程度大,河床高于被袭夺河流的河床,因此在被袭夺河流汇入袭夺河时,往往产生跌水,形成袭夺瀑布,或称悬河瀑布。

就瀑布的价值而言,首先在于它的观赏性。瀑布本身所具有的优美造型和特有的风韵,或雄、或险、或奇、或秀,都给人以美的享受。游人观赏一个瀑布,或为水落碧潭、飞花碎玉、奔腾翻涌之壮观(如黄果树瀑布、壶口瀑布)而震撼心魄,或为白练千丈、从天飞落的奇景(如庐山三叠泉瀑布、长白山天池瀑布)而心驰神往,或为瀑布周围的树木丛郁、泉水清冽(如峨眉山瀑布、银链坠潭瀑布)而流连忘返。这样,由瀑布形成的自然景观,就成为重要的旅游资源。

瀑布的第二个价值是用来水力发电。不过,瀑布的这一价值开发,到近代科学发达了才得以体现。许多瀑布不仅水量丰沛,落差亦较大。因此,瀑布从高处奔涌而下有着巨大的势能,从而推动水轮发电机产生巨大的电能,不但使瀑布造福于人民,而且给瀑布景观增添了新的风采。

在更多的情况下,瀑布的开发利用是多方面的,往往既可以把瀑布当做一个游览景观,也可在瀑布上面建造水力发电站,而水电站上游蓄水的水库可用于养殖鱼虾及供游泳、划船等。许多瀑布由于水击岩石,下成碧潭,瀑布激起的水雾又吸收了周围的大量热量,使瀑布附近成为一个理想的避暑胜地。有的瀑布下有碧潭,潭水碧清,亦成天然游泳池,游人在潭中既可畅游一番,亦可仰观瀑布英姿,真是妙不可言。

瀑布景观作为自然界的绝妙风景之一,在山水风景中一枝独秀,因而备受文人墨客的青睐和礼赞。文人们或为瀑布那江海倒悬的磅礴气势所折服,或为瀑布那婀娜多姿的飘逸神态所倾倒,于是临瀑而著文赋诗,写就了无数精美的诗词文章。瀑布飞流的神奇,不但让诗人们吟颂不已,也深深吸引着"师造化"的山水画画家们的目光,并成为他们重要的审美和表现对象。在中国山水画的画廊中,描摹瀑布的作品时有所见。

4.13.18　各种类型的泉

如顺昌石溪畔陡坡上间歇泉,永安、泉州的矿泉,宁德的氡泉,宁化湖村龙王潭泉,永定高陂鲜水塘和武平十方鸳鸯井等。

4.13.18.1　顺昌间歇泉

顺昌县城东南 12.5 km 的田坪天台山下,有一处间歇泉,俗称"玉龙吐水",泉口如小桶般大,泉从两石岩间涌出。奇特的是,每隔 90 分钟就会涌泉一次,每次历时 30 分钟。行流分 3 个阶段:行流前有较长时间的歇流,待快到 90 分钟时,泉边山洞轰轰作鸣,如雷震大地,此为第一阶段;轰雷声停时则见初流,细流涓涓,如泣如诉,此为第二阶段;到了第三阶段,则滔滔泉浪如潮狂涌,磅礴壮观。30 分钟后水流即停,再 90 分钟后重现。间歇泉产生原因各说不一,仍是个谜,正待寻答。

4.13.18.2　洋口玉龙泉

玉龙泉,又称间歇泉,位于顺昌县东南天台山脚下的半山(半山,系地名),属洋口的田坪界内,离洋口二十五里。

玉龙泉悬于两石之间,泉口一尺见方,离地丈许,周围坚壁裸露,传说玉龙泉有几十里长,另一头通往沙县。

人说"古泉独一天,景象变万千",恐怕也不过分。玉龙泉又吐水又间歇,有一定的规律。每次吐水约 30 分钟,相隔约 90 分钟又一次吐水,周期为 2 个小时,每日吐水十余次。每次吐水量 70 来吨,一天上千吨;玉龙吐水三部曲,即有明显的初潮、高潮和低潮之别;泉水纯净、甘美,堪称一种宝贵的天然资源。夏令时节,喝上一合掌,去暑解渴。品茶,玉龙泉水香甜可口。

来潮前,侧耳静听,洞内嗡嗡作响,而且越来越响,犹如蛟龙翻江倒海、雷鸣电闪。片刻,响声消失,随即冲出一股寒流,寒气袭人,令人毛骨悚然。瞬间,泉水哗哗而出,缓缓流动,这便是初潮。

七八分钟后,只见泉水逐渐高涨,当涨满泉口时,这便是高潮,出现了另一番景象:一尺口径的泉水恰似决坝的江河,浪涛滚滚,汹涌澎湃,气势磅礴,锐不可当,若不是身临其境,难以相信玉龙吐水时有如此巨大的威力。

高潮持续有十五分钟光景,便转入低潮。这时,咆哮的玉龙似乎有些倦意,性子也变得温顺一些,只见泉水慢慢地退落,进而变成了涓涓细流。末了,泉水一滴也不滴。玉龙又进入了休眠、歇息状态。

"玉龙间瀑",多新鲜的名字啊!有一位游客,最喜欢欣赏李白所描写的那种"飞流直下三千尺,疑是银河落九天"的瀑布。玉龙泉飞流并非千尺、百尺,只有几尺,可也是小巧多变的瀑布。因而,他当即给命了这个美名。试问,"玉龙间瀑"恐怕也是世上罕见的吧!?

玉龙吐水,景象万千,扣人心弦。观赏它,是一种美的享受。玉龙泉虽然不是集群游览,但它那独特之功,独至之处,则是那些驰名天下的集群游览胜地所莫及的。给玉龙泉命名的游客曾非常惋惜地说,天下哪一游览胜地,假如也有个这样的玉龙泉,无疑的是天下胜中之胜,美中之美,不知又要吸引多少游客,不知又要留下多少令人留恋、难忘的画面。

玉龙泉与人们结识以来,就以其特有的魅力,吸引着许许多多的游客。玉龙泉,可谓一处避暑、游览的好地方。

4.13.18.3　宁化蛟湖

福建宁化蛟湖(见图 4-55)又名龙王潭,距天鹅洞群风景区 5 km,湖面面积 1.3 万 m^2,水深 103 m,中国科学院、中国工程院地质专家论定为"国内罕见的地质奇观",又是"福建省最深的天然内陆湖"。经福建省地质队勘探,蛟湖与天鹅洞群同属喀斯特地貌,学术上称之为"上升自流泉喀斯特溶潭湖"。因此,蛟湖的水位无论是大旱还是洪涝,均不升不降,堪称奇观。

这块椭圆形状的湖泊并不算大,面积只有 12 000 m^2,它的神奇之处在于它的深不可

图 4-55　宁化蛟湖

测,流传着许多神秘的故事。有个传说,很久以前这里是一座庙,一个得道的和尚在杯里养了一只小龙,有一天和尚外出,他的徒弟以为是杯中水脏生虫了,便将杯里的水泼到了天井,顷刻之间,那龙兴风作浪,巨浪立即淹没了寺庙,这里变成了一个深湖,所以蛟湖在民间又称"龙王潭"。蛟湖到底有多深? 20 世纪 60 年代,当地人把 90 多根棕绳结成一串,还无法沉到湖底,后来福建省地质部门采用专业的勘测手段,方才得到一个确切的数字:103 m。这个数字给了蛟湖一个显赫的地位:全国最深的内陆淡水湖。其实这里属于石灰岩溶洞地带,受石灰岩溶蚀作用形成了漏斗,由于地下岩溶水源的不断补给,经过漫长的岁月后,终于演变成湖泊。但是,人们更乐意接受民间的传说,这让蛟湖显示出了脉脉不尽的人文气味。蛟湖还有一奇,久旱不枯,长雨不涝,它永远保持着稳定的水位。有一年当地大旱,人们在蛟湖边装了 5 台大马力抽水机,日夜不停地抽水,蛟湖的水位仍旧纹丝不变,似乎一滴水也没有减少。而在雨季里,周围村庄受淹了,蛟湖的水也不见上涨溢出,依然是平展如镜。

神奇的蛟湖必定是人杰地灵,"扬州八怪"之一的大画家黄慎出生的小村落便离蛟湖不远,他从小在湖边放牛,一边放牛一边在地上用竹枝画画。一代画圣就这样在大自然的怀抱里汲取了天地精华,他的悟性与灵气得到了陶冶和升华。当他从蛟湖走向广阔的天地后,他的天才便渐渐走向了辉煌。黄慎笔下的渔翁贫民和飞禽走兽,全都深深地烙印着故乡的记忆,后来,他的诗集也命名为《蛟湖诗钞》。据说,蛟湖曾经有过一间黄慎草堂,也许是后人出于景仰而修建的,现在,蛟湖边上已经难以寻觅一代画圣的足迹,但他留下的人文财富却将永远滋润着蛟湖。

4.13.19　泉水与矿泉水

矿泉水是指来自地下深部循环的天然露头或经人工揭露的深部循环的地下水,以含有一定量的矿物盐或微量元素或气体为特征。

福建矿泉水资源十分丰富。按用途可分为医疗矿泉水和饮用矿泉水两大类。医疗矿泉水现有 178 处,主要是热矿泉水。饮用矿泉水异常点有上千处,主要是冷矿泉水。

4.13.20　地热与温泉

福建是温泉出露较多的省份之一,居全国第四位,其中大于 80 ℃的温泉有 11 处。

4.13.20.1 温泉分布

主要分布在闽江以南大约北纬 26°30′ 以南,该线以北仅在邵武、浦城、建瓯等地发现少量低温(30 ℃ 左右)温泉。温泉一般出露在地形低洼处,如山间盆地、河床两侧一级阶地、河漫滩上,有的亦出现在河床中,常年被流水淹没。出露标高低,最高为 520 m 左右。多数直接自第四系砂砾层土层中涌出,极少数自基岩裂隙涌出。温泉点分布自北而南,由西向东,即由内陆山区至滨海,密度逐渐增大。80% 的温泉分布在闽清—永定一线以东,其中以南靖至厦门一带最密集。温泉出露点与地震震中分布有明显的一致性。地震对温泉的变迁以及水温、水量动态变化影响较明显,如 1917 年云霄大地震后在火田溪口地方即涌出温泉,至今长流。

4.13.20.2 地质条件

温泉出露处基岩多为岩浆岩,其中花岗岩占 57%,火山岩占 30%,沉积岩占 13%,变质岩地区很少出露温泉。温泉出露明显呈方向性,一般多呈北西和北东排列,宏观上看显然与地质构造有关。温泉主要分布在福州—顺昌北西构造以南,较高温度的温泉又多分布在永定—闽清北东向构造以东地区。温泉与新构造差异性升降幅度、速度延续性密切相关。

闽东南沿海地区,新构造运动表现为持续上升区,上升时间长,幅度大,速度快,平均每年以 2.5 mm 的速度上升,地表出露大面积深源混熔花岗岩。从其出露与形成深度考虑,其形成后至少上升 3 km 以上,故区内温泉出露多,温度亦较高。但滨海平原和红土台地区例外,因平原第四系地层沉积厚度较大,属局部下降区;红土台地虽然属上升区,但上升速度较慢,地质史上属较稳定地段,故温泉甚少出露。九龙江河口处的厦门—漳州一带属新构造运动强烈地区,其垂直形变平均每年在 5 mm 左右,第四系同一地层界面在九龙江南北岸出露标高相差可达 100 m 以上,故该地区是福建省近代中度地震频繁发生区,也是较高温度温泉分布区。

闽东北沿海地区,新构造运动以下降为主,宁德以南微有上升,最大处可达 3 mm/年,地表火山岩广布,花岗岩露头少,上升量少,因此温泉出露甚少。

闽西北地区,该区属大面积稳定上升区,垂直形变水平梯度甚小,古老变质岩广泛出露而剥蚀,故少温泉,更无较高温度的温泉出露。

闽西南地区,新构造表现为差异上升区,垂直形变水平梯度较大,第四系地层厚度变化大(单厚 10 ~ 90 m),温泉出露较多。

温泉与环状构造有关,据卫星照片分析,福建有很多以古火山口为中心的环状构造,较大的如永泰—福州、永定—诏安、永安环状构造。其周围分布的温泉约占全省温泉数的 1/2。环状构造在垂直形变上表现为上升区,可能与岩浆活动有关。当环状构造与北西向构造、北北东向构造复合,则往往成为较高温度温泉的分布区。

4.13.20.3 温泉动态

在自然条件下,温泉动态(水温、水量等)一般比较稳定,水温年变幅仅 1 ~ 2 ℃,水量与水位一般在雨季增大,枯水期减少。一般认为温泉与新构造运动关系密切,因此有些温泉的水温、水量常因地震和新构造运动的影响而发生剧变。原有温泉现已消失 7 处。如沙县洛阳、连江马鼻、平潭蜈蚣岭、武平双鹰山、尤溪汤川、德化上涌、闽侯雪峰禅院等,在县志上均曾记有温泉出露,但现已消失。

4.13.20.4　地热资源

按全省188处地下热水计,深2 000 m内全省地热资源粗略估算达43 200×10⁸ J或53 160×10¹⁸ J,相当于14 744亿t或18 143亿t标准煤。其中具有经济意义的水热区域为339×10¹⁸ J,相当于115亿t标准煤。在已知的188处水热异常区只有38.3×10¹⁸ J,相当于13亿t标准煤(异常区域按62.3 km²计)。在可能的水热异常区(面积约560 km²),地热资源298.8×10¹⁸ J,相当于102亿t标准煤。现在温泉及热水钻孔总涌水量约1 436 L/s(其中钻孔开采量约500 L/s),相当于23万t/年标准煤,如果全部采用深钻井开采,估计能达170万t/年标准煤,可能水热异常区开采量估算可增加8倍,现在实际利用的水热型资源不足10.8万t/年标准煤。

4.13.20.5　福州地热田

福建福州地热田地热资源的开发利用有着悠久的历史,至今已逾千年,初期以利用天然泉水为主,20世纪初开始了人工凿井,至1917年,已有地热井50~60口。随着开采量的增加,进入70年代,地热水的天然露头已全部消失,主要靠人工凿井取水。福州地热水质纯净,富含硫、氯、钠、氟、氡等多种有益人体健康的矿物质和微量元素,不仅对人体疾病有一定的疗效,对提高人的机体代谢和免疫力也有很好的作用。同时,地热作为一种可再生清洁能源矿产,具有广阔的开发利用前景。2010年初,福州市全面启动"中国温泉之都"创建工作,通过大力开发利用地热资源,培育新的经济增长点,把温泉旅游作为福州"烫金名片"对外推广。这一举措对推进福州新一轮跨越式发展,促进海峡两岸经济区中心城市建设具有重要的意义。

4.13.20.6　福建漳州地热田

漳州东濒台湾海峡与台湾省隔海相望,东北与泉州和厦门接壤,西北与龙岩相接,西南与广东的潮州毗邻。地理坐标东经117°~118°、北纬23.8°~25°。漳州是福建南部的"鱼米花果之乡",青山碧水,山川秀美,气候宜人,物产丰饶,为文明富庶的经济开发区、国家外向型农业示范区,也是闽西南的商贸重镇和富有亚热带风光的滨海城市。

福建漳州地热田位于漳州市中心地带,面积约7.9 km²。地热田富水段的单井最大出水量达1 800 m³/d,可开采水量7 600 m³/d(热能15.8 MW),最高水温122.0 ℃,平均水温70.0 ℃,是我国东部地区发现的地热水温度最高的地热田。该地热田1989年始开发利用,组建了漳州市地热开发公司,对地热田实施"统一规划、统一管理、统一开发、统一利用",是中国城市进行地热梯级开发的试点地区。地热开发除城市居民生活、医疗洗浴及工业利用外,还重点发展了地热水产养殖。漳州市在城郊都广泛地应用了地热资源,是我国开发利用地热资源少数较好的城市之一。

漳州盆地中部广泛分布的第四纪地层厚达20~30 m,岩性为砂砾岩及砂质黏土,构成了本区的孔隙含水岩层,同时也是本地热田的盖层。

漳州地热田是一个处于较高地热背景上的深循环对流型系统,热源由壳内深部热源及围岩放射性元素衰变热能构成。在盆地西北部及西部出露的破碎的基岩,接受了大气降水,水沿北西向发育的一系列张扭性断裂渗到深部,并向东南方向运移,在运移过程中逐渐加热,在盆地中部,由于北东向压扭性断裂带的阻挡,地下热水沿两组断裂交汇处的通道上涌。

漳州市天然温泉露头众多,造型各异,多姿多态,妙不可言。这些都是不可多得的吸引游客的自然景观。如云霄孙坑温泉、龙海的动泗温泉、南靖的汤坑温泉,它们有的在2~3 m²的面积中就有几十个泉眼,数十股温泉冒涌,如一大锅沸腾的开水,时而冒沙,时而串珠状的气泡汹涌而出,有的还伴有轰鸣声、嘶嘶声,或者噼噼啪啪的爆炸声,多姿多彩,这些都可开辟天然温泉观赏景点。还有的温泉出露处环境幽静,风景幽雅,如漳浦盘陀温泉、涂楼温泉、院前温泉,华安的利水温泉、汰内温泉,南靖的和溪温泉、船场温泉、奎洋温泉,平和的安厚温泉、坂仔温泉。

4.13.20.7 连城汤头地热资源特点

地热地质概况汤头温泉位于连城县南郊文亨乡汤头村,距连城县约12 km,有公路直达县城,交通方便。地热井位于狭长山间谷地小河边,出露标高390 m。四周为侵蚀剥蚀低山地形,海拔均小于700 m。地热井以东由花岗岩组成的山脉,山顶浑圆状,坡度较陡,以凸坡为主,沟谷发育,多为"V"形,植被发育。西侧由崇安组、沙县组"红层"等地层组成低山缓坡地形,沟谷不发育,植被较发育。区内水系发育,小河由北东流入,至地热井附近折向北西,汇入闽江支流文川溪。地热水主要含水段埋深7 069~7 531 m,水温、水量比较稳定。

4.13.20.8 永泰地热资源

全县已发现地热自然出露点12处,可利用总量达12 806 t/日,自露水温多在30~70 ℃(最高可达83 ℃),主要分布在樟城、城峰、葛岭、嵩口、梧桐、长庆、富泉、清凉等地,县城为地热出露的集中区。热异常带约2.85 km²,理论热储量为1.272 3×10¹⁵ kJ,占福州地热资源可开采量的18.4%,为八县之首。具有水质稳定、无污染、埋藏浅的特点。目前被广泛用于养殖、烘干、催芽等生产项目。已开发的有温泉游泳馆、青云山御温泉酒店、天宇温泉酒店等,正在开发的有樱花泉、赤壁温泉度假村等项目。2008年5月,被评为全省首个"中国温泉之乡"。

4.13.20.9 连江贵安温泉

贵安温泉(见图4-56)位于连江县潘渡乡贵安村境内,被誉为"福建温泉之乡",是全国闻名的地热集中区之一。贵安村总面积0.7 km²,温泉日合理开采量7 000 t,水温63~92 ℃,其中富含数十种对人体有益的矿元素,早在1057年时就已被开发利用。此外,贵安村地处敖江畔,造就了山、溪、湖、泉、滩等多种自然景观,加之森林覆盖率近80%,旅游资源相当丰富。

贵安温泉旅游度假区是福建省"十一五"旅游专项规划确定的十大重点项目之一。度假区首个露天温泉项目依托福建省温泉游泳训练基地建成,与省内最大的室内温泉游泳馆相连,这是它的一大特色。游客既可以在室内游泳馆畅游一番,也可从室内游泳馆直接步入室外露天温泉区,体验近30个形态各异、大小不一、功能不同的露天泡池,让游客在泡汤保健中体验贵安生态美景。

4.13.20.10 安溪上汤地热概况

安溪上汤地热位于龙门镇地处戴云山脉南部的延伸部分,为河谷小盆地,丘陵地带,属南亚热带气候,气候温和,年平均温度18~20.9 ℃,年活动积温5 633~7 238 ℃。雨量

图 4-56　贵安温泉

充沛,年降水量 1 700 ~ 2 188 mm。全年无霜期 293 ~ 340 d,全年总日照时数 2 030 h。境内有地热温泉带长 2 km 以上,宽 30 ~ 40 m。金狮上汤温泉早已闻名,温度高达 80 ℃,具有极大的开发利用价值。

4.13.20.11　德化南埕葛云森林温泉

温泉显示区位于德化县石牛山国家森林保护区西南侧塔兜村葛云(举口)自然村,人樟溪上游山间洼地、沟旁及半山坡高地上(高程 360 m 为全省最高出露点,也是天然水温最高点,它与溪沟旁出露点高差约 100 m),水温高,水量丰富,水质好,预测最高水温可达 100 ℃,日开采量可达 2 500 t,是目前未开发的处女地。

4.13.20.12　地热评价与分析

可用于地热发电、地热供暖、旅游医疗保健、洗浴、水产养殖、农业生产利用。

4.13.21　漂流

4.13.21.1　寿山溪漂流

寿山溪漂流是旅行社福建省漂流定点单位,在福州市晋安区寿山乡,距离福州市区约 15 km,交通便利。寿山溪漂流河道全长约 3.5 km,历时约 3 h。漂流河道的水深及流速可通过上游的水坝调控,水势忽急忽缓,可称为八闽第一漂。溪流两岸万木竞秀,竹影婆娑;涧边幽兰丛生,彩蝶飞舞,飞瀑跌荡。沿溪蜿蜒而下,经鸳鸯潭、象鼻潭、五叠瀑……飞艇逐浪,徐急徐缓,沿途奇石突兀,神态万千。南天门、补天遗石……映入眼帘的是一幅天然的山水画卷。

4.13.21.2　长泰漂流

长泰漂流,又被誉为"福建第一漂",位于福建省长泰县,距厦门 37 km、漳州 26 km、泉州 120 km。长泰马洋溪漂流全程约 8 km,途经 70 余个跌水、60 余道弯,上下游落差 62 米。顺水漂流,波急浪涌、惊心动魄,涤尽风尘、荣辱皆忘,既有高歌击桨的豪放,又有搏浪飞舟的激越。这是有惊无险的航程,这是激情岁月的开始。溪流中千姿百态的奇石,两岸茂林修竹、参差错落,鸟鸣、山花又能带给您一种融入大自然的感受。有诗为证:"难得人生不糊涂,漂流胜读十年书,人生境遇皆若此,越过险滩是坦途。"无私心杂念,有的是对激情人生的向往,让您体验一次,回味一生……

经历第一次惊心动魄之后,人在喘息之际,划艇随波逐流,任意在水中旋转漂移,平静的水域面积并不大,你很快又被推到下一个激流口,穿峡跳滩,跃浪击水。再一次被波涛汹涌的激流肆意洗涤,劈头而来的浪花,无须与你商量,湿透你的全身,划艇全仓积满水,你穿着湿漉漉的衣服犹如坐在洗澡盆内。仰视溪谷两侧,榕树盘根错结,茂林修竹,芦苇丛生,芭蕉扶疏,果树锦簇,南方亚热带原生态植物郁郁葱葱,碧山绿水蓝天,或闻鸟啼婉转,虫声唧唧。刹那间了然开阔,心际荡漾,无牵无挂,无忧无虑,爽朗的笑声舒缓了往日的疲劳。

三十二滩潭、蛟潭峡、三岔港、羊牯跳、祭龙石、观音石等依次而下,处处峡滩密布,奇石生趣,抑或怪石嶙峋。硕大的岩石突兀高耸,呈阶梯状堆砌而成的乱石险象环生,咆哮的河水长年累月冲刷过的圆形、椭圆形、三角形、方形等石头已经是无棱无角,星罗棋布地守候在这峡谷激流之中。

4.13.22 闽侯十八重溪

十八重溪景区位于闽侯县南通镇,距福州约 20 km。因有 18 条支流而得名,景区内旅游资源异常丰富,堪称闽中奇景,它融山、水、洞、石于一体,天然浑朴,野趣横生,已知景内有胜景达百余处。

最著名的当属十八重溪的十八景。十八重溪各重的佳景是:一重灵隐古寺,二重乌龙戏珠,三重大帽芳草,四重溪山幽亭,五重织女济公,六重众仙聚会,七重老爷秘洞,八重瀑布龙潭,九重避风良港,十重三仙洞府,十一重乌龙吐水,十二重尾崖洞天,十三重乌缸兴雨,十四重峭壁拌魂,十五重玉壁翠毯,十六重众仙赴瑶,十七重壁虎问天,十八重弥猴逍遥。景区内水系发达,干流长约 10.8 km,河宽 5~40 m,水深 0.5~3 m。溪流两岸生长着茂密的常绿阔叶林、次生灌木林,有娃娃鱼、桫椤树等国家一类保护动植物,林中常有弥猴成群出没。

十八重溪的许多地方春夏流水潺潺,是理想的垂钓游泳场所;秋冬时则水落石出,成为游人来往的宽敞通道。奇特的火山岩地貌、典型的季节河、成群的野生弥猴为该景区的三大特色。

4.13.23 水体景观评价

第一,水体景观具有形、影、声、色、甘、奇六个方面的美学特色。

第二,水体景观表现在水与山体、水与生物、水与气候、水与建筑物等,通过相互结合、交融渗透,会形成许多奇妙的、雅致的胜景。特别是水与山的结合会形成许多优美的山水景色。

第三,水体景观是由具象的欣赏价值上升到抽象的寓意价值层面,如通过人工水景的不同处理,来表达一定的美好寓意。

第四,水体景观的欣赏价值无疑是为了表示文化的特质,来丰富文化的内涵,提升文化的品味。

第五,水体景观欣赏价值在于它的美学价值。

第六,生态价值。

4.14 峡谷景观

峡谷属于风景地貌,不仅有着丰富的自然资源,而且具有独特的美学特征,同时拥有科考和旅游价值。峡谷具有景观稀有性、生态完整性、自然原生性等特征。

福建独特的地质单元,形成的独特地貌和动植物生态环境使其具有"雄、奇、秀、险、幽"景观效果。

4.14.1 南平溪源峡谷

溪源峡谷(见图4-57)是国家AAA级景区,位于南平市茫荡山自然保护区的核心景区——上洋村内。距南平市中心仅有3.3 km,现为省级风景名胜的精华景区,面积28 km²,有峡谷画廊、世外桃源、瀑布大观、龙德寺、中莲花山等景区,已开发景点100多处。溪源峡谷"原始风物天然美,神瀑幽谷甲东南","山穷水尽疑无路,柳暗花明又一村"。集"清、幽、灵、秀、神、奇、险、野"于一体,荟萃山川精华于峡谷之中。有朱熹"溪山第一"和陈立夫"溪源仙境"墨宝。

新发现的全国罕见的中岩瀑布群,总落差900 m,丰水期形成形状各异的108叠瀑布,主瀑落差156 m,宽可达40多 m。著名的如"天龙饮川"(见图4-58)。

图4-57　溪源峡谷

图4-58　中岩瀑布("天龙饮川")

千年古刹龙德寺,海内外闻名的溪源庵,是朝圣祈梦圣地。

溪源峡谷内风光漪丽,景色秀美。两岸石壁对立,怪石嶙峋;峰回路转,山曲水迂;千屏万嶂,绵延起伏;树木森郁,古藤缠绕。十里溪山,有七十二亩、十窟、三十六景,布列在逸龙桥、卧龙桥、步云桥三个景区里。主要有狮子岩、逸龙桥、百竹园、蝙蝠洞、滴水岩、银河瀑、步云桥、溪源庵、萧公洞、凤冠岩等自然景观。溪源峡谷之水,变化多端。有猛浪若奔的激濑,也有汩汩流的细流;有腾空飞泻的瀑布,也有随风飘洒的水帘;有沿崖淌落的岩溜,有也潜入于岩的冷泉。山光水色,上下交映,犹如一幅天然水墨长卷。溪源峡谷生物资源丰富。山间可见奇花,罕见的竹木,稀有的动物,名贵的药材。其中有稀有的银杏、长序榆等。珍禽异兽,如娃娃鱼、红泥鳅、蛤蚧、白山鼠、猕猴和各种蛇、蝶、鸟类等,是中国休闲度假、生态旅游、探险揽胜、科学考察的好去处。

4.14.2 寨下大峡谷

寨下大峡谷位于泰宁县城西北 15 km 处的寨下村,由通天峡、悬天峡、倚天峡三条峡谷首尾相连而成,呈环状三角形,联合国专家称之为"世界地质公园的榜样景区"。三条满目苍翠的峡谷,分别是以流水侵蚀、重力崩塌、构造运动为主的三种地质作用形成的。联合国教科文组织专家实地考评时说:"无论从地质景观还是生态环境,这里是世界级的"。寨下大峡谷不仅是植物的王国,也是一个天然的地质博物馆。流连其中,不同地质时代的地貌在这里交错,左侧可能是凝固的数亿年变质岩,右侧则是 6 500 万年前的沉积岩。游历其中,仿佛穿行于时空隧道里,让人有不知今夕何夕的感觉。同时,这里又是山谷的集中营,可以说,有山就有谷,万谷成寨下,峡谷构成了街道,巷谷如同里弄,线谷则时时成就一线天。这是万谷归一的地方,可以毫不夸张地说:寨下归来不看谷。

峡谷极其发育是青年期丹霞地貌的最主要特征。多期构造活动形成的复杂断裂系统加上流水作用,雕塑了地质公园沟壑纵横的地貌景观。由 80 多处线谷(一线天)、150 余处巷谷、240 多条峡谷构成的峡谷群,以其峡谷深切、丹崖高耸、洞穴众多、生态天然为特色。它们有的纵横交错,有的齐头并进,有的九曲回肠,或直或斜,或宽或窄,感受峡谷形成的过程。

进入的第一条峡谷叫悬天峡,峡谷入口不远,就是一大片林立栈道两边的青青翠竹,透着清晨的阳光,呼吸着清新的空气,感觉非常的惬意!竹林横盖参天,山石耸立遮日;两边石壁中间缝,望日不成一线天。两侧山石之间一条木板铺就的道路,走在上面,不由有了奔跑的冲动。

悬天峡峡谷两旁危崖突兀,壁立千仞,难得见到阳光,幽深得近似于封闭状态,走入峡谷中顿生隔世之感,恍若世外桃源。"你知道什么是错落体吗?受重力或风化剥蚀作用,岩壁上的岩块沿节理、裂隙等破裂面整体崩塌、下错,但没有倾倒,形成与主体分离、直立的岩体。此处巨大的直立岩块,就是沿近南北向裂隙下错而形成的,欲倾而不倒,极为惊险,造型犹如"金龟上壁"。

天穹岩是寨下大峡谷最引人入胜处,有世界上最大的"浴霸"之称。在一处倒悬着的红色崖壁顶端,有一直径约 20 m 的凹岩内,鬼斧神工般地雕凿出数百个大小不一、形态各异的丹霞洞穴,大洞套着小洞,洞中有洞,如同一个洞的家族;它们高悬头顶,在谷底看来宛如一座神圣殿堂的穹庐,高贵而又气派;又好似满天星斗,令人眼花缭乱。形成这样的景观是由于垂直水流受表面张力及砂砾岩孔隙的吸附作用,由于水流不均匀,沿崖壁自上而下呈扇形流淌、浸润、冲蚀崖壁,软岩层湿胀干缩,产生片状风化剥落、崩塌,崖壁逐渐被侵蚀内凹,从而形成自洞顶向崖壁呈圆弧形内凹的穹窿状洞穴,同时在穹窿状凹洞的内壁又形成次级凹洞,次级凹洞内可进一步产生次级凹洞。这就是套叠状洞穴的典型代表,俨然是一座神圣的殿堂。这里的洞穴五花八门:洞套洞、洞叠洞、洞连洞、洞穿洞,洞洞相连,可谓是"洞穴博物馆,丹霞大观园"。

天穹岩过后,第一条峡谷基本结束,马上进入通天峡。峡谷口的植被很丰富,峡谷两边山崖裂开,一块高入云霄、四壁平整的巨崖站立在正中,这就是"通天碑",峡谷也因此名为通天峡。通天峡是一条因重力崩塌作用形成的北西向丹霞巷谷,在这里能近距离地亲睹地球的呼吸,触摸大自然的鬼斧神工,感受那震撼眼球的"山崩地裂"地质奇观。寨下大峡谷内唯一的一条岭为云崖岭,原本不是岭,就是崩塌下来的块块巨石堆积在峡谷,形成一道奇特的山岭。云崖岭前方,巨崖直立,高耸入云,那就是地质奇观——通天碑。由于整体崖壁受90°垂直重力崩塌风化的影响,被劈削得如同人工竖立起来的一座通天巨碑!每一次山体崩塌时,大大小小的岩石滚下山坡,堆积填满了半个山谷。右侧细看上去会发现如来佛的手掌支撑了绝壁一把,留下深深的手印!

在通天碑的侧面有一巨崖,整座崖壁垂直高度100多 m,长500多 m,是形成堰塞湖的主要天然屏障,崖壁平整如墙,人们称它为世界上最大的"土墙"。仰望崖壁,"色若渥丹,灿如明霞",犹如彩霞映在石壁上,故称"映霞壁"。下面放了许多祈福用的小木棍,好像要撑住崖壁一样,也有人称之为祈福崖。

如同交响乐曲的一唱三叹,在经历了一段激动人心的高潮后,随即转入舒缓的慢板。绕过雄伟的"通天碑"及其侧后的祈福崖,眼前又是另一番景象。在祈福崖的尽头是翠竹湖,一个美丽的小湖展现在眼前,湖水宁静清冽,水中很多锦鲤在自在地游弋,这一幕和刚刚经历的山崩地裂形成强烈的反差,阳刚和阴柔,构成一幅摄人心魄的绝美画卷。

在峡谷内一巨崖上,有一块平整崖面,上面豁然突现沟沟壑壑,崖壁龟裂,皱纹怪异,犹如中国汉字的笔画,又如同远古年代的钟鼎文字,笔画行间还有龙形图案、玉玺造型,让人赞叹大自然鬼斧神工之妙,这是大峡谷最让人费解的"摩崖天书"景观。

传说石伯公来到堰塞湖里捡金螺给那些进山迷路的山民吃,他说要是谁能在赤石壁上破译他写下的"天书",谁就可以拾到湖中数不尽的金螺,还可以高中状元。可是千百年来,始终无人破译,所以当地传唱着这样一首民谣:"石伯山神留天书,千古才子无人识,如若拾得湖金螺,天书留给凡人悟。"

其实,形成"摩崖天书"的地质成因是由于构造运动,断崖面上受力局部集中的区域破裂为多组相互交切的节理或裂隙,由于风化的作用,沿这些断裂面,泥沙等碎屑物质片状剥落,形成沿节理、裂隙分布的沟槽,最终形成由沟、槽组合成的复杂象形文字图案。联合国地质专家考察后风趣地说,26 个英文字母全体现在此。很难想象,流水是怎样在岩壁上刻出这样横平竖直的笔画的。要联系到是神仙之作,那可以是任人自由想象了。

倚天峡的"时空隧道",能同时看到和触摸到两个相隔遥远年代的地质岩层,左手边是距今约 4 亿年的变质岩,右手边却是距今 8 000 万年形成的丹霞地貌地层,一水之隔,近在咫尺,两种岩石的形成年代竟相差 3 亿多年。大峡谷两旁危崖突兀,壁立千仞,难得见到阳光,幽深得近似于封闭状态,走入峡谷中顿生隔世之感,恍若世外桃源。

4.14.3　青云山峡谷

青云山风景区北距永泰城关 12 km,最具特色的是云天石廊峡谷、白马峡谷瀑布、九天瀑布水帘宫、刺桫椤神谷(万藤谷)四大景区,是福建一个获得国家级 AAAA 旅游区和国家级重点风景名胜区的国家"双牌"旅游区。云天石廊接近青云山主峰——状元峰,因软硬岩层风化差异,在峡谷的万丈绝壁上形成一条条通道长廊,又称"登天廊",共12层,长逾千米,惊险壮观。山中飞岩兀立,古木参天,流瀑喧腾,状元祖屋、天门洞等数十处美景荟萃。在山顶古火山口天池极目四野,周围高山草场牛羊成群。

白马峡谷是青云山最长的峡谷,山势危峭,水流蜿蜒。景区天门峡等八峡各具特色。山重水复间瀑布成群,高130多m的白马瀑布下是澄明如镜的白马湖。

4.14.4 天门山峡谷

天门山峡谷生态旅游景区位于福建省永泰县葛岭镇溪洋村,面积6 km²,最高海拔828 m,距福州56 km,离永泰16 km,交通便捷,因山中有一巨石屹立,形状如门而得名。

天门山巍峨秀丽,景点众多,类型各异,天门、天门洞、天门窗、天生桥、地下河,乃自然界天公造物之奇。地下河岩壁上万年石乳形成的天然"观音"、"弥勒"佛显像,出神入化,神秘莫测,栩栩如生。古朴幽奇的鸳鸯林,万年古松、千年藤、百年香樟、酸枣王、刺桫椤、红豆杉,成群的天然猕猴、短尾猴、羚羊、穿山甲等国家一、二级重点保护,省级重点保护的珍稀动植物和千年园坪、古代染窑、红军洞、天门寺遗址都有很高的欣赏价值和考古价值。在天门湖垂钓,宁神静志,意守丹田。石道登山,健身壮体,益寿延年。主要景观有万石瀑布、地下河、葫芦瀑布、红军洞、石走廊、天门、天门洞、雄狮望月、万石一柱、天涯瀑布、天门窗、天生桥。

4.14.5 大峡谷价值分析

大峡谷的景观美学价值体现在,它是观光游览的理想基地、科普教育的天然场所、探险和健身的绝佳去处,同时也是体味人文景观之美的奇妙家园。峡谷属于风景地貌,不仅有着丰富的自然资源,而且具有独特的美学特征,同时拥有科考和旅游价值。峡谷具有景观稀有性、生态完整性、自然原生性等特征。峡谷景观具有美学价值取向、生态价值取向和社会价值取向。

4.15 福建地质遗迹资源价值分析与评价

福建地质遗产资源丰富,对各种重要地质遗迹资源的数量与质量、结构与分布以及开发潜力等方面的评价,明确各种地质遗迹资源地域组合特征、结构和空间配置情况,掌握各种地质遗迹资源,特别是重要地质遗迹资源的开发潜力,为制定人与自然的协调发展、合理开发和保护地质遗迹资源提供全面的科学依据。

4.15.1 确立评价指标体系

构建评价地质遗迹资源指标体系应符合科学性、现实性、可测性、可比性、简明性和综合性,能科学地评价地质遗迹资源的数量与质量。从内容上分析,包括观赏指标、科学性指标、历史文化性指标等;从类型上,有特征值指标、共性指标等;从指标性质上,有定性指标、定量指标。

按照《中国国家地质公园技术要求与工作指南》（简称《指南》），地质景观评价包括价值评价和条件评价。价值评价的因子为科学价值、美学价值、历史文化价值、稀有性和自然完整性。条件评价因子为环境优美性、观赏的可达性和安全性。《指南》对每一个评价因子都给出了五个等级的判定条件。利用层次分析法对各个指标体系的权重进行计算，资源景观价值权重为70%，资源开发利用条件权重为30%。

自然景观资源的特性决定了其赋存品位和吸引力，采用统一指标评价自然景观资源不能真实反映这种特性，因此，评价的客观性很难保证。例如"湖"和"瀑布"，其美学价值不同，统一的评价指标体系难以反映出其特色。因此应针对每个地质遗迹资源基本类型建立特征值评价模型；而且必须是通过大量的现场调查、分析建立的。

4.15.2　评价方法

根据研究，对地质遗迹资源评价主要是对地质遗迹资源要素、价值及开发利用条件的评价；宜采用定性与定量评价；个别地质遗迹资源要素与地质遗址资源综合定量评价相结合的方法。首先是利用层次分析法确定各个指标的权重，在此基础上，利用模糊数学模型来确定地质遗迹资源级别，构建地质遗迹定量评价的模型，最后进行综合定量评价。此调查评价方法具有较好的适用性和普遍意义。

4.15.3　评价模型的构建

4.15.3.1　评价权数的确定

根据特定的地质地貌景观资源的相对重要程度，确定评价指标体系各特征值评价权数。通常评价权数是由专家比较打分的方法确定的，而且随着数据量的积累，它将不断地进行调整和修正。

4.15.3.2　评价指标的实际值转化为指标的评价值

特定的地质地貌景观资源的各特征值评价指标均有自己的量纲，不具备可比性，因此，在确定了评价指标体系后，还需对其中的评价指标进行无量纲化处理，将评价指标的实际值（按百分制得分），按评价权数转化为指标的评价值，将对现象实体的绝对描述转化为相对描述，并调整等级划分标准及相应的分数。

4.15.3.3　地质遗迹资源特征计算模型

根据世界地质公园对地质遗迹景观的要求，将评价因子选定为科研价值、观赏价值、稀有性与典型性、丰富性和经济价值。6项指数计算模型的基本公式为

$$X = \sum_{i=1}^{n} a_i w_i \tag{4-1}$$

式中：X 为各地质遗迹类型得分；a_i 为评价因子的专家打分；w_i 为评价因子在总因子中所占的权系数；i 为第 i 项评价因子。

地质遗址资源特征评价结果见表4-2。

表 4-2　地质遗址资源特征评价表

名称	科研价值 (0.35)	观赏价值 (0.2)	稀有性 (0.15)	奇特性 (0.1)	典型性 (0.1)	丰富性 (0.1)	总分 (1)

注:括号内数值为因子权重值。

4.15.4　定性评价

定性评价主要是"三大价值"的评估和三大效益的评估。

"三大价值"的评估:三大价值指风景资源历史文化价值、艺术观赏价值和科学考察价值。

历史文化价值:属于人文旅游资源范畴。评价历史古迹,要看它的类型、年代、规模和保存状况及其在历史上的地位。

艺术观赏价值:主要指客体景象艺术特征、地位和意义。自然风景的景象属性和作用各不相同。其种类愈多,构成的景象也愈加丰富多彩。

科学考察价值:指景物的某种研究功能,在自然科学、社会科学和教学上各有什么特点,为科教工作者、科学探索者和追求者提供现场研究场所。我国有许多旅游资源在世界和中国具有高度的科学技术水平,获得了中外科学界的赞誉。如北京在旅游资源方面,不仅数量居全国各大城市首位,而且许多是全世界、全国最富科学价值的文物古迹。

三大效益的评估:三大效益指经济效益、社会效益和环境效益。

经济效益主要包括地质遗迹资源利用后可能带来的经济收入。这种评估必须实事求是,不能夸大和缩小。因为它是风景区开发可行性的重要条件。社会效益指对人类智力开发、知识储备、思想教育等方面的功能。它可以给游人哪些知识、赋予何种美德,这些都需要进行科学的评价。环境效益指地质遗迹资源的开发,是否会对环境、资源导致破坏。旅游地理学家可以通过综合考察,分析各种利弊条件,对地质遗迹景区的环境效益作出评估。

4.15.5　地质遗迹资源综合定量评价

对地质遗迹资源、辅助类景观、地理环境条件、社会经济条件和客源条件等 5 方面进行综合定量评价,评价模型为:

$$E = \sum_{i=1}^{n} Q_i P_i \tag{4-2}$$

式中:E 为综合性评价结果值;Q_i 为第 i 个评价因子的权重;P_i 为第 i 个评价因子的评价值;n 为评价因子的数目。满分为 100 分,其中地质遗迹资源 50 分,辅助类景观质量评价 20 分,地理环境条件 10 分,社会经济条件 10 分,客源条件 10 分。根据地质地貌景观区的综合得分,将其分为 4 级:85 分以上为一级,75 ~ 85 分为二级,60 ~ 75 分为三级;45 ~ 59 分为四级。评价标准及结果见表 4-3。

表 4-3　地质遗址资源综合定量评价表

条件	评价因子	因子权重 Q_i（总值取 10）	因子评价 P_i（满分 10）	评价结果 E	百分比
地质遗迹资源	科研价值				
	稀有性与典型性				
	观赏价值				
	历史文化价值				
	丰富性				
	经济价值				
	小计				
辅助景观	生态景观				
	人文景观				
	水体景观				
	小计				
地理环境条件					
	合计				

4.15.6　福建永泰青云山火山地质遗迹景观资源特征与评价

4.15.6.1　概述

青云山火山地质遗址景观区地质构造位置属于环太平洋构造活动带的浙闽粤中生代火山喷发带中部,处于早白垩世永泰火山构造洼地云山大型环状火山机构中心位置。国内外著名的云山破火山构造,由距今千万年的白垩纪寨下组(中)酸性火山岩和潜火山岩组成。在火山机构中发育有明显的环状、放射状火山断裂构造。火山岩中有常见火山作用的遗痕:火山弹、熔结状珍珠岩(黑曜岩)、石泡流纹岩、球粒流纹岩、豆状凝灰岩等。

因其规模巨大,火山岩性众多,岩相分带清楚,火山构造洼地发育完整,是福建省早白垩世石帽山群黄坑组、寨下组的正层型剖面建立地,具有极高的科学开发价值,国内罕见。

地理位属福建省永泰县城南 10 多 km 的岭路乡,因山峰平地拔起,矗立青云而得名。亦传有南宋年间,当地人氏萧国梁少年时苦读于山洞石走廊,二十一岁进京考试,一举夺冠,高中状元。当地乡民为纪念萧国梁,将此山命名为青云山,喻为"青云直上"之意。

景区面积 47 km²,海拔在 1 000 m 以上的山峰有 7 座,最高峰海拔 1 130 m。区内山高林茂,云雾飘渺,岩奇怪泉碧,蕴藏着灵钟秀气。动植物资源丰富,有珍稀植物——桫椤和羚羊、猕猴等。作为国家级 AAAA 重点景区,其主要旅游景点有云天石廊、白马峡谷等瀑布群景区、天池火山口、十八重溪石林、状元洞、红军洞和藤山草场、桫椤峡谷景区等。

4.15.6.2　地质地貌背景

(1)地貌特征。

本区位属浙闽粤火山活动带闽东火山活动亚带内,火山作用强烈,加之后期喜山运动、新构造升降和震荡影响,境内群山林立、沟谷深切、溪流纵横。地势高峻,层峦叠嶂,不同火山岩岩性抗风化程度的差异,使地形多呈尖峰峭岭,切割强烈,具山陡坡急的特点。

区内山脉水系展布方向受地质构造控制明显。长庆、盖洋、嵩口一带受本省浦城富岭至永泰嵩口大南北向构造制约,山脊、水系多呈南北展布。洑口—嵩口—赤锡—县城—葛岭受大樟溪深大断裂控制,沿岸山脉多呈北东向、北西向,水系呈网格状,尤其以赤锡为中心,网格状特征最为显著,间距在 10~20 km 不等。城关、清凉、红星一带受东西向构造影响,常见山脊呈东西向,石柱山、云山地区以破火山口为中心,山脉呈环状阶梯展布(每一阶梯常形成 200 m 左右的环带状壁崖),水系呈放射状等。地质地貌景观以古火山机构、山、岩、崖、谷、洞及水、瀑、泉、潭等为特色,以自己的美丽展示着深深的地质内涵。

(2)区域地质背景。

区内地层出露主要由晚侏罗世南园组和早白垩世石帽山群及燕山期侵入岩组成,岩性为中酸性熔岩和火山碎屑岩,即英安岩、流纹岩、石泡流纹岩、晶屑凝灰岩等组成。

石帽山群为福建白垩纪一套厚度巨大的紫红色陆相火山喷发岩系。有三个喷发—沉积旋回,自下而上分为:紫红色凝灰质砂砾岩、砂岩、晶屑玻屑凝灰岩、局部夹玄武岩的黄坑组;紫红色砂砾岩、流纹斑岩、钾长流纹岩、玄武岩为主的寨下组;紫红色凝灰质砂岩、粉砂岩、泥岩、熔结凝灰岩为主的石牛山组。黄坑组、寨下组的层型是在永泰火山构造洼地内建立的,这说明永泰火山构造洼地发育史是相当完整、充分的,也是白垩纪时期中国大陆边缘活动带地质构造历程的反映,可见永泰青云山火山地质遗址的主体南园组、石帽山群也折射着东南沿海中生代的地质演化史。

区内典型的青云山破火山构造,是永泰构造洼地内众多火山构造之一,呈北东东向,椭圆形,面积 40 多 km³,由白垩纪火山岩组成。火山构造中心部位为潜火山岩相的石英二长斑岩,往外为喷溢相碱角闪石钾长流纹岩呈熔岩湖状 - 熔洼凝灰质砂岩、粉砂岩 - 钾长流纹岩等岩相带。围绕破火山口四周发育明显的环状、放射状火山断裂构造。

4.15.6.3 地质地貌景观资源类型及分布特征

区内地质遗址资源类型多样,分布广泛,组合协调。最具特色的主打景区——青龙瀑布景区(约 3.5 小时);青云山主峰(状元峰)福建最高的石走廊——云天石廊景区(约 3.5 小时);东南第一大峡谷——白马峡谷瀑布景区(约 3.5 小时);亚洲第一阶梯瀑布——九天瀑布水帘宫景区(约 2 小时);八闽第一原始植物园——刺桫椤神谷景区(约 2 小时,目前暂未对外开放);云山古火山机构——天池和状元洞、红军洞等。

(1)福建最高的石走廊——云天石廊景区。

石廊峡谷景区,云天石廊接近青云山主峰状元峰,因软硬岩层风化差异,在峡谷的万丈绝壁上形成一条条通道长廊,海拔 1 000 余 m,又称"登天廊",共十二层,长逾千米,惊险壮观。山中飞岩兀立,古木参天,流瀑喧腾,状元祖屋、天门洞等数十处美景荟萃。在山顶古火山口天池极目四野,周围高山草场牛羊成群。其主要景观有凌空绝壁、风化石廊,号称"云天石廊"。远可观,近可行,长廊 1 000 多 m,人行其中,惊而不险。还有飞瀑三潭、妙笔生花、镇山大钟、天门洞、灵芝岩、状元靴、金鸡相斗、音乐广场、仙君殿等景观,主峰雄伟壮阔,有雾都云海之称。

（2）东南第一大峡谷——白马峡谷瀑布（见图4-59）景区。

白马峡谷是青云山景区中最长的一条峡谷，有东南第一大峡谷之称，总面积为16 km²。数不尽的瀑布成群涌现是景区最重要的特征，且瀑布众多，水大雾浓。其中白马瀑布高130多m，水量是青龙瀑布的10倍，其下方白马湖面积达2 000 m²，澄明如镜、清澈见底；乌龙峡、无名峡、双溪峡、王子峡、回音峡、白马峡、天门峡、平谷峡等八大峡谷各具特色；石林岩像逼真，如梦笔生花、大刀峰、鲤鱼岩、王子峰、八戒岩、白马峰、巨螺石、五马峰、龟岩、龙龟山、石臂、仙桃石、王子浴等惟妙惟肖。猴子成群结对，刺桫椤连点成片，是其又一特色（见图4-60）。

图4-59　白马峡谷瀑布

图4-60　青云山生长的珍稀蕨类植物——刺桫椤

（3）亚洲第一阶梯瀑布——九天瀑布（水帘宫）（见图4-61）景区。

因九叠飞流得名，九级瀑布沿青崖石壁飞流而下，落差588 m。气势恢弘，空谷轰鸣，似天降玉龙、一泻千里。珠帘飞飘，霓裳彩虹，景色壮观、美妙、奇特，堪称闽中一绝！有亚洲第一阶梯瀑布的美誉，现被评为国家特级重点景区。早白垩世火山岩在长期地壳运动的作用下，产生许多环状及北东东的高角度正断裂；长期的风雨侵蚀，水冲石垒，造成地表软处成峡，硬处成崖；水侵残壁，高处成壶，低处成潭，造化出峡谷瀑布，残壁水帘的天然奇观。

景区独具特色的火山岩景观有：相思岩、绵羊峰、神女峰、观音石、金猴抱桃、长城岩、三重门、悬棺、御印、御床、御帽、狮王峰、松鼠石、猿石、兔等惟妙惟肖，彩虹瀑、水帘宫、洞中潭极具特色。在断崖绝路之处，竟还有一座数百米石城环绕的"九山书院"，始建年代古不可考。

图4-61　青云山九天瀑布景观

此外,近邻有石龙瀑布,水流从半山坡近乎直立的崖壁上跌落,总落差达150 m左右。青龙瀑布,落差80多m,水流跌落的悬崖岩壁经淘蚀呈半圆凹槽,上小下大,如倒漏斗形。瀑布分三迭,上部水流顺峭壁滑落;中间部分越过悬崖飞泻而下,形成水帘,水珠四散,水雾弥漫;下部有一岩坎,瀑流打在上面,再沿崖壁分流滑落,最后汇入底部的青龙潭。还有凤尾瀑布、珠帘瀑布、石龙瀑布和新月瀑布以及龙潭、鲤鱼潭、长生潭和济生潭等等,比比皆是,景观美不胜收。

(4)古火山口——天池。

天池是华东地区罕有的白垩纪火山口积水成池。青云山古火山构造中央部位有古火山爆发后火口塌陷形成的天池二处。藤山天池,略呈弯椭圆形,面积约12亩,丰水时平均水深1.5 m。池内碧波荡漾,池旁绿草如茵,周围还有不少火山喷出物如火山弹等。乌后天池,呈勺形,面积约6亩左右天池外围出露均为火山喷发碎屑岩,含有火山弹,天池所在位置周围的岩性为充填在火山口中的二长斑岩,是火山通道相的潜火山侵入岩。这两个火山口湖终年不枯,周边为高山草原,目前平均处于海拔850~900 m左右标高,上升到这样的高度,在福建实属稀少,都极具较高的科研及观赏价值。

藤山周围几个山头,坡度平坦,植被以高山草甸为主,号称"万亩草场",也是理想的避暑游览胜地。

(5)八闽第一天然原始植物园——桫椤峡谷景区。

桫椤峡谷景区,又名万藤谷,是一处不可多得的原始植物园。谷中处处潭、瀑、洞、泉,谷口悬崖突出,古松横生,一条溪流贯穿而出,水打怪石,千年成潭。狮王峰、虎王山、大象山、二片瓦、地王洞、情侣洞、飞龙树、鲤鱼上天、蛇松、神鹰、仙渠、观音瀑布、天台瀑布、天坛瀑布,景点出神入画。千年古藤绕树盘石,恐龙年代遗存活化石刺桫椤植物,生机勃勃,无不透着古朴神秘的原始气息。谷口悬崖突出,古松横生,一条溪流贯穿而出,水打怪石,千年成潭。静潭、龙潭、回龙潭、恐龙潭、梅花三弄等数十处美景,景随人移。

(6)文物古迹——三官庙、红军洞(见图4-62)与御温泉。

风景区文物古迹众多,主要建筑为三官庙。由山门、钟鼓楼、东西配殿、大殿组成,面积780 m²。三官庙建在主峰半山腰绝壁上,气势宏伟。庙中奉祀民间信仰的三元大帝(上元天官、中元地官、下元水官)。此外,景区附近还保存着大量古村镇、古民居。最具特色的是方形石寨,如同安镇的米石寨和青石寨,石寨依山而建,寨墙高近10 m,寨墙两侧各耸立着一座角楼,别具特色。

图4-62　红军洞

红军洞是一个火山岩的天然岩洞,是当年闽中游击队活动场所之一。洞呈半圆形,高约25 m,宽24.5 m,洞口有碎石砌成的围墙。洞深约30 m,洞内由碎石砌成4层平台。青云山新开了红色旅游线,让游客穿上"红军草鞋",沿着红军小道,重走红军路,到达红军洞。

(7)休闲胜地——御温泉。

景区内有福州青云山御温泉酒店及温泉休闲中心,四周群山环绕,东南面为石笋山,西面为鹅胭山,群峰林立,峭壁峥映;南面峡谷溪流;向北可远眺永泰山城。青山绿水,溪涧瀑布飞溅,云雾环绕,景色优美。整个建筑物依山就势、跌落有序、面面是景,充分利用原有优美自然生态环境,营造返朴归真的氛围,是集温泉浴、景光浴、森林浴、氧气浴、阳光浴的最佳场所。

4.15.6.4 地质景观资源评价

(1)地貌地质遗迹的价值因子评价。

青云山火山地质地貌景观系统,是福建省东南地区中生代火山岩规模最大、景观奇特、组合优美的自然景观,不但具备了景观的稀有性、自然性、完整性、环境优美性及观赏的可达性、安全性,而且还具备了环境的优美性和深远的人文历史价值,对研究东南地区中生代火山岩地质学、生物学、地理学、生态学等方面具有较高的科学研究价值和观赏价值。

①典型性与稀有性。

青云山火山地质地貌景观具有典型的破火山构造、孕育了丰富多彩的地质景观。景区位于环太平洋构造活动带的浙闽粤中生代火山带上,处于早白垩世永泰火山构造洼地火山活动中心。青云山破火山口是永泰构造洼地内众多火山机构之一,呈椭圆形北东东向展布,面积 47 km²。其典型在于规模巨大、火山岩性岩相分带清楚、破火山构造发育完整,国内罕见。同时,与福建其他地质公园显著不同,表现在地貌景观母岩抗风化作用强、群峰突兀,景观组合十分优越,集石林、峡谷、瀑布、原始植物园、革命历史教育及民风民俗传统文化等为一体,极为独特。

②美学和观赏价值。

青云山地质遗迹历经了亿万年来的风雨侵蚀,形成了幽深险峻的峡谷、千百条瀑布、清溪及深潭,云雾飘缈,浓郁的原始森林中成片生长着恐龙时代的刺桫椤、长苞铁杉、红豆杉……令人无限遐想,观赏性强。

③社会、经济和环境价值。

合理、有效地开发青云山火山地质地貌景观等地质遗迹资源,将能够大大提高景区的科学含量,带动旅游业的发展,从而促进地方经济持续快速增长,并利用其开放后的经济收入,更好地保护资源,亦可为当地居民创造经济收入环境,从而提升居民对保护地质遗迹的自觉性。

④科研与教学价值。

青云山珍奇的火山地质遗迹景观、珍贵的动植物自然资源和生态功能、社会功能,是中小学生认识地质学、生物学、生态学、灾害学的夏令营基地。因其规模巨大、破火山构造发育完整,更是各大学、科研机构研究地质学、地理学、地貌学等学科的科研与教学的教育基地。特别是研究中生代火山岩地质地貌类型,组合特点,可以揭示浙闽粤中生代火山带的发展演化规律,进而探索晚侏罗纪 - 白垩纪时期东南沿海大陆边缘活动带的地质构造演化发展历程,其科研开发的价值极高。

⑤观赏的可达性和安全性。

景区具有较便捷的交通区位,北距永泰县城 10 km,距省城福州 55 km。南距莆田、福泉高速接口 50 km,距规划的内地通福州港、秀屿港铁路永泰站,福厦高速复线永泰城关出口6 km。

保护区内通达各景区的道路、各景点之间均有小路相连,交通条件较为便利,游客可以到达各景点,景点之间基本没有险路峻道,道路间的安全性较好。虽然境内地质灾害十分发育,但游人到达的地段,地质灾害危险性小。游人服从管理人员的指挥和遵守有关管理办法,可以确保游客的人身安全。

(2)地质景观资源评价。

青云山地质遗产资源丰富,对各种重要地质遗迹资源的数量与质量、结构与分布以及开发潜力等方面的评价,明确各种地质遗迹资源地域组合特征、结构和空间配置情况,掌握各种地质遗迹资源,特别是重要地质遗迹资源的开发潜力,为制定人与自然的协调发展、合理开发和保护地质遗迹资源提供全面的科学依据。

①地质景观资源层次分析法的评价。

按照《指南》,地质景观评价包括价值评价和条件评价。价值评价的因子为:科学价值、美学价值、历史文化价值、稀有性、自然完整性。条件评价因子为环境优美性、观赏的可达性和安全性。《指南》对每一个评价因子都给出了五个等级的判定条件。

根据《指南》,结合青云山地质、地貌景观资源的实际情况,采用层次分析法对其地质遗址景观进行综合评价。因条件评价因子对青云山景区景点具有十分重要的意义,因此将价值和条件合为共同的7个评价因子。

按《指南》提出的5级制定标准,对每一个景点的7项评价因子进行评价打分,然后归纳为统一的平均分值。由于每个评价因子的5级判定标准与另一个评价因子在实际评价中并不对等,既要反映各个因子自身的制定标准,又要反映在景区中的重要程度。为此本书采用:第一,将各个评价因子按《指南》要求判定其等级,并将判定结果按等级高低赋值并归一化;第二,将各个因子按在景区中的重要程度权重进行赋值;第三,将每个因子的赋值与其归一化值相乘,得出每个评价因子的综合值,使其结果既包含了每个因子的价值因素,又包含因子之间的比较因素,以每个因子的综合值的大小,作为其重要程度的依据。

地质景观资源的评价结果(见表4-4)表明, 青云山各地质遗址评价因子从高到低的

表4-4 地质景观评价

地质景观类型	科学价值 0.27	美学价值 0.18	历史文化价值0.088	稀有性 0.237	自然完整性 0.045	环境优美性 0.045	观赏的达性和安全性 0.045
古火山机构	0.30	0.15	0.08	0.25	0.05	0.04	0.04
云天石廊峡谷	0.25	0.18	0.09	0.24	0.04	0.05	0.04
白马峡谷瀑布	0.21	0.20	0.08	0.24	0.05	0.05	0.05
九天瀑布水帘宫	0.22	0.20	0.08	0.25	0.05	0.05	0.05
万藤谷	0.21	0.18	0.10	0.23	0.05	0.05	0.05
红军洞	0.20	0.17	0.10	0.21	0.03	0.03	0.04

顺序为:科学价值(0.27)、稀有性(0.237)、美学价值(0.18)、历史文化价值(0.088)、环境优美性(0.045)、自然完整性(0.045)、观赏的可达性和安全性(0.045)。

从总目标层的分析计算表明,在青云山地质遗址景观中,科学价值为第一位(0.27),稀有性为第二位(0.237),美学价值为第三位(0.18),以下依次为历史文化价值、环境优美性、自然完整性和观赏的可达性和安全性。

从6个地质遗址的综合比较分析,从高到低依次为:九天瀑布水帘宫、云天石廊峡谷、白马峡谷瀑布、刺桫椤神谷(万藤谷)四大景区及云山古火山机构。以上评价结果与青云山现实状况是吻合的。

②自然景观资源的综合评价。

A. 自然景观资源的特性决定了采用非统一指标进行评价。

自然景观资源的特性决定了其赋存品位和吸引力,采用统一指标评价自然景观资源不能真实反映这种特性,因此,评价的客观性很难保证。例如"湖"和"瀑布",其美学价值不同,其特征值反映了它们不同的赋存品位,统一的评价指标体系难以反映出其特色。因此,要建成针对每个地貌景观资源基本类型建立特征值评价模型。

B. 评价模型的构建。

a. 评价指标体系的确定。

以自然景观资源特征值为基础建立评价指标体系,反映自然景观资源的质量和价值。从内容上分析,包括观赏性指标、科学性指标、历史文化性指标等;从类型上,有特征值指标、共性指标等;从指标性质上,有定性指标、定量指标。评价指标体系是通过大量的现场调查、分析来建立的。

b. 评价权数的确定。

评价权数反映了诸评价指标在评价中的相对重要程度,随着数据量的积累,它将不断地进行调整和变化,评价权数是由专家比较打分的方法确定的。

c. 特定的地质地貌景观资源的各特征值评价指标均有自己的量纲,不具备可比性,因此,在确定了评价指标体系后,还需对其中的评价指标进行无量纲化处理,将评价指标的实际值转化为指标的评价值,将对现象实体的绝对描述转化为相对描述,并调整等级划分标准及相应的分数。

(3)评价指标体系应符合科学性、现实性、可测性、可比性、简明性和综合性,可采用模糊综合评价方法得到多个评价结果。

本区自然景观资源种类达10种以上,由于篇幅所限,本书只给出瀑布景观的评价模型,见表4-5。

4.15.6.5 地质遗址景观的有效保护与开发利用之对策

青云山地质地貌类型之全,结构之典型,保存之完整,规模之巨大,当属国内外罕见,是东南沿海地球演化史中重要阶段的突出例证,反映了地质、生物发展演化过程中的重要现象,拥有独特、稀少或绝妙的自然现象,同时兼有悠久的人文历史和人文景观。青云山作为国家级AAAA重点景区,目前也具备了申报国家地质遗产的条件,应积极争取并开展申报工作,就是对自然景观最为有效的保护,也是最为高效的开发利用。

表 4-5　瀑布景观评价模型

指标名称	评价标准		分数	权重
落差	>100 m		100~90	0.15
	100~50 m		90~70	
	50~20 m		70~50	
	20~5 m		50~30	
	<5 m		30~1	
宽度	>50 m		100~90	0.13
	50~10 m		90~70	
	10~2 m		70~50	
	2~0.5 m		50~30	
	0.5 m		30~1	
坡度	>80°		100~80	0.12
	80°~60°		80~50	
	<60°		50~1	
水量	水量充沛,四季不断流		100~80	0.14
	水量较充沛,枯水期不断流		80~60	
	水量一般,枯水期水量较小		60~40	
	水量小,枯水期断流		40~1	
水形	水形流态优美多变,极具特色		100~80	0.07
	水形流态较优美,有一定特色		80~40	
	水形流态一般		40~1	
水声	水声极悦耳或独特		100~80	0.07
	水声较悦耳或突出		80~20	
	无明显水声		20~1	
科学研究价值	具有极高的、世界范围内的科学研究价值		100~90	0.11
	具有极高的、全国范围内的科学研究价值		90~70	
	具有一定的科学研究价值		70~40	
	科学研究价值一般		40~0	
科普价值	地质地貌等科学现象非常典型,科普价值极高		100~90	0.10
	地质地貌等科学现象较典型,科学价值较高		90~70	
	地质地貌等科学现象典型,有一定的科普价值		70~40	
	地质地貌等科学现象不典型,科普价值低		40~0	
历史文化价值	具有世界历史文化价值或有附会的著名传说		100~90	0.8
	具有全国意义的历史文化价值或有附会的知名传说		90~70	
	具有省级意义的历史文化价值或有附会的流传传说		70~40	
	具有地区级意义的历史文化价值或有附会的民间传说		40~0	

4.15.6.6　结语

青云山地质地貌景观的有效保护与开发利用方面取得了可喜的成就,面对新的机遇与挑战,当务之急是必须坚持科学、规范、可持续发展之路,在详细规划的控制之下,通过保护自然景观资源来促进合理开发,通过开发来增进有效保护,实现自然景观资源的有效保护与开发利用双赢。

4.15.7　福建东山海蚀地貌景观价值分析与评价

东山县位于福建省南部,为台湾海峡南端的近陆岛县,该县处于福建沿海动力变质带的南段,动力变质岩分带明显,岩性齐全。

4.15.7.1　地质概况

本区大地构造位置,属闽东燕山断拗带之二级构造单元的闽东南沿海变质带的南端,长乐—南沃断裂带的东侧,区内主要构造线为北东向。东山岛出露的基岩,主要为上三叠统－侏罗系的动力变质岩,东北部零星分布有岩浆岩。动力变质岩在区内分带显著,岩石受变质程度不同划分为五个岩性带,由深到浅分为:混合花岗岩性带、条痕状混合岩性带、条带状混合岩性带、混合质变粒岩性带、浅变质岩性带。

4.15.7.2　地质地貌景观资源特征

在东山风动石景区的古城墙下的海边,奇异的海蚀地貌、千奇百怪的岩石和溶洞构成了一道道风景线,其地质遗迹资源分为海蚀地貌类、构造类、风积砂地类和侵蚀剥蚀低丘陵类。

(1)海蚀地貌景观。

海蚀地貌是指海水运动对沿岸陆地侵蚀破坏所形成的地貌。由于波浪对岩岸岸坡进行机械性的撞击和冲刷,岩缝中的空气被海浪压缩而对岩石产生巨大的压力,波浪挟带的碎屑物质对岩岸进行研磨,以及海水对岩石的溶蚀作用等,统称海蚀作用。海蚀多发生在基岩海岸。海蚀的程度与当地波浪的强度、海岸原始地形有关,组成海岸的岩性及地质构造特征,亦有重要影响。所形成的海蚀地貌有海蚀崖、海蚀台、海蚀穴、海蚀拱桥、海蚀柱等。

东山岛东南沿海,有许多海蚀地貌形成天然岛礁,造型奇异独特,鬼斧神工。其中最引人入胜的要算澳角海湾的龙、虎、狮、象四兽屿,四兽屿距澳角村二三浬(1浬=1 852 m,下同),人们赞誉为天然的"海上动物园"。

虎屿(见图4-63),宛如一只卧虎纵身欲扑,头部高耸,气势雄猛,双目眈眈,利牙外露,活灵活现,令人望而生畏。这只虎的头、脚、身、尾,也无不惟妙惟肖,栩栩如生,连皮毛的质感都表现得十分强烈。

龙屿,宛如一条巨大蛟龙,在波涛上振鳞舞爪,驾浪腾空。龙的身段颀长,弯曲起伏,龙首伸入海中吸水,两条八字长须在海浪中闪动着白光,依稀可辨。龙的脊背树木成荫,海风吹动如

图4-63　虎屿

龙的绿鳞闪烁。龙屿又叫"穿山",因为屿中有一个奇特的海蚀断壑,宽 2 m 多,高 7 m,全长 28 m。两旁石壁峭立,通风透亮,构成"海中一线天"。涨潮时,小船、竹排可以通过。落潮时,人可攀着礁石蹒跚而行。即使在炎热的夏天,这里却海风嗖嗖,令人打起寒噤。

由此偏东北约三浬便是狮屿,恰如一只赤褐色的百兽之王,昂首吼叫,威风凛凛。风吹狮屿上的荒草,如狮毛在随风抖动。狮的尾巴在潮落时似乎会摇晃,那是海潮起落的缘故。狮屿前面有一块形如彩球的礁石,它在浪中时大时小,俨然构成"狮子戏球"的生动景观。更有趣的是,狮屿在天气变化时会发出吼声,原来它的低处有许多洞穴,受天气影响的浪涛,冲击着空间,发出巨响。有经验的渔民知道,狮子吼叫预示着风暴就要来临,必须做好准备,赶快返航。

象屿(见图 4-64),宛如一只大象,两耳下垂,长鼻探入海中,悠然自得,形态逼真。象屿峰峦挺拔,陡峭险峻。象鼻中有一大圆洞,俗称"象鼻沿",是一个大海蚀洞,小船可以驶过。有关这些形似动物的海岛,有它非常生动的民间故事。

东山盛传《四兽下凡澳角海》的故事。"海上动物园"大概是老天的特意安排,旨在向世人展示东山是块钟灵毓秀的宝地吧。

图 4-64 象屿

(2)风动石。

风动石,又名兔石,东山风动石以奇、险、悬而居全国 60 多块风动石之最,被誉为"天下第一奇石"。现在它已经是东山岛的标志性景观。

其奇妙之处就在于它前后左右重量平衡极佳,大风吹来时,石体左右晃动,但倾斜到一定角度就不会再动了,故称风动石。石为花岗岩石质,高 4.37 m,宽 4.57 m,长 4.69 m,重约 200 t。正可观其伟,侧可观其奇,背可观其险。从背面看,状如玉兔的石岩伏在外倾的石盘上,巨大的石球,悬空而立,摇摇欲坠,令人心怵;从正面看,石如蟠桃,底部呈圆弧形,贴石盘处尖端仅数寸,悬空斜立,狂风吹来,摇晃不定。石体正面,有明武英殿大学士黄道周等人所题"铜山风动石"大字,笔力雄浑遒劲。在风动石前的一块方石碑上刻有明朝督抚程朝京的诗:"造化原来一只丸,东封幽谷万层峦,天风吹向关中坠,海飚还得逐势转。五丁欲举难为力,一卒微排不饱餐。鬼神呵护谁能测,动静机宜在此观。"

(3)海滩及海湾——马銮湾。

东山岛海湾辽阔,沙滩平缓,绿树成荫,胜景众多,极具南国滨海风光特色。马銮湾海湾长 2 500 m,纵深 150 m,水深 2~3 m,呈月牙形,如满弦的弓箭。海湾沙滩宽达 80 m 以上,由洁白无瑕的石英砂铺成,粗不扎脚,细不粘身;沙滩坡度平坦,柔软绵长,可谓一马平川。沙滩的后面是人工海滨防护林,林带宽达 80~150 m,林木葱茏滴翠,形成海滨绿韵观光带,林带的空气中富含负离子,空气清新,给人以"氧吧"的呼吸享受。

马銮湾海滨浴场也是非常好的地方,夏天的黄昏,浴场的人很多,海里面有不少人游泳,也有玩摩托快艇的,沙滩上有打排球的,有骑马的,有散步的,夕阳照在海滩上,海天从蓝紫色过渡到金黄色,沙子非常细腻柔软,没有一点瑕疵,而且被海浪抚慰得相当平整,走在上面是一种享受,令人不想离去。

(4)其他景点。

①铜山古城。

铜山古城始建于明洪武二十年(1387年),东、南、北三面临海,西面直达九仙顶,因依傍铜钵、东山两个村庄,故各取一字名之。城墙为花岗石砌成,长1 903 m,高7 m,城堞有864个垛口,东西南北各有城门,西南二处建有城楼,为环山临海的水寨。明嘉靖二十二年(1543年),戚继光在此全歼倭寇;崇祯六年(1633年),巡按路振飞大帅徐一鸣在铜山海面二次击败荷兰帝国东印舰队;隆武二年(1646年),郑成功以此为抗清根据地之一,训练水师,收复台湾;清康熙二十二年(1683年),福建水师提督施琅从铜山港和宫前港起航东征,统一台湾。

城东门外海滨有天然石洞,传有虎踞,故号"虎崆"。洞长15 m,宽约5 m,有清泉甘美,大旱不干,壁上镌"灵液"石匾,称"虎崆滴玉"。城最高处九仙顶有"人世仙境"、"海天一色"、"宦海恩波"、"三岛春秋"等摩崖题刻20多处。一块刻有"瑶台仙峤"的巨石是当年戚继光、郑成功的水操台。

塔屿,又名东门屿,与铜陵镇相隔800 m海域,因山顶有一座文峰塔而得名。整个岛呈"工"字形,面积80.5 hm²,与温州江心屿、厦门鼓浪屿、台湾兰屿并称中国四大名屿。岛上礁石嶙峋,千姿百态。南端澳角海面有龙、虎、狮、象四屿,造型生动逼真。文峰塔为明嘉靖五年(1526年)福建巡海道蔡潮所建,塔身7层,高32 m,座围14 m,塔顶由两块圆圆的大石块相叠而成,是航海的标志。

塔屿上有两个石洞。其中云山石室是黄道周的读书处,洞外镌有黄道周少年时手书的"云山石室"4个大字。洞边有清代巡抚潘思渠立的碑坊,横刻"黄石斋先生读书处",背镌"仰止高山";鹰石洞在石室对面,鹰嘴岩下,洞口上有块巨石如雄鹰顶立,上镌"石斋"二字,是黄道周卧室。《明史》记载:"道周学贯古今,所至者云集,铜山在孤岛中,有石室,道周自幼坐卧其中,故学者称为石斋先生。"明东阁大学士林釬题诗于室内:"洞门六六锁烟霞,碧水丹山第一家,夜半寒泉流幽月,晓天清露滴松花。"洞室周围有石刻多处,以书法家关云、成中心、张庭桢合题的"海滨邹鲁"、"黄道周笔书"、"石磐"最为著名。

②风力发电站。

风力发电站,耸立在东山岛最高峰苏峰山南麓的澳仔山。从海滨环岛旅游公路进入冬古村,一条宽敞的水泥路从山下盘旋到山头。沿途可以观看充满田园风光的农家村落和青翠欲滴的芦笋园,可以探访郑成功战船沉船遗址——冬古港,此外,你还可以看到一帧蓝天碧水、白沙绿树与大风车交织的水墨画。

风力发电站所在的澳仔山三面环海,俯视山峰的周围,处处皆美景。高远的晴空下,嫩蓝轻盈得近乎透明的大海,清风徐来,水波不兴,波光似眨动的孩童的眼睛。习惯于劈风斩浪的渔船,此刻也静静地荡漾在轻柔的海里。

③传统文化。

东山岛文始于唐、盛于明。隋唐以后,随着戍边和民族大迁移,大批中原汉人南下,给东山带来了新鲜的中原文化。中原文化、闽越文化和海洋文化在此交融碰撞、交相辉映,并在海峡两岸穿梭交流,大放异彩。形成了"史前文化"、"关帝文化"、"石斋文化"、"闽南文化"、"民俗文化"、"海洋文化"、"民间音乐"、"海岛美术"、"宗教文化"、"孝道文化"、"军事文化"等多元文化特征。明代郑成功、施琅先后在东山岛扎寨屯兵,写下了抗御外辱、收复台湾、维护统一的浩然篇章。黄道周"纲常万古,节义千秋"、"七里三军门"、"六尚书"成为人文佳话,历史先贤留下散文、政论奏疏、诗词、孝纪、书画等为东山留下了丰富而宝贵的文化遗产。

4.15.7.3 东山海蚀地质地貌景观评价

本区海蚀地貌景观地质遗迹资源丰富,类型多样,且保存完好,具有典型性和稀有性的特点。其景观自然、完整,并具有极高的观赏和潜在的开发价值、保护价值、科研价值、科普价值和社会价值,是进行地质学、地貌学、构造学、生物学等多学科研究的最理想场所。

(1)自然性与稀有性。

地质遗迹都是自然生成,保持了原始风貌,没有人工雕琢,是大自然的杰作。地质遗迹资源一方面具有不可再生性,即一旦破坏则无可挽回。但是地质遗迹本身抗自然风化能力很强,因此有较强的耐用性,只要注意加以保护,完全可以在很长的一个时期为当今人类及子孙后代服务。

(2)观赏价值。

东山海蚀地质地貌景观极具观赏价值,这是海岸与海的动态的组合,表现出一种强大的、自然的活力和生命力。丰富海滩资源;人与自然和谐共存,构建了一处优美的生态环境。

(3)科研价值。

本区地理位置优越,自然环境优良,生物类型多样,海洋生物丰富,构建了一个优良的生态环境,是研究海洋生态的重要基地。

在海洋营力和地壳运动的双重作用下形成的海蚀地貌是中国沿海少有的地质遗迹,从科学的角度讲,这些岩石构造、动力变质、独具特色,这对研究海洋地质历史演化阶段和地质景观的成因有着重要价值。这些地质地貌现象记录了地质历史演变过程中大量的自然变迁信息,地质构造的演化史。因而是专家学者研究全球构造和板块造山带的最佳区域,是学生教学实习的理想基地,是科普教育的生动课堂,是研究海蚀发育的最典型地区之一。

(4)系统性和完整性。

在本区众多的景观资源中,不仅有内涵丰富的地质遗迹景观资源、丰富多彩的生物景观资源、绚丽多姿的水体景观等众多的自然景观资源,而且还有众多浓郁的民风民俗文化和传奇迷人的神话传说等人文景观资源,这两种景观相互组合,互相补充,相得益彰,共同构成东山的整体景观资源系统。这里众多的景观资源,不仅单个景观具有较高的观赏性和科学性,而且它们所构成的景观组合群,配套类型多样,组合好,既体现了单个景观的价值,又使其原有的景观价值得到了升华,从而更好地体现出景观资源的整体优势和价值。园区内地层出露齐全,经历了多期构造运动,留下了一系列不同时期的地质遗迹,体现了地质历史发展的系统性和完整性。

(5)社会经济价值。

东山岛海岸蜿蜒曲折,岸线长和优质海滨沙滩,物产丰富,盛产鱼、虾、蟹、贝、藻等海产品。东山岛也是一座绿岛,是全国沿海防护林建设先进县,这里林网如织,花果飘香,东山县旅游资源个性鲜明,海蚀地貌景观奇特度大,生态环境优越,旅游环境容量大,专题旅游内容多,特色旅游功能强,符合国际"生态旅游"、"回归大自然"的旅游发展新趋势,有强大的供给能力和比较充分的客源优势,是一个发展潜力巨大的旅游宝库。

4.15.7.4 结论

地质遗址景观资源评价在95分,地质遗址资源综合定量评价90分。东山地质地貌遗迹景观丰富,类型多样,分布广,在成因类型、内容、完整程度和规模等方面具有重要的地学科研价值,其美学价值和观赏性在国内外同类型景观中也极为独特,具有不可替代性。因此,在开发中必须注重合理利用与保护,要把保护放在第一位,保护旅游环境,实现旅游业的可持续发展。

4.15.8 以泰宁地质公园为基础进行分析

根据作者自身的研究和近年来其他一些专家的经验,以地质遗迹特征分析为基础,结合定量分析方法,构建地质公园地质遗迹综合评价模型,对我国地质公园的建设与发展有一定的现实意义。基于此,以泰宁地质公园为基础进行分析。

地貌地质遗迹的价值因子评价:

(1)景观的环境优美性。

泰宁地质公园内地质遗迹景观类型多样,景点丰富,山体峻秀,山脊挺拔,悬崖峭壁、流泉飞瀑,植被茂盛,水清林静,原始状态保存完好,配套的自然景观和人文景观极为协调,是休闲旅游少见的旅游胜地。

(2)景观的稀有性。

泰宁地质公园在福建独一无二,属地质遗迹景观,其类型之多、种类之全,也是比较罕见的。

(3)观赏的可达性和安全性。

地质公园内通达各景区的道路、各景点之间均有小路相连,交通条件较为便利,游客可以到达各景点,景点之间基本没有险路峻道,道路间的安全性较好。游人到达的地段,地质灾害危险性小。

(4)地貌地质遗迹景观的综合价值。

泰宁地质公园地质遗迹景观系统,是福建规模最大、景观奇特、组合优美的自然景观,对研究福建地质学、生物学、地理学、生态学等方面具有较高的科学研究价值。

地质遗迹保护区集湖、峰、林、峡、穴于一体,融秀、奇、险、幽于一身,地质景观类型丰富。公园区内的地质遗迹景观不但具备了景观的稀有性、自然性、完整性、环境优美性及观赏的可达性、安全性,而且还具备了环境的优美性和深远的人文历史价值,是福建省唯一的、国内少见的水体及地质遗迹景观。

第5章　福建地质公园的建设与发展

5.1　概　述

地质遗迹是指在地球演化的漫长地质历史时期内,由于内、外动力的地质作用,形成、发展并遗留下来的不可再生的地质自然遗产。其主要类型包括:有重大观赏和重要科学研究价值的地质地貌景观;有重要价值的地质剖面和构造形迹;有重要价值的古人类遗址、古生物化石遗迹;有特殊价值的矿物、岩石及其典型产地;有特殊意义的水体资料;典型的地质灾害遗迹等。重要的地质遗迹是国家的宝贵财富,是生态环境的重要组成部分。建立地质公园是近年来国际上普遍推行的一种地质遗迹保护方式,在保护好地质遗迹资源的前提下进行地质公园建设的保护性开发模式是一种有效的措施,它使地质遗迹资源的抽象价值得以显化。保护地质遗迹是地质公园建设的目的,地质遗迹景观是地质公园的核心景观。因此,地质遗迹的正确认识,地质遗迹的科学保护与合理开发,地质公园的规划、建设、经营和管理等实际运作都呼唤我们将理论与实践相结合,为地质遗迹资源的永续发展寻求一条理性之路。

5.1.1　地质公园的内涵及其价值特征

5.1.1.1　地质公园的内涵

地质公园是以具有特殊地质科学意义,稀有的自然属性、较高的美学观赏价值,具有一定规划和分布范围的地质遗迹景观为主体,并融合其他自然景观与人文景观而构成的一种独特的自然区域。既为人们提供具有较高科学品位的观光游览、度假休闲、保健疗养、文化娱乐的场所,又是地质遗迹景观和生态环境的重点保护区,地质科学研究与普及的基地。地质公园是一种自然公园,它是向游客展示地质景观的地球科学知识和美学魅力的天然博物馆。

由国家政府行政管理部门组织专家审定,由国土资源部正式批准授牌的地质公园,称中国国家地质公园。

从以上几个方面的定义来看,对国家地质公园内涵的把握,最重要的是要掌握"地质公园"这一名词的含义,即其由"地质"和"公园"两部分组成。国家地质公园的"地质"内涵,指的是它所特含的"地质遗迹"内容,而正是它所包含的内容,使其有别于其他类型的国家公园,从而使地质公园具有特别重要意义的科研价值和科普宣传价值。国家地质公园的"公园"内涵,指的是国家地质公园具有一定的范围,需占用一定的土地面积,同时又要承担社会角色并具有经济作用和美学观赏价值。作为广义公园的一种,国家地质公园表现为除具有可以满足人们的观赏、休闲等一般功能外,更体现出其自身的科研、科普功能;从资源利用角度来看,它又是土地利用和地质资源利用的一种新形式,更是边远贫困山区走可持续发展之路的理想选择。

总之,地质公园的内涵既体现了它的自然属性,也体现了它的社会经济属性,从而决定了它的经济价值、生态价值、科学价值和美学价值。

5.1.1.2 国家地质公园的价值特征

国家地质公园的价值依附于它的内涵之上,从学术价值来看,它具有科学研究价值、美学价值;从社会经济方面来看,它又具有观光游览价值、科普教育价值、生态价值和经济价值。概而言之,地质公园的价值主要体现在科学价值、美学观赏价值、经济价值和生态价值这几方面。

(1)科学价值。

各种地质遗迹由于记录了其所在地区或地点的古地理、古气候、古生物、古构造等多方面的地球演化信息,因而能科学地说明某些地质事件发生的特点和某段时间内地球演化的历史。这些地质遗迹既是人类了解地球发展历史的基础,也是向人们宣传科学、破除迷信的天然课堂。

(2)美学观赏价值。

美学价值是指其自然景观美,观赏价值则指其美学旅游价值。美学观赏价值既包括宏伟壮观的自然景观美,也包括显观甚至是微观的个体形态美和艺术欣赏美,以及矿物岩石标本的收藏鉴赏等价值。自然景观美中,构造运动造就了山形和地势的轮廓,漫长的内、外地质作用又对其进行"精雕细刻",加之植被的点缀更增添了其美学内容。个体形态美及其收藏价值,指的是一些特殊的化石、矿物晶体本身或经加工而具有很高的美学欣赏特性和极高的收藏价值,如一些古生物化石(如三叶虫化石)和矿物晶体(如萤石晶体)等。

(3)经济价值。

地质公园是一种新的旅游产品,这种产品是否成功,其吸引游客数量和旅游收入的增减程度是最有力的证明。陈安泽先生收集了一部分国家地质公园的资料,对在批准成为地质公园前后一年游客及门票收入的增减情况进行了统计,发现在成为地质公园的次年,游客增加333.08万人次,增幅达28.7%,门票收入增加29 678.5万元,增幅达50%,比全国国内旅游业的平均增幅超过10%,这充分显示了地质公园具有巨大的经济价值。

(4)生态价值。

地质公园最大的生态价值是使珍贵的地质遗迹得到了有效的保护:园区的采石场、矿坑大多数关闭了,森林砍伐停止了,一些核心景区的居民搬迁了,狩猎禁止了,园区的生态环境得到了大大的改善。另外,以保护地质遗迹为主建立的地质公园,在开展地学旅游的同时,促进了当地旅游业的发展,使人们得到了实惠,加强了人们的保护意识。景区居民树立了保护自然环境、维护生态平衡的自觉性,使公园内不可再生的地质遗迹自然资源得到了较好的保护和利用。旅游经济的发展,为当地政府财政提供了公园及周边地区生态环境保护、水资源保护的资金。

5.1.2 地质公园建设的目的和意义

国家地质公园的建立是以保护地质遗迹资源、促进社会经济的可持续发展为宗旨,遵循"在保护中开发,在开发中保护"的原则,依据《地质遗迹保护管理规定》,在政府有关部门指导下而开展的工作。《地质遗迹保护管理规定》第八条明确指出:对具有国际、国内和区域性典型意义的地质遗迹,可建立国家级、省级、县级地质遗迹保护区,地质遗迹保护段,地质遗迹保护点或地质公园。

5.1.2.1 建立地质公园是保护地质遗迹的需要

地质公园属于自然环境保护的组成部分,一个国家自然保护事业发展水平如何,通常以自然保护区面积占国土总面积的百分比来衡量(目前,一些发达国家达到10%以上,我国约为5.7%,其中以地质公园为保护形式的更少)。

(1)地质遗迹通过一定的物质、现象、形迹、形态(或景观)等形式反映地壳或地表演化,是地质历史和地质环境变迁的见证,所记录的地质信息和反映的地质现象及其生态环境在一定的区域内是特有或独有的,一旦遭受破坏就意味着永远失去,造成无法挽回和不可估量的损失,建立地质公园是使其免遭损失的重要途径。

(2)随着工业化的进程,各种采矿业迅猛发展,矿石开采量与日剧增,人为因素(工程活动、矿山开采、环境污染、旅游活动等)造成的破坏日趋严重,经济建设和矿产开发活动与地质遗迹保护的矛盾日益突出,保护地质遗迹的问题亟待解决。

(3)建立地质公园,成立相应的机构,有利于统一规划管理,协调资源开发利用与地质遗迹保护工作,是做到对矿产资源、地质遗迹资源、旅游资源及其他资源合理规划利用的有效途径。在保护的前提下有计划、有目的地做好遗迹区(地质公园内)各种资源的开发利用和地质遗迹的保护管理工作,可以发挥资源的最佳效益。

保护地质遗迹的有效方式,就是动员地方的社会力量,合理而科学地开发、利用地质遗迹资源。把建立地质公园与地区经济发展结合起来,通过建立地质公园带动旅游业的发展,使地质遗迹资源成为地方经济发展新的增长点。促进地质经济发展和增加居民就业,提高当地群众的生活水平,从而达到保护地质遗迹的目的。

5.1.2.2 建设地质公园有利于社会精神文明建设

建立地质公园是崇尚科学和破除迷信的重要举措。地质公园建设以普及地学知识、宣传唯物主义世界观、反对封建迷信为主要任务,既要有对自然景观的人文解释,又要有对地质科学的解释,从而使地质公园既有趣味性,更有科学性。

5.1.2.3 地质公园为科学研究和科学知识普及提供了重要场所

多年来,尽管有关部门对自然环境保护做了大量的宣传工作,但是人们对地质遗迹的保护意识仍很淡薄,以致对某些遗迹造成破坏。通过地质公园让地质科学从地球科学家的世袭领域中走出来,让社会公众了解地质科学的本质是地质科学服务于社会的最佳途径。

对整个社会来说,地质公园是科学家成长的摇篮和进行科学探索的基地。对广大青少年和民众来说,地质公园是普及地质科学知识、进行启智教育的最好课堂。

5.1.2.4 建立地质公园是一种新的地质资源利用方式

直到20世纪80年代末期,人们才逐渐认识到地质遗迹资源对旅游业的重要性。地质遗迹有独特的观赏和游览价值,因此建立地质公园,可以使宝贵的地质遗迹资源不需要改变原有面貌和性质而得以永续利用。国家地质公园的建立,是对地质资源有效利用的最好方式。

5.1.2.5 建立地质公园是发展地方经济的需要

通过建立地质公园,可以改变传统的生产方式和资源利用方式,为地方旅游经济的发展提供新的机遇。同时,可以根据地质遗迹的特点,营造特色文化,发展旅游产业,促进发展地方经济。

一些地质遗迹遭受到自然风化和人为破坏的严峻现实告诉我们,遍布祖国各地的地质遗迹"藏在深闺"不行,"放任不管"也不行,最合理的就是动员地方和社会力量,在保护中开发,在开发中深化对地质遗迹的研究;把建立地质公园与区域经济发展结合起来,把建立地质公园定位在提高民众精神文明和物质文明的双重标准上,通过建立地质公园带动当地旅游业的发展,达到促进地方经济和增加居民就业、改善群众生活水平的目的。

5.1.2.6 建立地质公园是地质工作服务社会经济的新模式

建设国家地质公园计划的推出,为地质工作体制改革、服务社会提供了机遇。在建设地质公园的过程中,需要大量的地质专业人员,这为分流富余地质人员、加快地质工作体制改革闯出了新路子。

5.1.2.7 建立地质公园是土地利用的一种新形式

从我国所建的138家地质公园来看,其所占的区域土地绝大部分为林地和未利用地,如福建省的泰宁世界地质公园、宁德世界地质公园。通过地质公园的建立,可发挥最佳的经济价值,并能永续利用。

5.1.3 福建省地质公园建设

20世纪80年代以来,地质遗迹保护工作在全球范围内得到了广泛的关注与推动。联合国教科文组织设立了地质遗产工作组,专门负责全球地质遗产保护工作,启动了世界地质公园计划,推进地质遗迹全球保护网络建设。20世纪90年代末以来,我国开始地质遗迹的保护工作,编制了全国地质遗迹保护规划,开展了国家地质公园建设。

福建省地质遗迹保护工作始于20世纪80年代,先后建立了近20处省级、国家级、世界级的地质遗迹自然保护区(地质公园、矿山公园)。地质遗迹保护工作进入了稳步发展的阶段,对促进福建社会经济和生态环境的全面发展产生了良好的推动作用。

现根据福建地质公园相关资料综述如下。

5.2 泰宁世界地质公园

5.2.1 概况

泰宁县地处福建省西北部,居闽赣两省三地市交界处。泰宁历史悠久,人文发达,早在新石器时代就有人类在此繁衍生息,公元958年建县,素有"汉唐古镇、两宋名城"之美誉。泰宁是我国现有600余处丹霞地貌中类型最齐全、造型最丰富的地区之一,其面积之大为我国东南大陆之最。赤壁丹崖、尖峰巷谷,与蜿蜒百里、烟波浩渺的金湖交相辉映,造就了稀有的"水上丹霞"奇观;造型各异的丹霞洞穴和规模宏大的丹霞岩槽,更堪称"天然岩洞博物馆",因此被联合国教科文组织授予"世界地质公园"称号,成为全球 33 家世界地质公园之一,福建省第一个世界地质公园。

泰宁世界地质公园由朱口、金湖、大布、金饶山四个园区和泰宁古城游览区组成,总面积 492.5 km²。公园处于华夏古陆武夷隆起的地质背景上,晚三叠世以来一直处于西太平洋大陆边缘活动带的构造环境,地质记录齐全且丰富多彩,是一个以丹霞地貌为主体,兼有火山岩、花岗岩、构造地貌等多种地质遗迹的地质公园。公园为中国丹霞地貌分布面积最大的区域之一,是青年期丹霞地貌的典型代表,其十分发育的丹霞峡谷、洞穴和水上丹霞为世界所罕见。公园自然环境优良,生物类型多样,物种丰富,是植物的王国、动物的天堂。泰宁古城历史悠久,民风淳朴,文化底蕴深厚,人文景观资源丰富,是集旅游观光、休闲度假、科研及科普教育于一体的大型综合性地质公园。

2005 年 2 月 11 日,联合国教科文组织批准泰宁地质公园为第二批世界地质公园。

5.2.2　地质背景

园区地势总体西北高,东南缓,中部低,由北西向南东倾斜。

泰宁地质公园位于福建省西北部的泰宁县,它的风景资源以"色如渥丹、灿若明霞"的丹霞地貌为主体,是中国丹霞地貌青年期的典型代表和研究中国东南大陆中生代以来地质构造演化的典型地区,同时兼有花岗岩、火山岩、构造地质地貌等多种地质遗迹。晚三叠世以来,该区处于太平洋板块和欧亚大陆板块彼此影响地带。晚侏罗世到早白垩世,发生了较大规模的火山爆发和岩浆侵入。晚白垩世以来,在崇安—石城北东向断裂带和泰宁—龙岩南北向断裂带的控制下形成了断陷盆地,沉积了以砂砾岩为主的红色岩层。晚白垩纪后地壳完全抬升,断裂切割岩层,使它们发生裂隙和升降差异,水侵雨淋、风化崩塌。大自然塑造了大金湖景区千岩万壑、形态万千、气势磅礴、蔚为壮观的丹霞地貌,特别是钟灵毓秀、烟波浩渺的金湖碧水,山光水色交相辉映,静态与动态的合理协调,造就了湖中有山、山中有湖,山环水、水绕山,把分散于崇山峻岭之中的奇峰异石通过湖水联结在一起,被誉为"天下第一湖山",成为独具活力和魅力的水上丹霞人间佳境(见图 5-1)。另有花岗岩地貌,如花岗岩石柱、石柱林、风动石及石蛋造型地貌景观、岩洞、瀑布及其周围的生态环境。

5.2.3　主要地貌遗迹类型及分布

泰宁地质公园以丹霞地貌为主体,兼有花岗岩地貌、火山岩地貌、构造地貌,构成一大型综合性地质公园,其中石网园区,大金湖园区及八仙崖园区的龙王岩、大牙顶景区为丹霞地貌,金饶山园区为花岗岩地貌,八仙崖园区的白牙山景区为火山岩地貌。

主要地质遗迹是断裂流水侵蚀、断裂崩塌、风化溶蚀崩落等地质作用形成的各

图 5-1　泰宁大金湖

种奇特的地质、地貌,包括深切峡谷曲流、峰谷(水上一线天、二线天、斜线天)、巷谷、岩堡、石墙、石柱、岩峰、峰丛、丹崖赤壁、天生桥、穿洞、岩槽、扁平洞、额状洞、峰窝状洞穴、壶穴、崩落堰塞湖、石钟乳、瀑布等26种地貌景观类型。泰宁地质公园内丹霞洞窟数目之多、洞窟群的规模之大、洞窟造型和组合之怪异,堪称"丹霞洞窟博物馆"。洞窟大者可容千人,小者不足寸余,拟人拟物,拟兽拟禽,造型奇绝。无不镶嵌于赤壁之中,或层层套叠,或成群聚积,蔚为壮观。

宽窄分歧、动静分歧的水体景观与丹霞地貌及精彩的生态情形彼此融合,培育了"水上丹霞"奇观。湖面宽广,碧波粼粼,湖中有山,山中有湖。溪水在峡谷中蜿蜒盘曲,漂流其中,如在画中游。潭水舒适,丹霞耸立,仿若世外桃源。

另外,在丹霞地貌分布区内还有珍稀动植物,如扁树、方竹等,以及寺庙、古墓、岩棺、悬棺、历史文化遗迹等。

5.2.4　其他景观资源

5.2.4.1　河流

泰宁地质公园内水系发育,属闽江上游支流,主要水系有金溪及其濉溪、杉溪、铺溪三条支流,汇集于泰宁。

蜿蜒曲折的中年期河流与峡谷陡峭的幼年期河流相结合,是区内河流的基本特点,公园内以发育深切峡谷曲流为特色。深切曲流深邃幽长,两岸丹崖高耸,赤壁对峙,一派奇险峻伟的景象。

5.2.4.2　湖泊

泰宁地质公园内的湖泊主要有金湖、小金湖、九龙潭及金龟寺堰塞湖等,山因水而雄,水为山而秀,湖光山色相映成趣,这些湖泊为地质公园锦上添花。泛舟湖上,碧水映丹山,无不令人心旷神怡。

5.2.4.3　瀑布

泰宁丹霞地貌区森林覆盖率高,水源充沛,丹崖瀑布极为发育,只要有断崖切割溪流的地方,都发育有瀑布。瀑布规模大小不等,形态各异,有金龟寺叠瀑、水际瀑布、龙井瀑布等数十处。以线瀑、叠瀑为多且最美,是地质公园的一道靓丽的风景线。水际瀑布高约20 m,宽约10 m,是大金湖的一处胜景。其中最为壮观的当属金饶山景区白石顶西南山麓的龙井瀑布,总落差达300多 m,常年流水不断。

5.2.5　文化景观

泰宁古城及园区附近,历史悠久,文化积淀深厚,文化景观资源十分丰富。人类活动遗迹、遗址、古建筑、摩崖石刻、碑刻、古墓葬和名人遗迹、遗址广为分布,县博物馆内各馆藏文物3 000余件,还有大量的文学遗产、诗词歌赋、神话传说、风土民情记录等,这些都是中华民族的宝贵财富,也为泰宁提供了得天独厚的历史文化遗产。

此外,泰宁还是中华苏维埃21个中央苏区县之一,曾是中国革命的军事指挥中心,10万工农红军在此饮马屯兵,当年的标语和布告仍保存完好。

5.2.6 景点

5.2.6.1 猫儿山

灵山秀水、生态氧仓。

猫儿山之趣,可见三剑峰刺入云霄,金猫山踞天窥世,仙女峰举目望夫,一山三态,不愧是丹霞地貌之杰作。登顶鸟瞰,宛如置身画卷,波光粼粼,三湖争辉,水上丹霞,令你游目驰怀。曲径入山,秀姿幽静动人,苍藤老树,山花藐藐,林阴筛风,清新宜人。见图5-2。

5.2.6.2 状元岩

孕育中国唯一岩穴状元的儒学圣地。

状元岩为南宋状元邹应龙少年时隐居读书之处。这一带的山水,丹崖悬岩,茂林奇树,幽峡奇洞,飞瀑流泉,风景险绝优美,还有众多的珍禽异兽。从人文景观来看,状元岩的山山水水打上了儒家文化深深的印记,崖晒经文、峰架文笔,山势龙虎、状元及第,吸引了历代莘莘学子登临凭吊,求取聪慧灵气,后人视为教育子弟努力求学的圣地。见图5-3。

图5-2 猫儿山

图5-3 状元岩

5.2.6.3 九龙潭

水上奇峡,情侣天堂。

因有九条蜿蜒如龙的山涧溪水注入潭中,故名九龙潭。潭内丹霞突兀,峭壁林立,蝉噪空谷,十分清幽宁静,恍若置身世外;水在这片丹霞里低回百转,一弯一景,一程一貌,获得了另外的灵动与美,形成中国最长的水上丹霞一线天。漂游其间,清、静、奇、野等元素完美无缺的融合,亲山、亲水、亲氧、亲心情,天地间有种亲密的情致。见图5-4。

5.2.6.4 泰宁古城

状元故里,江南明城。

漫步古城,既可在明代兵部尚书李春烨的深宅大院里品味"江南第一民居"的美轮美奂,也可在临水而居的状元文化公园内触摸泰宁2 200年的风雨沧桑,更可在新落成的有"上海新天地"之美誉的灵秀商城内购物美食。夜色阑珊,你不妨坐上古老的画舫,在徐徐清风、灯影摇曳中悠然感受浪漫人生与美丽心情。见图5-5。

5.2.6.5 寨下大峡谷

翠谷奇洞,地学画廊。

穿越寨下,在地球悠久的时空中领悟生命与大自然的交响,解读"丹霞洞穴博物馆"和"峡谷大观园"上亿年沧海桑田的演变,只需浮云半日,即能速读泰宁世界地质公园这部巨书。这里是山谷的集中营,万谷归一成寨下,有平坦如街的峡谷,有幽深如巷的巷谷,有壁立一线的线谷。这里又是植物的王国,斑斓的丹崖攀藤附树,修竹成林"森呼吸",原生态滋润着这个世外的天然地质博物馆,仁者爱山,故千里之行始于足下,有人云:黄山归来不看山,寨下归来不看谷。

图5-4　九龙潭　　　　　　　　　　　　　图5-5　泰宁古城

5.2.6.6　上清溪

千奇藏幽谷,万芳盈一峡。

以野、幽、奇、趣,构成了世所罕见的千年原生态峡谷曲流大观园。上清溪,独得自然清秀,其美态、其韵味,都称得上是美景中的美女。漂游其上,它处处给人以险境,但很快又以令人叫绝的美景抚慰你,使你的漂游之旅始终控制在险与美的平衡点上。作为中国最美丽的漂游之一,人们常常说那是一次生命的顿悟和心灵的旅行。

5.2.6.7　金湖

丹山和碧水在金湖完美组合:山的雄奇俊逸,水的清丽幽雅;阳刚与阴柔相济,豪放与婉约互补;碧绿幽蓝的湖泊,同绵延数十千米的赤石群连成一体,丹崖突进湖心,碧水深入山腹;绝壁常常内陷为岩穴,溪涧时时直下成飞瀑;湖水映衬山峰的雄奇,山峰烘托湖水的深邃。特别是甘露岩寺、水上一线天、幽谷迷津、天工佛像、天然摩崖石刻等绝世奇观,和镶嵌在沿岸的岩寺古刹、渔村山寨、古墓关隘等众多人文景观,交互辉映,造就了国内罕见、景象万千的水上丹霞奇观,令人叹为观止,中国当代学者蔡尚思称之为"天下第一湖山",见图5-6。

图5-6　金湖

5.2.6.8　泰宁地质博物苑

泰宁地质博物苑占地面积 8 hm²,以地质名人大道、地学科普展馆、泰宁奇石、古典园林和 GIS 演示系统为特色。博物苑包括室内地质展馆和室外园林景观两部分。室内地质展馆面积 800 m²,有多媒体演示厅、沙盘展厅、动植物生态环境展厅、地质公园学术研究成果展厅、规划与未来展厅 7 个展厅,主要通过音像、文字、标本、模型等形式向公众介绍地质知识,讲述泰宁地质公园的概况、形成背景及典型的丹霞景观。室外则有园林景观、地质名人大道、广场、景观防洪堤、游览步道、水上丹霞微缩景观、雕塑等。博物苑的主体雕塑是一把巨大的扇子,上镌"千古丹霞,灵秀泰宁"八个大字,扇子基座上的圆盘图案为八卦图。博物苑的建筑布局融入了中国的太极理念,整个博物苑就是一个大太极图。水为阴,建筑为阳,阴阳交融,天人合一,相互依存,预示着地球是我们永远的家园,人类只有善待地球才能换取大地母亲的慷慨馈赠。见图5-7、图5-8。

图5-7　泰宁地质博物苑(一)

图5-8　泰宁地质博物苑(二)

5.2.7　地域文化

公园所在的泰宁古城及园区附近,历史悠久,文化积淀深厚,人文景观资源丰富,具有较高的美学欣赏价值和历史文化价值。

5.2.8　古建筑

泰宁,素有"汉唐古镇,两宋名城"之美誉。全国重点文物保护单位尚书第、世德堂是至今保存最为完好的明代江南古建筑群;甘露寺建造工艺精湛,是我国寺院建筑史上的一大杰作,闻名中外。

5.2.9　古遗址、遗迹

主要有新石器时代赤岭塍遗址、西汉末年炼丹炉基座、明代古城墙、宋代虎头寨、元代钟石寨、明末清初南石寨、宋元明清时期的古井,还有唐五代以来的古墓葬:邹勇夫墓、邹应龙墓、李春烨墓、丰岩寺和尚墓冢群、宝盖岩舍利塔群,以及朱德、周恩来旧居,东方军泰宁总部旧址等第二次国内战争时期的革命旧址。

5.2.10　民俗文化

保留至今已3 000年殷商时期的原始傩舞,被视为古文化的活化石,被列入省级非物质文化遗产;"天下第一团"梅林戏,是我国稀有的地方戏种,已有300余年的历史,被列入国家非物质文化遗产;流传民间的灯饰、灯舞、擂茶、湖上岩茶等,生动地折射了泰宁人民的生活态度。泰宁县博物馆内开辟了古建文化艺术陈列馆、历史文物陈列馆、李春烨家居蜡像馆、泰宁元宵节俗馆、名人书画碑刻馆,存有3 000余件各类馆藏文物。

5.2.11　丹霞文化

千百年来的泰宁历史衍变,都与神奇奥妙的丹霞岩洞息息相关,众多的丹霞洞穴,有的成了僧尼修行的圣地,有的成了学子苦读的净土,有的成了农人居家的乐园,有的成了灵魂安息的归宿,孕育了泰宁的人文历史,彰显出泰宁深厚的文化积淀,形成学子文化、岩寺文化、隐逸文化、穴居文化、崖葬文化等独特的丹霞洞穴文化群落。

5.3　宁德世界地质公园

宁德世界地质公园位于福建东北部的宁德市境内,坐落在太姥山脉和鹫峰山脉的群山之中,由屏南县白水洋、福安市白云山、福鼎市太姥山三个园区组成。公园以雄伟壮观的晶洞花岗岩山岳地貌、绚丽多姿的火山岩山岳地貌、千姿百态的河床侵蚀地貌为主要特征,兼有瀑布、深潭等水体景观,海岸岛屿地貌,海蚀地貌等,各种地貌类型相得益彰,构成了公园丰富多彩、独具特色的地貌景观组合。公园是一个集科考、科教、观光、休闲度假于一体的科学内涵丰富、地方特色浓郁、具有很高的地质地貌科学价值和自然人文科学价值的综合型地质公园。

2010 年 10 月 3 日,于在希腊莱斯沃斯岛召开的世界地质公园评审大会上,宁德地质公园被正式列入联合国教科文组织世界地质公园网络名录,获得"宁德世界地质公园"称号。

5.3.1　地理位置

宁德世界地质公园地理坐标为东经 119°01′04″ ~ 120°23′46″、北纬 26°55′02″ ~ 27°13′18″。公园分为白水洋、白云山、太姥山 3 个园区,总面积为 401.34 km²。北起福安市晓阳镇龙洋村,西界屏南县双溪镇鸳鸯湖,南达福鼎市青屿头,东至福鼎市大员当村。

5.3.2　地质特征

作为地质遗迹的自然遗产,宁德世界地质公园所处大地构造位置的特殊性、岩石特征、地貌类型、地貌景观、地貌发育和演化过程、地质遗迹与自然生态组合、旅游风光等诸方面均有其独到之处。

(1)地质构造位置。宁德世界地质公园晶洞花岗岩、双峰式火山岩形成于活动大陆边缘,晚侏罗世太平洋板块向欧亚大陆板块俯冲碰撞,白垩纪碰撞作用减弱,转为拉张环境,从而,形成一系列大规模的裂陷带及中生代火山喷发带,地质公园处于极为特殊的大地构造位置。总体而言,宁德世界地质公园所处的大地构造背景与世界上其他风景区迥然不同。

(2)岩性特征。宁德世界地质公园地处东南沿海中生代火山喷发带,公园内晚中生代火山岩、侵入岩形成于活动大陆边缘拉张环境,晚中生代火山盆地发育有酸性熔结凝灰岩、石泡流纹岩及安山岩等各种类型的火山岩,为一套中基性—酸性火山岩组合,具双峰式特点。迄今为止,国际上还不曾见有与之具相似或相同构造环境、相同岩石组合的同类地质公园。

(3)地貌组成。宁德世界地质公园是集晶洞花岗岩地貌、火山岩地貌、河床侵蚀地貌、海岸海蚀地貌于一体的地质公园。公园内的太姥山、九龙洞、龙亭溪、黄兰溪景区为晚中生代晶洞花岗岩地貌,白水洋、白云山景区为晚中生代火山岩地貌,此外,还有河床侵蚀地貌、海岸地貌,多种地貌景观的组合,在世界上颇为少见。世界上其他地质公园或为花岗岩地貌,或为火山岩地貌,或为岩溶地貌,多为单一地貌类型构成的地质公园。其地貌类型的单一性是难以与宁德世界地质公园相比的。

(4)晶洞花岗地貌类型特征。宁德世界地质公园晶洞花岗岩地貌类型繁多、齐全,有峰丛、石峰、石堡、石墙、石柱、崖壁、障线谷、巷谷、峡谷、峡谷曲流等,以线谷、巷谷、峡谷、深切峡谷曲流等负地貌尤为发育而著称,属典型的壮年期晶洞花岗岩山岳地貌。世界上以花岗岩为主的风景区和地质公园多为正地形,线谷、巷谷、深切峡谷曲流等地貌景观则难得一见。

(5)火山岩地貌特征。宁德世界地质公园白水洋园区、白云山景区内的火山岩地貌,火山地质遗迹数量多,景观非常典型,景色神奇秀丽,是晚中生代地球演变留下的宝贵遗迹和火山自然博物馆。白云山海拔1 448.7 m,火山岩峰丛高耸挺拔。山脊上姿态繁多、大小不一的硅化火山岩石柱、石蛋互相堆叠,延绵数千米,形成各种奇特的火山岩石蛋景观,增添了无限风采。此外,火山岩峡谷、深切峡谷曲流纵横交错,构成宁德世界地质公园与众不同的另一特色。以晚中生代双峰式火山岩地貌与晶洞花岗岩地貌并存的地质公园在国际上尚不多见。

(6)河床侵蚀地貌异常发育是宁德世界地质公园的另一显著特色,地质公园内宽阔平展的白水洋平底基岩河床,河床上形态各异、大小不同、深浅不一的壶穴随处可见,大者如屋、如瓮,尽显粗犷,小者如盆、如盏,细腻无比,散发出无比豪迈与俊逸清秀之美。国际上大多数以花岗岩或火山岩地貌为主的地质公园,其地貌类型都比较简单,河床侵蚀地貌不甚发育。国际上现代河床壶穴较发育的主要见于美国加利福尼亚麦克伦河、澳大利亚塔斯马尼亚等地,但这些地方发育壶穴规模小,类型简单,远不及宁德世界地质公园内所发育的壶穴。

5.3.2.1 中生代西太平洋大陆边缘活动带的典型地区

公园在中生代连续发育了晚侏罗纪—早白垩纪地层及第四纪地层,有较完整的岩浆及构造活动记录,保存了较好的地层、构造、岩石、地质地貌等重要的地质遗迹,展现了中生代西太平洋大陆边缘活动带形成、发展演化的过程。尤其白垩纪期间的拉张、裂陷,双峰式火山喷发及晶洞花岗岩的侵入,代表了白垩纪西太平洋大陆边缘活动带一段特殊的地质发展、演化历史。因此,公园是研究西太平洋大陆边缘活动带地质历史及构造演化的理想场所,具有极高的保护价值和重要的科学研究意义。

5.3.2.2 典型的晶洞花岗岩岩体

浙闽粤沿海直到韩国的1 800 km以上的富碱晶洞花岗岩带,处于东亚中生代大陆边缘活动带上,与台湾海峡西岸幔坡带和深大断裂重合。

公园内的晶洞花岗岩是一种较少见的具晶洞构造与花斑结构,超酸、富碱、贫铁镁,锶初始比值小,εNd值较高而稳定,明显的Eu亏损的深源浅成、分异彻底的幔源花岗岩,是大陆边缘活动带岩浆活动的特殊遗迹,具有重要的科学研究意义和考察价值。

5.3.2.3 丰富的火山地质遗迹

公园内宜洋大型卫星式火山构造,其火山类型、演化历史在东南沿海具有典型性和代表性,还保存有典型的白云山破火山、笔架山穹状火山两个古火山群体和一批典型的V级火山构造遗迹;各类型的火山岩岩石遗迹,主要有典型的酸性熔结凝灰岩、石泡流纹岩及粒状碎斑熔岩等;典型的双峰式火山岩,是中国东南沿海晚中生代地壳拉张的记录;典型的火山地质现象,以流纹质火山岩的柱状节理极为罕见;各类岩石的接触关系,崖壁形成的天然的火山岩地层剖面等。以上火山地质遗迹是研究中生代火山岩岩石学、岩相学、火山构造学的宝库,是研究西太平洋大陆边缘活动带地质历史及构造演化的理想场所,具有重要的科研和科普价值。

5.3.2.4　典型的断裂构造格局

公园处于著名的北东向福安—南靖断裂带与北西向松溪—宁德断裂带的交汇部位。在漫长的地质演化历程中,经历复杂的地质作用,形成了区内以北东向断裂为主、北西及北东东向断裂次之的地质构造格局,反映了太平洋板块与欧亚大陆板块碰撞作用的应力场。本区是研究中生代以来太平洋板块俯冲碰撞的关键地区。

5.3.2.5　独具特色的地貌景观

太姥山晶洞花岗岩峰丛－石蛋地貌,是中国东南沿海丘陵岗地上发育最为良好的花岗岩峰丛－石蛋地貌,是这一类地貌的典型代表,与其他花岗岩地貌相比有其独特性。它的发育、演化历程与岩性、构造、气候等诸多因素有关,该类型遗迹对花岗岩岩石学、地貌学、新构造运动等的研究都具有重要的科学意义和科普价值。

5.3.2.6　河流侵蚀地貌的典型代表

公园内保存了多种河流侵蚀地貌,有基座阶地,侵蚀阶地,因河流侧蚀而成的波状岩壁,水流侵蚀波痕,类型齐全、景观丰富、单体规模巨大、数量众多的壶穴群和沟槽群等。

白水洋平底基岩河床是十分罕见的浅水广场。

蟾溪、龙亭溪的壶穴数量众多,分布密集,类型齐全,规模巨大,发育完整。单一壶穴期、联结壶穴期、凹槽期、河道期、孤岛期等五个期次壶穴类型均有出现,系统完整地向人们展示了壶穴的发育、演化过程。局部河段还清晰可见流水和旋涡流在壶穴中的流动,生动清晰地展示了流水对基岩河床的侵蚀过程。

这些地质遗迹对水动力学、新构造运动、古气候学、岩石学、地貌学等学科的研究都具有重要的科学意义和科普价值。

5.3.3　地质遗迹

(1)典型剖面:晚侏罗世南园组实测剖面,早白垩世黄坑组实测地层剖面。

(2)典型酸性火山岩岩石及景观流纹岩、石泡流纹岩、熔结凝灰岩、流纹质晶屑凝灰岩、火山角砾岩等。景观有峰丛、石堡、石墙、石柱、石蛋等正地貌及深切峡谷曲流、嶂线谷、巷谷、峡谷及洞穴等负地貌景观。

(3)侵入岩及景观晶洞碱长花岗岩、斑状辉长岩等。景观有峰丛、石堡、石墙、石柱、石蛋等正地貌及深切峡谷曲流、嶂线谷、巷谷、峡谷及洞穴等负地貌景观。

(4)火山构造宜洋大型破火山构造、白云山破火山构造、笔架山穹状火山构造。

(5)断层、节理构造、断层破碎带、陡崖、棋盘格式构造、柱状节理、穿层节理和卸荷节理。

（6）河流侵蚀平底基岩河床、壶穴、流水侵蚀槽、阶地等。

（7）海岸、海蚀、海岛沙滩、岩滩、泥滩，海蚀洞穴，福瑶列岛、跳尾屿、姆屿、青屿头、日屿。

（8）地质灾害崩塌、滑坡。

（9）矿产钼矿、饰面石材。

5.3.4 水体景观

①河流：鸳鸯溪、穆阳溪、杨家溪；②湖泊：小天湖；③瀑布：百丈漈、千叠瀑、小壶口、四潭漈等。

5.3.5 生物与生态环境

①各类古树名木和国家重点保护树种、珍稀濒危植物物种；②热带、中亚热带典型植被类型出露区；③山顶原始植被和天然次生植被；④崖壁绿带植被和崖壁、洞穴植被；⑤区内各类野生动物；⑥核心保护区原始生态环境。

5.3.6 古文化遗存

①古文化遗址、遗迹；②古建筑：文物保护单位、古寺（观）、古塔、古桥、古屋；③古墓；④古代战场、古城堡；⑤历代摩崖石刻、碑碣、石雕；⑥地方文艺：四平戏、平讲戏、北路戏等；⑦革命旧址、史迹。

5.3.7 进行地球科学教育的珍贵基地

公园地质遗迹丰富多彩，且类型齐全，包括地质地貌遗迹、地层遗迹、岩石遗迹、地质构造遗迹、水文地质遗迹（河流、湖泊、瀑布）、典型矿产及采矿遗迹等。公园内保存完好及丰富的地质遗迹记录了地球发展历史及主要地质事件，是集地层学、地貌学、构造学、大地构造学、岩石学、沉积学、水文地质学等多方面知识的地学全书。因此，公园是中小学生进行地球科普教育及大专院校教学实习、科研的珍贵基地。

总之，地质公园范围内比较集中地出现几种具有重要科学价值的地质景观，在国内外都比较少见，它们不但是科学研究的对象，也是科普教育的极好教材。

5.3.8 园区概况

5.3.8.1 白云山园区

白云山（福安市最高峰）位于福建省福安市的西北部，在寿宁、周宁两县交界处附近，是闽东的次高峰，海拔高达1 449 m，因白云常绕其峰而得名。白云山周边蟾溪、长洋溪等四条溪涧中，分布着上千个奇形怪状的岩洞。有的岩洞非常大，如九龙洞，直径约30 m，深约60 m，堪称世界奇观。专家认为，白云山古冰川遗迹资源集中、规模巨大，是目前冰川、冰臼考察发现史上绝无仅有的，完全具备申报国家级，乃至世界级冰川遗迹地质公园的条件。

这些石臼分布在白云山占溪下游长达数千米的河床上,酷似"漏斗"、"交椅"、"板壁"、"龙爪印",是古冰川运动存在的有力证据,由此可推断在距今200万~300万年前的第四纪早期,福安曾为冰川所覆盖。所谓冰臼,是指第四纪冰川后期,冰川融水挟带冰碎屑、岩屑物质,沿冰川裂隙自上向下以滴水穿石的方式,对下覆基岩进行强烈冲击和研磨,形成看似我国古代用于舂米的石臼,故称之为"冰臼"。它是古冰川遗迹之一。

白云山园区面积81.37 km²,由白云山、九龙洞、龙亭峡谷、金钟山及黄兰峡谷等五个景区组成,是以规模巨大的河谷壶穴群、罕见的花岗岩峡谷深切曲流、典型的古火山构造、丰富的火山岩岩石为特色,人文景观丰富、自然生态良好的地质公园。白云山地质公园以罕见的河流侵蚀地貌为特色,填补了我国国家地质公园中此类型的空白。

5.3.8.2 白水洋园区

白水洋位于宁德市西部屏南县境内,园区面积77.34 km²,分为白水洋、宜洋、水竹洋、双溪以及棋盘顶五个景区。区内溪流密布,沟壑纵横,拥有国内发育最典型、地貌类型齐全、景观丰富的火山峡谷地貌景观和被称为"浅水广场"的平底基岩河床地貌景观,形成独特的多彩水体风光。因其独特的地质地貌现象被誉为"奇特景观,亲水天堂"。见图5-9。

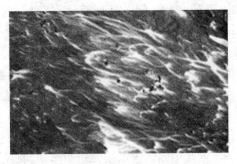

图5-9 白水洋

5.3.8.3 太姥山园区

太姥山(见图5-10)位于福建省东北部,在福鼎市正南,距市区45 km,在东经120°与北纬27°的附近。挺立于东海之滨,三面临海,一面背山,巍峨秀拔,气势雄伟,奇岩怪石,千姿百态,景色独特,蔚为奇观。主峰海拔917.3 m。登临绝顶,极目东海,水在天际流,峰从海中出,不愧以"山海大观"著称于世。它北望雁荡山,西眺武夷山,三者呈鼎足之势,雁荡、武夷地处通衢,声名远扬,而太姥僻居海隅,知之者鲜。相传尧时老母种兰于山中,逢道士而羽化仙去,故名"太母",后又改称"太姥"。闽人称太姥、武夷为双绝,浙人视太姥、雁荡为昆仲,实在颇有见地。

整个景区面积为92 km²,分为太姥山岳、九鲤溪瀑、晴川海滨、桑园翠湖、福瑶列岛五大景区,还有冷城古堡、瑞云寺两处独立景点。拥有山峻、石奇、洞异、溪秀、瀑急等众多自然景观,以及古刹、碑刻等丰富的人文景观。

图5-10 太姥山

根据地质部门考察,太姥岩石为粗粒花岗岩,属燕山晚期,地质史中生代白垩纪的产物,距今9 000万年至1亿年。由于地壳的变动,海洋上升,东西南北与近水平三组互相垂直的向节理发育,形成一条条纵横交错的峭壁、山峰、山洞。又经千百万年的风雨剥蚀,流水冲刷,就慢慢地形成了今天的突兀的奇峰和怪石。

5.3.9　地貌

公园位于西太平洋大陆边缘活动带,公园的白云山园区和太姥山园区的花岗岩地貌,既发育峰丛、石堡、石墙、石柱及石蛋等正地貌,亦发育深切峡谷曲流、障线谷、巷谷、峡谷及洞穴等负地貌景观。地貌的基本类型均发育和保存良好,是花岗岩地貌的典型代表,具有特殊的科学意义和保护价值,是开展花岗岩地貌科研、科考的最佳场所。此外,公园的白云山园区和白水洋园区还发育火山岩地貌,火山岩风化形成的峰丛、石堡、石墙、石柱等正地貌,亦发育深切峡谷曲流、峡谷及洞穴等负地貌,形成各种奇特的火山岩地貌景观。公园中部留洋火山盆地,发育一系列火山构造等地质地貌,颇为壮观。

5.3.10　水文与水资源

白水洋园区内溪流密布,沟壑纵横,分布较为均匀。下村、潭头、岩后、后峭、宜洋、郑山、西岩、考溪、前洋等地各有一条小溪汇入鸳鸯溪。鸳鸯溪全长 18 km,流程长,落差高达 300 多 m。

白云山园区内水系发达,蟾溪、竹洲、墙坪等地各有一条小溪汇入穆阳溪。穆阳溪总长 116 km,流域面积 1 389 km²。穆阳溪发源于政和镇前,流经周宁荷洋及福安境内社口、穆阳、康厝、溪潭至闽东赛岐廉首村前汇入富春溪(也称交溪),汇合后称赛江。交溪(福安城区的富春溪)源于鹫峰山脉、洞宫山脉和太姥山脉,流域总面积 5 638 km²,主、干支流总长 433 km,是福建省第三大河流。园区内现有黄兰湖、九龙湖、金蟾湖等水库。

太姥山园区内水系为短小水系,直流入海。较大的水系为流经公园西南部的杨家溪(又称九鲤溪、赤溪),发源于邻县(柘荣县),由西向东流入区内,后转向南,经霞浦牙城入海。福鼎市内流域面积 250 km²,主溪流长 23.3 km。

5.3.11　植物资源

公园自然条件优越,生态环境优良,白云山、白水洋、太姥山三个园区森林覆盖率为 72% ~90%。全区森林原生植被为常绿阔叶林,属中国三大植被区域中的中国东部湿润森林区。公园主要植被类型有常绿针叶林、常绿阔叶林、常绿针阔混交林、常绿灌丛、竹林、草坡等,包含了中国中亚热带地区大部分的植被类型,具有中亚热带地区植被类型的典型性、多样性和系统性。

白水洋园区内主要植被类型可以划分为温性针叶林、暖性针叶林、落叶阔叶林、常绿阔叶林、竹林、落叶阔叶灌丛、典型常绿阔叶灌丛、灌草丛等 10 个植被亚类型,其中包括了 43 个群系 212 个群丛。园区内已定名的维管束植物种类有 162 科 508 属 855 种,珍稀濒危植物 11 科 18 属 26 种。其中,国家一、二级保护植物 18 种,省级重点保护植物 13 种,有被誉为"植物活化石"的冰川期遗留珍惜植物——水松林。园区是中国南部第三纪、第四纪孑遗植物的重要保存地。

白云山园区内可以划分为常绿针叶林、灌木林、常绿阔叶林、混交林、竹林、草坡等 6 个典型植被类型。区内有维管束植物 1 015 种,其中蕨类植物 28 科 41 属 65 种,裸子植物 9 科 16 属 23 种,被子植物 136 科 531 属 927 种。其中,区内有国家一级保护植物 3 种,国家二级保护植物 15 种,珍稀濒危植物 12 科 21 属 24 种。首洋、马洋、岭下等村周边分布有国家保护植物,如南方红豆杉、柳杉等。白云山的莲峰寺前的天池中生长有"午时莲"等珍稀植物。

太姥山园区内可以划分为阔叶林、针叶林、竹林、灌丛等 4 个植被类型。区内有维管束植物 491 种,其中裸子植物 9 科 18 属 29 种,被子植物 65 科 194 属 462 种。国家重点保护的珍稀树种有 5 种,其中二级保护树种有水松、银杏、福建柏,三级保护树种有台湾苏铁、凹叶厚朴。竹类繁多,主要是麻竹,还有苦竹、黄竹、绿竹、芦竹以及太姥山区稀有的方竹、黑竹、倒枝竹。园区内遍布杜鹃,种类繁多,色彩各异,成为一大特色。园区西部杨家溪下游渡头村边生长有枫香林,共约 17 hm²,计 1.1 万株,为江南最大的纯枫香林。渡头村后 17 丛古榕树,是全球纬度最北的一片古榕树林,其中大者树龄近 900 年,小者也有 140 多年。其中一株榕树王,占地达 0.204 hm²。

5.3.12 动物资源

按世界动物地理区系和中国动物地理区系划分,区内动物多数属于东洋界华中区属的种类,少数属于华南区的种类,还有一些属于古北界的种类。丰富的植物种类,多种多样的生态环境,为各类野生动物提供了丰富的食物和理想的栖息地。全区野生动物有 2 000 多种。脊椎动物有 700 多种,其中哺乳类 70 多种,鸟类 324 种,爬行类 100 多种,两栖类 30 多种,鱼类 600 多种。无脊椎动物有 1 300 多种。

公园内拥有多种珍稀濒危保护动物,体现了生态系统的稀有性。有列为国家一类保护动物的云豹、蟒蛇、赤虹、中华鲟;国际二类濒危动物苏门羚;被列为国家二类保护动物的猕猴、大灵猫(九节狸)、山羊、穿山甲、鸳鸯、红隼、鸢、小鲵、虎纹蛙、岩燕鹿、白鹇、翠鸟、相思鸟、长尾雉、毛冠鹿等。此外,园区还有以下动物资源:

禽类:树雀、白颈鸦、喜鹊、环颈雉、竹鸡、山斑鸡、松鸦、红头鸦、红头长尾、红嘴兰鹃、画眉、麻雀、罗纹鸭、绿头鸭、冠尾狗、黑背燕尾、海鸥等;

兽类:毫猪、野猪、野猴子、华南兔等;

鱼类:黄鱼、带鱼、石斑鱼、鲈鱼、对虾、梭子蟹、青蟹、乌贼等。

5.3.13 自然景观资源

河流侵蚀地貌和花岗岩峰丛地貌是公园最主要的自然资源,成为本区发展旅游的基本载体。其他自然资源同样也具有迷人的魅力,如大嵛山岛被中国国家地理评为中国十大最美丽海岛之一;白云山上的日出、云海、佛光同样让人流连忘返。

地质公园自然资源保存较好,生态环境质量较为优越。

5.3.14 保护与开发的研究

5.3.14.1 地质遗迹面临的威胁

地质遗迹潜在的威胁主要是:公园内风化层类软弱岩层易风化,引发陡崖上部岩层释重,自然崩塌,或沿断层、节理错落发生山体滑坡、岩块坍塌或滑塌形成地质灾害,特别在暴雨季节更易诱发地质灾害的发生。公园内土壤层较薄,水分涵养能力较差,生态较脆弱,灾害性天气易诱发山洪暴发、树木拔起或倒伏,对地质遗迹和旅游环境产生不同程度的破坏。地质公园批准后,制定了保护规划,加强了宣传及管理,实施了一系列行之有效的保护措施,地质公园地质遗迹基本得到了保护。

5.3.14.2　保护现状

长期以来,地方政府制定了一系列政策法规,始终遵循"全面规划,严格保护,科学管理,合理开发,永续利用"的原则,依据中华人民共和国国务院颁布的《自然保护区条例》、地质矿产部 1995 年 21 号令《地质遗迹保护管理规定》、国际《风景名胜区规范》(GB 50298—1999)、《世界地质公园工作指南》的有关要求,将风景资源用于旅游开发,把风景资源保护作为保障旅游可持续发展的前提,按有关规定进行了必要的实质性保护及保护宣传工作。

目前,公园内的地质遗迹与生态环境基本上处于原始自然状态,在公园管理部门的严格管理下,不存在人类干预大自然的因素,将旅游活动带来的不利影响减至最小。公园外围地区的丘陵平原地带经济条件相对较好,并没有开山炸石的粗暴破坏行为,这对公园的建设和管理是一个良好因素。

5.3.14.3　地质遗址保护方式

(1)保护对象:

①典型地层剖面,具有典型意义的地层剖面为晚侏罗世南园组和早白垩世黄坑组,位于公园的白云山园区。

②花岗岩地貌景观,包括流水冲刷侵蚀、崩塌、风化等地质作用所形成的各种形态地貌,包括石墙、石崖、石柱、石峰、峰丛、壶穴、嶂谷、线谷、巷谷、峡谷、岩槽、水蚀洞穴等各种类型的地貌景观实体,龙亭溪中的潭、瀑布以及周边的生态环境。

③火山岩地貌景观,包括火山岩峰丛、石墙、石崖、石柱、石峰、平底基岩河床、水蚀基岩波痕、峡谷、洞穴等地貌实体,古火山机构、水域风景区以及生态环境。

④海岸、海蚀、海岛地质遗迹,包括沙滩、岩滩、泥滩、海蚀洞穴、海岛等地质遗迹。

⑤其他类,主要有人文与自然契合的摩崖石刻文化、宗教文化等历史文化遗存;具有明显时代特色的古民居等遗址;古树名木、珍稀野生动物和周边的生态环境。

为使保护重点突出,针对性强,实行分区、分级保护的原则和措施。

(2)保护途径与措施:

①建立地质遗迹保护的法律法规:依据国家有关法律、法规,因地制宜地制定切合实际的管理规定,开展各种形式的宣传与教育活动;组建由管委会直接管理的保护站(岗)等机构网络;设立公安派出所、自然保护执法队,并与村民治保会配合,行使保护职能并保证法规的贯彻执行。

②重要地质地貌遗迹点的重点保护:划界立桩;对地质地貌保护点、古树名木、生态保护点立牌保护;对核心区的主要入口设立保护岗,实行全封闭式保护;旅游开发、生产试验开发,都必须在保护的前提下和保护论证的基础上严格按规划执行;旅游道路和各种基础设施选线选点必须以不动或少动土石方和不动或少动树木为原则。

③加强旅游活动管理:加强游客保护意识的宣传教育;严禁在保护点附近或对保护点进行敲打、刻挖、采集标本、燃炮、烧香、烧纸、狩猎、践踏等行为,严格控制废水、废气、废

渣、噪声对自然资源和生态环境的污染。重要而易损毁的保护点应设围栏维护;对已出现损毁的保护点应设法及时维修,但维修应恢复其原有的历史面貌。

④协调好旅游开发与自然保护的关系:进行任何开发项目都要进行自然环境影响评价,严格执行保护区开发的原则,杜绝破坏性开发和开发性破坏;对不具备保护能力的景区(点)暂缓开发,待条件成熟后再予以开发。在核心区及自然保护区,旅游开发保持原始自然风光,只规划建设简易观光步道,切实体现保护第一的思想。

⑤协调好农村经济发展与自然保护的关系:保护区管委会与农村保护站密切配合,开展联合保护行动,制定村规民约,加强执法力度,充分发挥保护网络的作用,保障法律法规和管理规定的顺利实施。通过旅游开发,带动并发展农村经济,改变传统农业生产方式和产业结构,从根本上解决农民生产、生活与自然保护的关系。

⑥生物资源的恢复与发展:对核心区实行全封闭式保护,以使核心区的生态系统按自然规律演替,逐渐恢复生物的原始种群结构;对缓冲地带的封闭性山谷和崖顶植被实行片状绝对保护,缓冲带的生物资源恢复以全封闭式自然演替为主,辅之以人工培育。

⑦加强古文化遗存的保护:对园内古文化遗迹做进一步全面、系统的调查与清理,并据不同属性和价值进行分类分级,以法律法规进行有效的维护与保护。

5.3.15　可持续发展分析

地质公园可持续发展的主体资源要素是地质地貌遗迹。对地质公园内的地质遗迹应加强保护,坚持因地制宜的原则和"严格保护,统一管理,合理开发,永续利用"的基本方针,正确处理开发与保护的关系。在保护的前提下,对已规划的3个地质游览园区进行合理有序的开发,扩大环境容量,加快旅游业的发展,增加经济收入,带动社会经济的全面发展。

在开发工作中,优先解决的问题是对地质公园总体规划任务的全面落实,引进专业人才,引进资金,提高开发水平,加快开发速度,以科学有序的开发促进环境和地质遗迹景观的保护。

5.3.16　景观美学价值

5.3.16.1　独具特色的花岗岩、火山岩地貌景观

晶洞碱长花岗岩峰丛高耸,石墙叠嶂,石柱林立,石堡巍峨,崖壁千仞;火山岩峰丛、崖壁、石柱、石堡、柱状节理千姿百态,各具特色,令人目不暇接。崩塌堆积岩块、洞府在群山碧海之中,在涓涓流水之间,景色如画,美不胜收。使人们感受自然力之伟大、奇妙,体现力量、坚韧动感之美,具有极高的旅游观赏和美学鉴赏价值。

5.3.16.2　神秘莫测的壶穴景观

蟾溪、龙亭溪河谷流水侵蚀形成的壶穴,或袒露于基岩河床,或散落于河床基岩阶地,或高居于河床岸壁,或深藏于河床巨大滚石堆下,它们有的单个独处,或相互联结,或密集成群。石穴大者似屋,小者若盏。其形态或如臼、如盆、如瓮、如龛,或成洞、成潭、成槽、成井。流水的侵蚀,使许多石穴相互连通,形成了扭转回环、妙趣横生的复合式壶穴,有的形成了迂回曲折的深槽。千奇百怪、变化多端的壶穴引人入胜,令人费解,发人深思,具有极

高的观赏价值。

5.3.16.3 **深邃幽长的峡谷景观**

峡谷深切,曲流深邃幽长,两岸峭壁高耸,奇险峻伟。溪流节理发育,形成十步一滩、百步一弯、千步一潭的千古美景。峡谷中段分布着近水平的较薄岩层,岩石的差异风化形成了阶梯状的地形,跌水和瀑布在这里集中分布,形成了壮丽的景观。鼎潭仙宴谷两重瀑布封前锁后,因河流侧蚀而成的波状岩壁,记录着水流下切的历史。可供旅游观光和科普、科考探险活动,具有很高的开发价值和重要的保护意义。

5.3.16.4 **绚丽多彩的水体风光**

崇山峻岭中溪流密布、瀑布满涧,是地质公园的一道靓丽的风景线。白水洋园区的百丈漈瀑布、小壶口、九重漈等瀑布群,波澜壮阔、气势恢弘。白水洋和首洋溪平底基岩河床,平坦开阔,水清石洁,人们或踏水,或弄波,尽享水的柔情和大自然给予的抚爱。森林、峭壁、峡谷、瀑布、溪流,动静之间,组成自然界最具动感和变幻的壮丽画卷,具有很高的观赏性,具有极高的开发价值和重要的保护意义。

5.3.17 生态价值

公园优越的自然条件和当地政府的高度重视以及当地民众的爱护,造就了公园生物与人类和谐共处的良好生态环境。

5.3.17.1 **植物物种的典型性、多样性、系统性和珍稀性**

白水洋园区内有 10 个植被亚类型,43 个群系,212 个群丛。园区的地带性植被——常绿阔叶林,分布于海拔 280~800 m,随着海拔的递增,气温的递减和降水量的增多,依次分布有常绿针叶林、常绿针阔叶混交林、中山苔藓矮曲林、中山草甸 4 个垂直带谱。植被垂直带谱较为明显,具有中亚热带地区植被类型的典型性、多样性和系统性。园区内树种繁多,珍贵的奇花异木主要有:水松林,双溪镇的古银杏、楠木林、红豆杉、金钱松、黄山松、四季开花的昌木等,考溪的柳杉王更是树中之王;天然野生兰花多达 30 多种,其中鹤望兰、素心兰、一叶兰、台兰、建兰、报春兰、春兰遍及深山幽谷,随处可见。杜鹃花遍及群山,四季杜鹃被誉为稀世之宝。

白云山园区内植被垂直带谱较为明显,植被茂盛,树种繁多,有维管束植物 1 015 种,其中蕨类植物 28 科 41 属 65 种,裸子植物 9 科 16 属 23 种,被子植物 136 科 531 属 927 种。国家一级保护植物 3 种,国家二级保护植物 15 种,珍稀濒危植物 12 科 21 属 24 种。不少珍贵的奇花异木如黑壳楠、南方红豆杉、格氏栲、水松、黄山松、柳杉以及有"活化石"之美誉的中生代孑遗植物刺桫椤。瓜溪由 3 600 株刺桫椤组成的刺桫椤群落,犹显弥足珍贵。杜鹃花遍及群山。白云山的莲峰寺前的天池中有罕世之物——"午时莲"等珍稀植物。福安穆云畲族乡秀溪河畔的溪塔葡萄沟,绵延近 5 km,沟上绿荫蔽日,沟下流水潺潺,被誉为"全国三大葡萄沟之一"。

太姥山园区内竹类植物生长茂盛,尤以山岳区的修竹茂林,具有较高的观赏价值,罕见的方竹、黑竹、倒枝竹等形态各异,生命力强。在杨家溪下游渡头村边有两片枫香林,其面积共有约 17 hm²,现有 1.1 万株枫树,为江南最大的纯枫香林。渡头村榕树,树龄高者达 900 年,据考证,也是全球纬度最北的一片榕树林。

5.3.17.2 动物物种的典型性、多样性、系统性和珍稀性

白水洋园区内拥有多种珍稀濒危保护动物,在现有181种陆生脊椎动物中,属国家重点保护野生动物的有12种,省级重点保护野生动物有15种。宜洋自然保护区是我国唯一的鸳鸯猕猴自然保护区。园区内还有国家一级保护的金钱云豹,国际二类濒危动物苏门羚,国家二级保护的大蟒蛇、穿山甲、岩燕鹿、白鹇、翠鸟、相思鸟、长尾雉、毛冠鹿等。

白云山公园内有脊椎动物77科163种,其中有列为国家一类保护动物的云豹、蟒蛇、赤魟中华鲟;国际二类濒危动物苏门羚;被列为二类保护动物的猕猴、大灵猫(九节狸)、山羊、穿山甲、鸳鸯、红隼、鸢、小鳂、虎纹蛙等。上百只猕猴在黄兰溪生息繁衍,深邃的峡谷成为猕猴的乐园。

太姥山园区内大嵛山岛东北海面上有一鸟岛,栖息着成千上万只海鸥和其他鸟类,乍然飞起,十分壮观。福瑶列岛北侧广阔海域水深不足10 m,其中鱼类甚多,不乏名贵鱼种,有黄鱼、带鱼、石斑鱼、鲈鱼、对虾、梭子蟹、青蟹、乌贼等,是海钓的优良场所。

5.4 国家地质公园

5.4.1 福建德化石牛山国家地质公园

5.4.1.1 概况

德化石牛山地质公园由石牛山、岱仙、浐溪3个景区组成。石牛山(见图5-11)位于福建中部戴云山区,大樟溪上游,泉州市北面。东与福州市永泰县、莆田市仙游县界连,南与永春县毗邻,西与三明市大田县接壤,北与三明市尤溪县相邻。主峰海拔1 781 m,因山上一石似牛而得名。地质公园类型为潜火山岩地貌、火山地质地貌。石

图5-11 德化石牛山

牛山火山构造洼地居于戴云山巨形环状火山构造的核部。福安—南靖北东向、闽江口—永定北东东向、三明—湄洲岛北西向及浦城—永泰嵩口南北向断裂带交汇地带,平面上呈梨形,四周大多被弧形断裂和潜火山岩墙(脉)所围限。区内所见是石牛山火山构造洼地西侧的小部分,呈半圆状,直径约15 km。近似倒放梨形影像,环形边界清楚。地貌上洼地外围呈低缓山岭,围绕洼地发育环状水系,洼地内为高耸陡峭山峰,形成奇峰异景,成为很有潜力的旅游景区。水系也由洼地中心向四周奔流,而更为醒目的是,洼地周边发育有一系列环状、放射状断裂及潜火山岩墙脉,尤显特色。

地质地貌景观是典型完整的放射状的火山塌陷盆地,其主要地质景观有石牛山水蚀花岗岩石蛋地貌、崩塌堆积地貌、晚白垩世石牛山组层型剖面、石牛山复活式破火山口、粒状碎斑熔岩、潜火山岩的垂直分带、瀑布溪流等水体景观,是进行科学研究及科普教育的基地。公园总面积86.82 km^2,主要地质遗迹面积34.15 km^2。

石牛山地区的森林、竹海、中山湿地、峭壁、象形石、瀑布、溪流,动静之间,组成自然界

最具动感和变幻的壮丽画卷,是人们登山观日、拾趣郊游、科考探险、地学科普的理想去处,具有巨大的开发利用价值和科学研究意义。

5.4.1.2 典型地质特征

(1)晚白垩世石牛山组层型剖面。

晚白垩世石牛山组,命名地点是东南沿海地区白垩世火山喷发最后一个旋回的产物,以紫红色岩层为特征,下段沉积岩,上段火山岩,自下而上组成一个完整的沉积—喷发旋回。下段紫红色沉积岩总体由下至上碎屑物粒度由粗至细呈韵律变化;上段以紫红色流纹质熔结凝灰岩夹流纹岩、沉火山角砾岩、凝灰质含砾砂岩、凝灰质砂岩、细砂岩,晚期为侵出的酸性碎斑熔岩和潜火山岩,构成3个爆发—喷溢的韵律,最后为酸性岩浆侵出、侵入。

(2)粒状碎斑熔岩(见图5-12)。

粒状碎斑熔岩是本区首先命名的一类特殊火山岩,它发育在火山通道之中,属于侵出—溢流成因。

石牛山地区的粒状碎斑熔岩呈岩穹(见图5-13)产出,分布在火山通道相四周,产状内倾,熔结凝灰岩呈穿切或覆盖关系,表明它是继火山碎屑流相熔结凝灰岩之后侵出的岩穹。出露面积大。具有明显水平与垂直分带,从边缘向内部一般分为三个岩相带,即边缘为隐晶状碎斑熔岩,往内逐渐过渡为霏细状碎斑熔岩,至中心过渡为显微粒状碎斑熔岩,在垂直方向上也同样有分带特征。在地貌上,粒状碎斑熔岩的出现使山体突然变陡峻。

图5-12 粒状碎斑熔岩

图5-13 岩穹

(3)石牛山复活式破火山口(见图5-14)。

石牛山复活式破火山代表东南沿海白垩纪最后一期的火山喷发,代表中生代火山活动的衰亡阶段,其类型、规模、内容等方面在我国乃至全球均具有典型代表性。

(4)火山地貌(见图5-15)。

到石牛山旅游观赏的人们除感受自然环境外,最吸引他们目光的是周围的地貌景观。公园范围内拥有水蚀花岗岩石蛋地貌(见图5-16、图5-17)和崩塌堆积地貌景观。石牛山水蚀花岗岩石蛋地貌与国内同类型岩石地貌相比极为特殊。目前在我国对类似地貌的报道研究极少,仅极个别地方曾出现过水蚀花岗岩石蛋;而石牛山地区的水蚀花岗岩石蛋地貌分布面较广且多,在全球范围内极为罕见,具有很高的稀有性和典型性。

图 5-14 破火山口

图 5-15 火山地貌

图 5-16 花岗岩石蛋(一)

图 5-17 花岗岩石蛋(二)

崩塌崩裂的岩块相互堆积,形成十分壮观的倒石堆、滚石堆、崩积洞穴等崩塌堆积地貌(见图 5-18)景观。洞中有洞,洞洞有景,清澈的泉水终年不断。

(5)岱仙瀑布(见图 5-19)。

在水口镇湖坂村摘景,发源于石牛山的赤石溪,经过山势雄伟的飞仙山峰,沿着 139 m 高的峭壁,分两股飞泻而下,东为岱仙瀑布,西为油漏瀑布。岱仙瀑布单级落差高达 184 m 且长年不断流,急流直下,声若雷鸣,气派非凡,堪称华夏第一。油漏瀑布丰水期 110 m,垂直高差约 100 m,像一张镶在大石之间的银毯,阳光直射,恰似珠帘下垂。两处交相辉映,格外壮观。

图 5-18 崩塌堆积地貌

图 5-19 岱仙瀑布

5.4.1.3　人文景观

（1）石壶古寺,始建于明崇祯庚辰年(1640 年),1939 年兵乱中烧毁,近几年来已由侨胞、本县乡民集资修复。寺前有龙池,池内卧着石牛,在水中似沉似浮,形态逼真。

（2）龙湖寺,坐落于美湖乡上村龙湖山。相传僧人林自超,宋绍定三年(1230 年),梦见"异人"引他到泰湖山,事后寻觅到龙湖山(即泰湖山),见古木流泉,令人有超凡飘逸之感,乃登山创建龙湖寺。后圆寂于此,成为该寺鼻祖。该寺香火在明清时期即传薪台湾乃至海外。近年来经泉州市人民政府宗教管理部门批复同意,并在市、县两级政府有关部门以及海内外信徒的大力支持和帮助下,修通盘山公路 20 多 km,并复建寺宇。还召开有台湾地区及海外侨胞参加的闽台龙湖寺历史研究会,经多方考证认定,德化县龙湖寺是台湾三代祖师寺庙的发源地,即祖庙。

5.4.1.4　古建筑

德化,有"千年古县,中国瓷都"之美誉。主要古建筑有戴云寺、五华寺、石壶祖殿、华山宫、柱峰岩(含水尾官)、南埕教堂、水口教堂、厚德堡、邓氏家庙、锦屏堂。其中,厚德堡是德化县仅存的楼堡中最精美的一座,规模宏大、精工巧构、雕梁画栋、壁画生辉,是一部研究古建筑学、民俗学、地方史的珍贵"史书"。

5.4.1.5　古遗址、遗迹

主要有新石器时代美山、牛头寨、覆船山、后坪山遗址;宋元时代屈斗宫窑址;清代的瓷窑岭窑、瓷窑垄窑、瓷窑岐窑;宋末天平城;明清的大兴堡、长福堡、龙门寨、桂阳寨等;倚洋、上田、赤水、银矿烘冶冶炼遗址;塔兜石塔、承泽古桥、水口古井;唐五代以来的古墓葬:颜芳墓、陈汉墓、长基瑞坂宋墓群、龙峰岩僧墓、石牛山清代禅师墓、大白岩道士墓、戴云山海会塔僧墓;近现代革命旧址:省委旧址、岐山堂革命旧址、革命烈士之墓、革命纪念馆等。

5.4.1.6　价值分析与评价

石牛山国家地质公园代表东南沿海中生代火山活动衰亡阶段的最后一期火山喷发,它记录了火山爆发、塌陷、复活隆起的完整地质演化过程,其类型、规模、内容等方面在中国乃至全球均具有典型的代表性,是亚洲大陆边缘巨型火山带中的杰出代表。该公园是中国第四批国家地质公园,可为研究亚洲大陆边缘动力学提供火山学与岩石学的证据。优美的地貌景观、良好的生态环境和源远流长的人文景观为其特色,是集旅游观光、休闲度假、科研及科普教育于一体的综合性地质公园。

5.4.2　福建冠豸山丹霞地质地貌特征(见图 5-20 ~ 图 5-24)

5.4.2.1　地质概况

冠豸山国家地质公园面积为 104.67 km²,分为冠豸山园区和赖源园区两部分。冠豸山园区位于连城盆地东部,园区地层主要为白垩纪中晚期崇安组中冲积扇相的砾岩、沙砾岩,厚度达 1 233 m 以上。盆地内发育多组节理构造,相互交切,形成规模宏大的石墙群、平地拔起的单面山峰丛、壁立千仞的丹崖赤壁,蔚为壮观。

冠豸山所在的连城盆地发育在华夏古陆地质背景上,从古生代至中生代,完整发育了一套由海相演变为陆相的沉积地层。形成冠豸山丹霞的是晚白垩世崇安组红色陆相沉积。

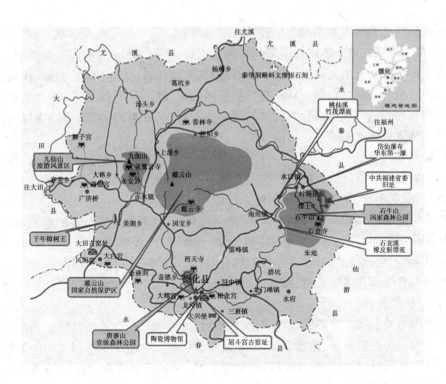

图 5-20　福建德化石牛山国家地质公园位置

图 5-21　气势恢弘的"水门墙",惊叹大自然的
鬼斧神工

图 5-22　水转山间走,山回水中行

图 5-23　清风徐来,石门湖面波光荡漾

图 5-24　镌刻"上游第一观"等
摩崖石刻的岩壁

冠豸山地处武夷山脉南端东南麓，玳瑁山脉西北侧，总的地势东部高，为低山，中部为丘陵，西部为连城盆地。区内丹霞最高峰为云霄岩，海拔 685 m。盆地东隅吕屋—冠豸山一带为上白垩统崇安组紫红色厚层—巨厚层砾岩、砂砾岩，经内、外动力地质作用，形成了堡峰、锥峰、墙峰、柱峰、石堡、石墙、石柱等正地貌以及线谷、巷谷、峡谷等负地貌，构成以紧闭型展布的峰丛－峡谷组合为特征的丹霞地貌景观，是福建中年早期单斜丹霞地貌的典型代表和宝贵的地质遗迹。国内外罕见。

赖源园区内有幽琴洞、仙云洞、石燕洞等 13 个大小溶洞组成，是我国东南沿海已知海拔最高的岩溶洞穴群。边石坝、石柱群、石瀑布等岩溶地质遗迹发育典型，岩溶系统复杂、曲折幽深、景观丰富，保持原始自然状态景观。

冠豸山地质公园具有多样地球演化、地质过程的证据，保存了独特的生物群落演替过程。公园是沉积岩石学、地质学、环境地质学、气候学、地貌学等学科难得的重要研究对象，是人们学习地球科学知识、培养人们热爱自然、保护环境观念的理想场所。公园具有重大科研科普价值和美学价值，极具保护价值。

5.4.2.2　价值分析

冠豸山地质公园具有多样地球演化、地质过程的证据，保存了独特的生物群落演替过程。该公园是沉积岩石学、地质学、环境地质学、气候学、地貌学等学科难得的重要研究对象，是人们学习地球科学知识，培养人们热爱自然、保护环境观念的理想场所。该公园具有重大科研、科普价值和美学价值，极具保护价值，也为发展以冠豸山为龙头的旅游产业创造了良好的机遇。

5.4.2.3　开发与建设情况

2011 年 4 月 12 日，福建连城冠豸山国家地质公园正式开园。福建连城冠豸山国家地质公园的建设是以保护地质遗迹资源、促进社会经济可持续发展的科学发展观为指导，融自然景观与人文景观于一体，遵循"在保护中开发，在开发中保护"的原则，从而达到生态效益、经济效益和社会效益的有机统一。它的建立不仅是保护地质遗迹、建设社会精神文明的需要，还为科学研究和普及科学知识提供了重要场所，是利用地质资源的一种新方式。此外，公园的建设还可以为科学研究和科学知识的普及提供重要场所，促进连城地区地质遗迹资源的永续利用。

5.4.3　福建永安国家地质公园

5.4.3.1　概况

永安国家地质公园位于福建省中部，东经 117°04′30″ ~ 117°26′30″，北纬 25°55′00″ ~ 26°06′30″。地质公园东起贡川镇大坂村，西至安砂水库金竹凹村，南起黄历街道吉峰村，北至大湖镇李坊村，总面积 220 km²。该地质公园具有丰富的地质地貌景观资源，有生物化石点、古人类文化遗址、奇特的象形山石、洞穴、湖泊与沼泽瀑布等，形成以桃源洞丹霞、大湖岩溶石林为主体，兼有紫云山花岗岩、天斗山沉积岩等地质遗迹的综合性地质大观园，从而成为福建省乃至全国地质院校师生的科教场所。其中桃源洞的一线天被上海大世界吉尼斯总部誉为世界上"最狭长的一线天"。此外，永安还有煤、铁、石灰石、重晶石等矿床和矿泉水、温泉等资源，以及被誉为"绿色基因库"的国家级自然保护区天宝岩。

这里古风遗韵，人杰地灵。境内出土的古石器记载着新石器时代祖先繁衍生息的历史，如国家重点文物保护单位——安贞堡，堪称清代建筑奇葩，还有明清贡川古镇城墙等5处省级文物保护单位，与西南重庆齐名的抗战文化遗址，以及被中国戏剧界喻为"戏剧活化石"的古老剧种"大腔戏"。

5.4.3.2 地层出露

园区地层出露齐全，除志留系缺失外，老自寒武系，新至新生界第四系全新统，多有出露分布，是福建省地层出露最齐全的地区之一。经《全国地层多重划分对比研究》确定的地层单位命名地，位于园区的就有8个（其中6个正成型剖面在园区）。其中，东坑口群、魏坊群、罗峰溪群是中国东南部长期地槽海侵时期结束的例证；园盘组、下渡组、坂头组、吉山组是中生代该时期地层出露最完整的地点，代表了中生代中国东南部内陆山区的古地理环境；第四纪晚更新世多处大熊猫、剑齿象古脊椎动物群化石的发现，第四系中更新统冰碛物的研究，代表了中国东南沿海地区古气候变化与古人类的变迁，说明了园区是一处典型的地质历史博物馆。

5.4.3.3 地貌景观

园区是一处综合性地质遗迹公园。丹霞地貌景观类型齐全，数量众多，分布相对集中。主要景观有岩堡、岩峰、岩柱、崖壁、线谷、巷谷、岩墙、曲流峡谷、崩塌堆积洞穴、剥蚀洞穴、瀑布等，并有世界级的桃源洞一线天，荣获2002年"大世界吉尼斯之最"。

桃源洞天属丹霞地貌整个景区以雄、险、奇、秀、幽构成的奇胜景观，入口处有高达120 m的削壁，顶端突出延伸（见图5-25），下部内倾，形成天然峡谷崖洞，其下溪流称为桃花洞，洞上石拱桥酷似洞口，入境后则有梯田的幽谷。因其曲径通幽，景若桃源，因而称之为"桃源洞"。现崖壁上有300多年前古人留下的"桃源洞口"四个大字。桃源洞似洞非洞，实为桃源洞天，这里景色极其优美，自宋代以来，就一直是一处著

图 5-25　桃源洞

名的风景名胜区。据历史记载，南宋宰相李纲于宋徽宗宣和元年（1119年）来此游览后，就将其美景与武夷并列。后历代文人墨客还都将其设想为陶渊明笔下的世外桃源，尤其明崇祯三年（1630年）著名旅行家徐霞客到此游览更是叹为观止："余所见一线天数处、武夷、黄山、浮盖，曾未见如此大而逼、远而整者。"并留下"一游胜读十年书"的感叹。徐霞客所提"一线天"其高68 m，全长127 m，最窄处0.4 m，为国内独有，被誉为中国"最狭长的一线天"。桃源洞天的奇岩怪石，深谷流水，构成优美的山水风光，良好的生态环境体现的丹霞景观在全国仅有的20余处以丹霞地貌为特色的风景名胜中也不多见。

鳞隐石林景区是典型的喀斯特地貌，景区内包括鳞隐石林、洪云山石林、十八洞等风景片，总面积1.85 km²，规模仅次于著名的云南石林，堪称全国第二，被评为国家重点风景名胜区。景区中的岩石表面多呈鱼鳞片状，又因"鳞隐"取"天故隐其迹"之意，故而得名。石林最初的开发可追溯至清雍正年间，由当地名士赖翘千、赖允升两兄弟历时六年在其中修整出道路，并建造了亭台楼阁及书院。景区内耸立着石芽、石锥、石柱、石笋等400

余座,最高达36 m。石林内植被丰富,宛若平地上生出的巨大盆景。怪石拟人状物,有"三鼎岩"、"望天星"、"石猴抱桃"、"黑熊护笋"、"八戒照镜"、"石龟探洞"、"老虎扑石"、"玉兔望月"、"古钟悬挂"等景点。石林中还有一巨大峭壁,约长200 m,高50 m,经千万年风雕雨蚀,雕琢出的图案恍若敦煌壁画,耐人寻味。除地上石林外,地下溶洞也值得一探。溶洞称为"冰室",方圆数丈,可容百人,盛夏入内则暑气全消。其中十八洞位于鳞隐石林入口处的黄狮岩内,分上、中、下三层。主洞长217 m,支洞不计其数,洞中有洞,状若迷宫。洞中钟乳千姿百态,加之内有一泓清泉,在石林景观中颇为罕见。

洪云山石林距鳞隐石林1.5 km,面积约0.56 km²。这里的石林并不十分高大,但地表有溶斗洼地,布满多种形态的石芽和石柱,汇集于洼地内的地表水流通过灰岩裂隙下渗,自其下部的洪云洞流出,清澈泉流终年不断。洪云洞内的钟乳石等化学溶积物仍在发育之中,具有很高的观赏价值和研究价值。主要景点有"桃源活水"、"岩峡岩"、"金鸡报晓"、"松鼠伏壁"等30多处。

典型地层剖面众多。其他地质遗迹多样,大型矿业遗迹、典型构造、古生物、地热温泉、碳酸矿泉等。地质遗迹不仅类型多,景观优美,而且每种类型的形成过程阶段都保留有相应的遗迹,系统而完整。对于研究遗迹的形成发育,以及科学研究与科学普及都具有重要意义。

5.4.3.4 配套景观

配套景观丰富,有抗日战争时期福建省政府的驻地吉山,国家自然保护区天宝岩,国家重点文物保护单位安贞堡,大型人造景观安砂水电站的水库、大坝,明代古城贡川镇、翠园、屋桥会清桥,宋、明、清古建筑等。园区各类地质遗迹多属完整性景观,目前仍处于自然状态,未遭到人为破坏。园区总体规划共划分为桃源洞、大湖两个园区,桃源洞口、百丈岩、走马岩、栟榈潭、鳞隐石林、洪云石林、寿春岩石林、石洞寒泉石林8个景区,18个景群,153个主要景观及组合。园区面积达220 km²,其中核心游览区面积9.33 km²。

5.4.3.5 价值分析

福建永安国家地质公园不仅集岩溶景观的山景、洞景、水景,丹霞地貌的各种形态于一体,系统完整,具有极高的科学价值,而且每种类型均有自己的代表性景观,具有国内外的典型性、稀有性。公园自然环境条件优美,具有较为完整的开发基础。

5.4.4 福建白云山国家地质公园

5.4.4.1 概况

福建白云山位于福安市西北部,与寿宁、周宁等县毗邻,位于晓阳镇前洋境内,距市区50多km,因白云常绕而得名。景区总面积为95.88 km²。景区内1 000 m以上的高峰31座,其中,白云山主峰海拔1 450.3 m(见图5-26),是闽东第一高峰。其独特的地理环境和高山气候,造就了白云山佛光、云海以及珍稀植物午时莲等罕见景观的出现。而以白云山为中心,周围有

图5-26 白云山主峰

金钟山、鲤鱼溪、八仙过海、九龙洞、锁泉寺、晓阳太后公厅、五显大帝宫、黄兰溪峡谷、地下迷宫银坑洞、溪塔畲村葡萄沟、茶叶名村坦洋等景点。登上主峰极目远眺,方圆百里一览无余,四周群峰连绵,层峦叠嶂,云蒸霞蔚,令人心旷神怡。观日台观红日冉冉初升、亦幻亦真"佛光"胜景,令人浩气荡胸,神思飞扬。

峰顶怪石嶙峋,渡仙峰、雄狮峰、天门关惟妙惟肖。莲峰寺、观音阁、缪仙宫晨钟暮鼓,庄严肃穆,而白云山上以白云山四绝最具代表。白云山日出:白云山奇丽的日出分静动两种,一种是云海日出,一种是天气晴朗时的山峦日出,两种日出各有千秋,但云海日出略显变化,因为云是一首流动的旋律,能将旭日奏响音符,每年6~9月是观看云海日出最佳的时间。白云山云海:是白云山的一大奇观,山中云雾缭绕,变幻莫测,似海非海,如波似浪,此起彼伏,万里云海,疑是天上。白云山佛光:见于白云山最高顶峰,首次发现于1987年,每年农历六月初一左右频繁出现,其出现次数与持续时间,在国内外都是罕见的。白云山午时莲:生长于白云山顶天池,为野生中国睡莲。每至夏秋午时开花,过午而沉,次日复出,花呈黄白色,花开之时,噼啪声大作,移植他处,则无法存活,为白云山一级珍稀植物景观。

5.4.4.2　特色景点

在福建省福安市白云山蟾溪龙亭峡谷长达10 km以上的溪段间,分布着上千个奇形怪状的石臼,如爱心石臼、阴阳石臼、蝌蚪石臼、漏斗石臼、连环石臼、天眼石臼等,犹如雕塑艺术的大观园。目前,对这一千古奇观发现的报道在国内引起了轰动。中国地质科学研究人员判断石臼应为"冰臼"。研究人员推算,距今200万~300万年前的第四纪早期,这一带曾被冰川覆盖。

5.4.4.3　自然风光

白云山风景区以其风光秀美而倾倒了无数游客。景区内山峰雄伟挺拔,洞穴曲折幽深,峡谷险峻幽深,在其间漫步穿行,奇观迭出,令人流连忘返。

白云山主峰是闽东的两大高峰之一,海拔1 488 m,因白云常绕其峰而得名。清光绪年间《福安县志》载:"白云山……山最高,为闽东第一山。上有庵,常积雪不散。登绝顶俯瞰城邑川海,如在宇下。"如书中所云,白云山群峰耸峙,气势磅礴。山腰间时常云障雾绕,主峰缪仙峰则突兀苍穹,登临绝顶,三百里方圆一览无余。晴日远望,如同仙姬下凡,拥翠裙绫罗婷婷玉立;腊月下雪,则好比仙姑降临,红妆素裹,分外妖娆,南方雪景,唯此处可供。

九龙洞景区石岩林立,遍布四周,薄雾缭绕之时,能给人以身临仙境之感。这里的鬼斧神工,相传为缪仙公收伏九龙之遗迹。入洞观之,仿佛进入一个迷宫般的世界,洞连洞,洞套洞,洞内藏潭,洞间有瀑布。洞间通道,有平展如镜者,夏天行步其间,则暑气全消,心旷神怡;有壁立数丈、羊肠透迤、非有绳索系之,不敢攀援,纵有子龙之胆,亦令人惊悸汗滴。

5.4.4.4　独具特色的地质奇观

白云山集火山岩、晶洞碱长花岗岩地质地貌和峡谷深切曲流地貌、河床侵蚀地貌等多种典型独特的地质景观于一体,地质资源丰富奇特,是一座天然的地质公园。据中科院地质研究所专家的考察,白云山的地质地貌集中体现了花岗岩、火山岩的河谷侵蚀地貌,其规模之巨大、种类之齐全、形态之丰富极为罕见。

另有一些学者提出"壶穴"说,认为白云山独特的地质地貌是距今 180 万年的远古以来,经流水长期侵蚀逐渐形成的。学者们认为,蟾溪、龙亭溪河谷规模巨大、分布集中、类型丰富、发育系统的河床侵蚀地貌,特别是形态各异的"壶穴"、流水冲蚀弧形凹槽及引人入胜的河谷洞穴奇观,具有很高的观赏价值和科普价值,对研究新构造运动、水动力学、流水侵蚀作用以及壶穴发育演化等都具有很高的地学研究价值。

景区内的景观都具有独特的地质价值。景区中典型的中生代晚期酸性火山岩组成的火山岩山岳地貌,白云山破火山、笔架山穹状火山地貌,发育于火山岩、晶洞花岗岩的峰丛、石柱、石脊、崖壁及各类肖形石等地貌,都独具特色。龙亭溪罕见地发育于晶洞碱长花岗岩、正长花岗岩的深切峡谷曲流地貌,峡深壁陡,垂直峭壁高差最大达 400 多 m,水位落差近 300 m。

5.4.4.5　引人入胜的人文景观

一湖丽水:指的是拥有水面面积 160 多 hm² 的黄兰溪水库,其间,散落着十几个山头,恍如朵朵莲花点缀着波光潋滟的高山人工湖泊。

5.4.4.6　冰川遗迹

福州大学地质专家施满堂教授等人在福建省福安白云山考察古冰川遗迹时,发现了这一奇特的地质现象,而且还找到了岩石由于严重的塑性变形,发生褶皱、扭切,形成韧性剪切带。

专家指出,这对判断是否有古冰川遗迹的存在提供了一个非常重要的科学依据,即韧性剪切带的存在就意味着曾发生古冰川活动。

5.4.4.7　价值分析

福建省地质调查研究院在实地勘查后认为,福安白云山是集晶洞碱长花岗岩地貌、火山岩地质地貌、峡谷及深切曲流地貌、河床侵蚀地貌、水体景观及人文景观于一体的综合性地质公园。其中,大型河谷洞穴群极具科学研究和观赏价值。国内知名地质专家考察后认为,白云山的自然与人文景观相融合,具备了典型性、科考性、稀有性和美学观赏价值,地貌特征十分罕见,确属全球稀有的地质奇观。

5.4.5　福建宁化天鹅洞群国家地质公园

5.4.5.1　概况

福建宁化天鹅洞群国家地质公园位于福建省西部宁化县境内,与江西省石城县交界。地理坐标为北纬 26°10′~26°30′、东经 116°26′~117°00′。园区面积约 248 km²。园区以岩溶地貌景观为主,另有白恶纪河蚌、龟类地层化石、更新世古脊椎动物化石、古人类遗迹和丹霞地貌景观;岩溶地貌类型发育齐全。集山景、洞景、水景于一体,以"奇、险、幽、深、美"为特性。洞穴景观具有美学观赏型、考古陈列型、水洞型等,尤其是神风龙宫洞内的水中石林是国内外罕见的;核心区在 16 km² 范围内,发育了上百个岩溶洞穴,洞穴化程度达 30 500 m/km²,水平洞穴保存了 4 层以上,显示了岩溶发育的历史,较完整地表现出热带、亚热带岩溶发育的基本特征。岩溶湖(蛟湖)长 150 m,宽 100 m,水深达 103 m,也是十分独特的。园区尚有独特的人文景观,如世界 1.2 亿客家人祖籍地、红军革命苏区等。

5.4.5.2 自然景观

洞群由天鹅洞、神风洞地下河、石屏洞、水晶洞、山洞一线天等近百个风貌各异的溶洞组成,洞内景观幽奥、千奇百怪、流光溢彩、水天一色、变幻莫测(见图5-27~图5-30)。经国家地质矿产部岩溶地质研究所专家考察论证,天鹅洞群"其洞群规模之大、溶洞数量之多、洞穴分布之密、岩溶景观发育之完善为福建之冠",并誉为"中国东南地区罕见的洞群世界"。洞群中尤以溶洞地下河水中石林在国内独树一帜,洞内钟乳石丰富密集,岩溶造型奇特精巧、种类繁多,被福建省旅游资源科学考察组专家称为"福建省首屈一指地下岩溶艺术博物馆"。

图5-27　瑶池仙境

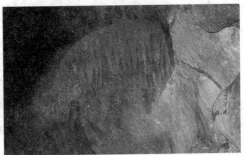

图5-28　圆顶仙帐

图5-29　九天飞瀑

图5-30　天鹅洞

2003年8月,宁化天鹅洞被福建省国土资源厅列为省级地质公园;2004年3月,宁化天鹅洞被国家国土资源部列为第三批国家地质公园。这是目前唯一获此殊荣的福建岩溶洞群景观。

另一地下河旅游溶洞神风洞(见图5-31),洞长5华里,由一条地下暗河与三个旱厅组成,洞厅宽阔雄浑、缥缈神秘。深藏于天鹅山下的地下长河,却以其上万平方米水域面积和数千米长的河道堪称福建唯一,更以林立于河道内的水中石林为中国仅有。泛舟河内,宽处如浩瀚西湖,窄处又如蜿蜒曲折、奇险的长江三峡。那伫立于河面上的水中石林,成群成片,规模宏大,造型各异,如鸟似兽,如人似物,千姿百态。船行其间,手可触摸光滑如玉的石林石芽。抬头仰望,河穹挂满钟乳石,如满天繁星;俯首观水,七彩石林倒映其中,如龙宫仙境,更似"海上桂林"的越南下龙湾。

此外,还有其他众多溶洞风韵独具,如融岩溶景观与佛教信仰于一体的洞天福地大慈岩,洞中矗立一尊巨型观音佛像,身高8 m,为省内观音塑像之最;险秀奇幽、纵横交错、楚声悦耳的石屏洞;"福建省保存最好、种类最丰富的晚更新世动物化石堆积层洞穴"的老

图 5-31　神风洞

虎岩,该洞被中科院科考人员查明有剑齿虎、剑齿象、大熊猫等 9 个目 30 余种古动物化石,是福建省动物化石的集中产地。在众多溶洞的地表,还点缀着福建最深(103 m)的天然内陆湖"蛟湖"、峰岸叠翠的"天鹅石林"及红军长征集结点锣鼓坪、澎湃县苏维埃旧址、红军医院等人文景观。

5.4.5.3　价值意义

宁化天鹅洞群被批准为国家地质公园后,奇特的胜景和内涵丰富的人文景观将得到进一步开发,对其形貌独特的地质遗迹和源远流长的客家文化的研究保护都具有重要意义。

5.4.6　福建晋江深沪湾国家地质公园

5.4.6.1　地质概况

福建晋江深沪湾国家地质公园位于福建省晋江市南部海滨,东濒台湾海峡,金门岛历历在目。地理坐标东经 118°34′18″~118°40′54″,北纬 24°30′49″~24°41′27″,面积 68 km²。

园内有距今 7 000~8 000 年的海底古森林与距今 15 000~25 000 年的古牡蛎礁遗迹共生奇观,是世界上独一无二的奇观,与古泻湖(龙湖、虺湖)一起是研究我国东南沿海乃至全球晚更新世以来海平面升降、地壳变动及古气候变化的重要依据。

公园地处福建东南沿海的长乐—南澳中生代大型韧性剪切带内,该带是欧亚大陆东南缘规模最大、时代最新的剪切带。韧性剪切变形遗迹典型丰富,记录了一幅中生代地壳变动的绚丽图景,是研究中生代欧亚板块与太平洋板块相互作用的重要地区。

石圳海岸变质岩地貌:石川变质岩区是著名的平潭—南澳变质带的一部分。本区由于地处适宜的地理位置,有利的地貌部位,因此能够比较完整地保存并清楚展示其历经早古生代、中生代、新生代等漫长的地质历史演变过程和所经历的复杂的动力、热力变质作用,使之成为研究该构造带出露最为良好的地点。此外,变质岩区由于受海浪、风沙长期作用,形成的诸如浪蚀穴、风蚀壁龛、风动石、象形石等丰富多彩的海岸地貌现象,具有重大的科研价值,也是难得的科普教育基地。

公园内保留有沙质海岸、红土海岸及基岩海岸等多种类型的海岸地貌景观,由变质、变形花岗岩组成的基岩海岸,在浪蚀、风蚀及重力作用下,被塑造成千奇百怪极具观赏价值的象形石,是大自然雕塑的精美之作。从深沪湾到围头角,一系列沙质优良、坡度适宜的弧形海湾与基岩岬角相间出现,海滨风景别具一格。

5.4.6.2　历史文化和人文景观

(1)镇海宫。

镇海宫主祀七府千岁,七府千岁姓苏名德良,字子文,生于隋炀帝大业八年(公元612年),山西武邵人氏,唐太宗贞观十一年,时遇地方匪寇作乱,民不聊生,苏王爷乃号召十二兄弟,为民除害,因寡不敌众,不幸于同年九月十六日阵亡,太宗褒封其为十二尊王,代天巡狩。清康熙三十四年,东港仑仔顶开始奉祀七王爷,至今已300余年。镇海宫不论在木雕还是在石雕方面皆有精致的表现,庙前有一水池,由整体造型可见匠师的用心,尤其是庙中波浪形的神龛和以原木雕刻一体成形的龙柱,将木雕艺术发展至极高的境界。

(2)晋江施琅纪念馆。

施琅纪念馆设于晋江龙湖镇衙口村施氏大宗祠。以文献资料、图表及实物陈列介绍清代靖海将军施琅的生平与平定台湾、统一祖国的光辉业绩。展厅面积400 m²。

施氏宗祠是施琅于1687年重建的,三进五开间,硬山顶,砖石木结构,具有典型的闽南建筑风格。现为福建省文物保护单位。

(3)龙山寺。

龙山寺古名普现殿,又名天竺寺,俗称观音店。因位于安海型厝村北的龙山之麓,故而得名,是泉南著名的千年古刹,被列为全国重点佛教寺院之一。

相传该地原有一巨樟,浓荫盖地,夜发祥光,时人崇之。东汉时高僧一粒沙认为这是一棵异树神木,于是请工匠把它雕成了一尊千手千眼观音菩萨。隋越王皇泰年间(公元618~619年)始建寺奉祀。史载明天启三年(1623年)重修。

龙山寺现存建筑物为清康熙二十三年(1684年)由靖海侯施琅等捐资修葺。康熙五十七年又扩建,以后历有修葺。近年又再增修扩建。寺坐北朝南,由放生池、山门、钟鼓楼、前殿、拜亭所组成。东西两侧祠庙、斋厨、禅房……鳞次栉比,疏落有致。总占地面积4 250 m²。整座寺宇给人以幽深而开阔的感觉。

放生池位于寺前,与寺同建。山门两旁华表高耸,在庭前一块镶嵌入壁的大石碑上刻着"龙山宝地"四个大字。周围墙壁上镌有无数浮雕,精工细琢。庭院左边的钟楼顶端横架着一根檀香木,悬挂一只千斤重的古钟,古钟造型古朴,横腰镂刻着苍劲有力的楷书"天竺钟梵"四个字。"天竺钟梵"是安海的八景之一。

5.4.6.3　价值分析

深沪湾国家地质公园一直是地质学、地貌学、环境地质学、第四纪地质学及史前考古学所关注的热点地区,集海湾、岬角、湖于一体,是一处极具特色的地质科普旅游价值的滨海地质公园。

5.4.7 福建漳州滨海火山国家地质公园

福建漳州滨海火山国家地质公园景观见图5-32。

图5-32 福建漳州滨海火山国家地质公园景观

5.4.7.1 地质概况

漳州滨海火山风景名胜区地跨龙海、漳浦、东山,东临台湾海峡,北邻厦门以及漳州港区,南接广东汕头经济特区,海岸线曲折长近300 km,由3个半岛(古雷、六鳌、整尾)、多个海湾、多个岛屿组成,交通便捷,是很好的旅游胜地。这里主要有海蚀火山筒景观、火山喷气口群——海蚀埋藏型熔岩湖景观、海蚀玄武岩特大型柱状节理景观、花岗岩球状风化海蚀天"抽象画廊"景观、海蚀特型风动石群景观五大奇观和以赵家堡为主体的闽南古文化遗产,构成滨海地质公园、滨海奇石公园、滨海风动石公园和古民居大观园。漳州滨海火山地貌国家地质公园是我国第一批11个国家地质公园之一,也是我国唯一海洋地貌的火山公园;面积100多 km²,海岸线长达20多 km,主要分布在牛头山、林进屿、南碇岛、香山、烟墩山、前湖湾等及其海域。经专家考察,确认距今2 644万年至410万年,在漳州滨海地区曾经有3期15次的火山喷发,最终形成了世界极为罕见的、保存较为完美的、珍贵的火山地貌景观。

5.4.7.2 地质景观

(1)牛头山。

地质学者们有句俗语:中国古火山,北有五大莲池,南有牛头山。牛头山火山口犹如一个精致的火山盆景,是地球上难得的古火山地貌珍品。在牛头山火山口一侧的海滩上,有一片整齐的石蛋滩。有人以为这是火山弹,其实不然。火山弹是火山喷发射入空中的柔性岩浆物质,在空气中快速冷凝而成,而这片石蛋滩完全是石柱经海浪和海沙的冲刷所形成的。在另外一处海滩上情形大致相同,只是因地形等关系,它比前一处海滩受到更严重的风化。这形如西瓜的罕见造型,透露了火山地质运动的另一个信息:火山遗迹有相当部分留在了海底,然而这并非海底火山。地质学研究结果表明,漳州火山完全是陆地火山,这似乎令人难以置信。

(2)林进屿奇特岩石圈。

海中有两座火山岛,其中的一个小岛叫林进屿,面积0.16 km²,海拔为72.7 m。这个小岛暴露的侧面是中新世火山作用的一个代表剖面,这座岛屿完全是由火山多次喷发的物质堆积所形成的。专家考证,在距今2 861万年至1 541万年间,林进屿间歇性地持续爆发过至少4次强烈的火山喷发。在林进屿东面的海下,明显有两个还剩下小半圈的火山喷口状岩壁,火山口有可能就在这附近的水下。在林进屿的火山地貌中,最典型的就是一圈圈中间呈放射状的岩石圈。这在沿岸滨海地段也有分布,而在林进屿长仅400 m的海滩上,岩石圈大大小小成串分布了16个,这就是罕见的火山喷气口群。火山喷气口与火山喷发口大不相同,它喷出的不是炽热的岩浆和碎屑物,而是滚烫的水蒸气。关于这种喷气口是否有根,学者们还存在着争议,他们的探索仍在继续。在这里有一处构造十分典型的火山喷气口,凹下的中心是喷口,四周呈放射状,最外圈是凸起的围岩。当岩浆遇到水形成气体喷出时,温度非常高,在喷气停止后,岩浆逐步冷却凝固,凝固的岩浆由于收缩产生均匀的开裂,从而形成了放射状冷凝构造。如果火山喷气口在喷气时带出的物质较硬,喷气口中心就会留下高高突起的空心石柱,地质学称之为"喷气锥"。在林进屿的火山地貌中,另一种现象也十分奇特。有的石头上长满了疙瘩,有的石头上又出现一圈圈的凹洞。这些现象表明这里的岩层含水量较多,岩浆、水和空气构成了火山运动变化的主要社会关系。

（3）火山奇观南碇岛。

南碇岛面积仅 0.07 km²，最高处海拔 51.5 m，这是一座最为神奇的火山岛。走到这里，仿佛钻进了一片石柱丛林。据专家们初步测算，小岛上至少有 140 万根玄武岩石柱，如此巨大的玄武岩石柱群可谓世所罕见。专家们还惊奇地发现，这里的柱状玄武岩极其纯净。与漳州火山其他地方不同的是，南碇岛全是清一色的柱状玄武岩，在岛上找不到任何一块其他形状的岩石。这里的柱状玄武岩极其单一纯净，没有任何其他成分的岩石混入，主要都是碱性橄榄玄武岩。南碇岛的玄武岩石柱大致呈阶梯形向悬崖处分布，最为壮观的是岛上大片大片的悬崖峭壁全是由玄武岩石柱组成的，悬崖的高度一般为 20～50 m，密集排列的石柱像凝固的瀑布高高垂斜而下。

南碇岛可谓是一个柱状玄武岩的大千世界，各种不同形状的柱状玄武岩在这里都能看到，岛的周围有几个被海水冲蚀的洞穴直通小岛的复墙。南碇岛上的柱状玄武岩都是垂直于地面而且没有红土层也没有风化层，漳州火山地貌大多是多次喷发而形成的，而离海岸最远的南碇岛很可能是一次最强劲的火山喷发，而且是一次喷发而成。火山像在这里为地球开了一个小小的"天窗"，地下深处许多难得的信息通过这个"天窗"泄露出来，让人们大开眼界。

（4）神秘的海岛洞穴。

南碇岛石柱群一直延伸到海底，在水下意外发现了一个珊瑚家园。珊瑚被称做热带海底雨林，能在北纬 23°～24° 海域看到珊瑚群，显然火山是这个家园的缔造者。岛周围有不下 10 个被海水冲蚀的洞穴，直通小岛的腹腔。当地渔民传说这些洞中藏有怪兽，夜间还有人看到洞口闪烁的眼睛。走近一个洞口，洞口的岩壁直至顶部全部是玄武岩石柱，离洞口不远处出现了一尊大圆石柱，还是由一根根玄武岩石柱组成的，只是表面已被海浪冲刷得光溜圆滑。光滑的岩壁告诉我们这个洞穴完全是被海浪冲开的。来到漆黑的洞穴深处，所到之处只有石柱。洞中气息咸湿阴森，黑暗的前方没人知道是什么。在洞穴中，或者说是在石柱的缝隙中穿行，这时眼前突然出现了亮光，已从岛的西面穿岛而过，到达了岛的东面，深深的洞穴完全是一个柱状玄武岩世界。至此可以确定，整座岛屿就是一个巨大的玄武岩石柱群。火山世界充满神奇，而地球恰巧在漳州开了一个小小的"天窗"，流露出地下深处许多人们难得一见的秘密，因而漳州火山于 2001 年 3 月被国家正式列为国家地质公园。

5.4.8　福建福州寿山国家矿山公园

寿山石因产于福建省福州市北郊的寿山乡寿山村而得名。其历史悠久，闻名中外，是中国文化艺术瑰宝之一。过去把寿山石统称为叶蜡石，又称冻石，俗称图章石，在宝玉石学里属于彩石大类。在中国国石候选中，寿山石列为国石候选石之首。寿山石矿床赋存地质背景寿山石矿区位于福建寿山—峨眉中生代火山喷发盆地的西北部。矿体呈似层状、脉状、透镜状和不规则状，从地表向深部呈上大下小的楔状。长 300 m，宽 25 m，延伸 80 m 以上。矿体赋存于晚侏罗世至早白垩世的流纹质晶屑凝灰岩、熔结凝灰岩和含火山角砾岩等酸性火山碎屑岩与火山熔岩之中。交代型或交代 - 充填型寿山石矿体常密集分布于叶蜡石工业矿体中,充填型寿山石矿体呈脉状产于寿山叶蜡石矿区的外围(如高山一带)。

矿业遗迹是人类矿业活动的历史见证,是具有重要价值的历史文化遗产。矿业遗迹景观资源的开发与保护,对矿山公园的建设和可持续发展具有重要意义。本区属于中低火山地貌,各类矿业遗迹在典型性、稀有性、观赏性、科学价值、历史文化价值、开发利用功能等方面均具有较高的评价。除具有丰富的矿业遗迹景观资源外,还有丰富的自然景观资源和人文历史景观资源。区内溪流纵横,植被茂密,工业污染程度低,环境质量优良。投资回报率高,经济效益、生态效益、社会效益俱佳。

5.4.9 福建上杭紫金山国家地质公园

福建省上杭县紫金山矿田位于华南褶皱系以东,闽西南古生代拗陷以西,北东向宣和复式背斜与北西向上杭—云霄深断裂带的交汇部位。矿田内出露地层主要有早震旦楼子坝群、晚泥盆世天瓦崇组和桃子坑组、早石炭世林地组、早白垩世石帽山群及第四系。构造以宣和复式背斜和断裂为主。区内的燕山期岩浆活动强烈,主要出露岩体由早到晚分别为紫金山复式岩体、才溪岩体、四坊岩体和罗卜岭斑岩体。紫金山矿田的形成受断裂构造和火山构造的双重控制,金矿主要分布于高程 700 m 以上的氧化带,铜矿则主要分布于 650 m 以下的原生带内。中间过渡带中发现少量金铜矿体。主要蚀变类型有硅化、明矾石化、地开石化和绢云母化。

紫金山大型铜金矿床是我国发现的首例高硫浅成低温热液型(石英-明矾石型)矿床。在该矿床深部和边缘又相继发现了斑岩型矿床和低硫浅成低温热液型矿床,这在国内外尚属罕见,很具有代表性。该矿床的发现,对我国沿海中生代陆相火山岩地区的铜矿勘查具有十分重要的意义。

紫金山国家矿山公园利用紫金山地区独特的自然景观和金铜矿独有的魅力,实现了矿产资源开发、保护、利用的有机统一,体现了人与自然协调发展的宗旨,实现了环境保护与经济发展的共赢。

5.5 省级地质公园

5.5.1 清流温泉省级地质公园

清流温泉地质公园位于福建省西部,园区地理坐标为北纬 26°00′00″~26°20′00″、东经 116°45′00″~117°06′00″,面积约 220 km²。清流县境内温泉众多,共分布在 10 处天然地热出露点,主要地处嵩口镇,分高温泉、中温泉、低温泉三种。在相距 10 km 的范围内,日出水量达 3 000 多 t。主要有:嵩口镇高赖温泉,其泉眼出露独特,常年水温 84 ℃以上,属热氡疗养温泉,每升水含氡 640×10⁻¹⁰ 居里,日出水量 1 200 t 以上;月汤温泉,属硫磺疗养温泉,常年水温 63 ℃左右,日出水量在 700 t 左右;鲜水冷泉,属碳酸疗养矿泉,常年水温在 20 ℃左右,日出水量达 3 万多 t。同时,清流县地质地貌多样,集闽西北各种地质地貌之大成。以嵩口镇为中心 10 km 范围内有丹霞地貌北斗山、山川峡谷龙津河、火山地貌(玄武岩)黄沙口、喀斯特地貌九龙湖、花岗岩地貌大丰山。这些地质地貌区森林覆盖率达90%以上,都是原始森林和天然森林。1989年中科院古人类研究所专家在沙芜乡九龙湖畔的狐狸洞发掘的迄今为止省最早古人类化石"清流人",与台湾发掘的最早古人类化石"左镇人"同属旧石器晚期智人,是闽台同根的实证。清流县还是全国著名的21个苏区县之一,毛泽东、朱德、彭德怀等老一辈革命家在清流留下了众多遗迹和文物。

5.5.2　平和灵通山省级地质公园

平和灵通山省级地质公园位于平和县境内,地质公园范围东起安厚镇东川村益其头自然村、大溪镇坪塘村,西至大溪镇新荣水库、下村,南至大溪镇新荣村松柏自然村、宜盆村,北起大溪镇大松村楼下洋自然村。位于东经117°01′10″~117°15′15″,北纬24°04′20″~24°14′25″,总面积36.36 km²。平和灵通山省级地质公园在大地构造上处于环太平洋火山带西部的外带,园区内主要地质遗迹有灵通山火山峰丛地貌、崎坑古火山口穹窿、灵通山火山喷发盆地、南洋山火山凹地、石寨花岗岩石蛋地貌以及温泉等景观资源,地质遗迹类型较多,空间分布比较集中。该地质公园以灵通岩为中心,有七峰十寺十八景,以险峰、奇石、飘云、清泉为四大特色,是闽南、粤东地区著名的融观光、朝圣、休闲和度假为一体的旅游胜地。

5.6　国家地质公园保护与开发的研究

福建地质公园建设已取得长足的成效,但也存在着提高认识、完善管理等问题。

5.6.1　地质公园在建设中应引起注意的事项

5.6.1.1　重点保护地质遗迹的完整性

地质遗迹是地质公园的核心,没有地质遗迹就没有地质公园的存在。地质遗迹的种类多、品质好、品位高,地质公园的知名度就高。因此,保护地质遗迹是重中之重。

保护地质遗迹就是要保护它的原始状态、原有风貌,要从以下几个方面加以重视:

一是地质遗迹不得异地保管。异地保管失去了地质遗迹的真实性和自然美。

二是地质遗迹不得修补。地质遗迹的原始状态能真实、客观地反映地质作用和地质历史,进行修补就失去了地质现象的真实性。

三是地质遗迹分布区不能人为增加景点,否则就破坏了生态环境和自然美。

四是地质遗迹区不可搞大型建筑和施工,以免产生视角污染和对地质遗迹的破坏。

5.6.1.2　维护和强化整体山水、植被格局的连续性

地质遗迹有山水、植被为其整体环境的依托才显得有灵气,维护地质遗迹区域的山水格局的连续性和完整性是维护地质公园生态安全的一大关键。

中国古代胜境无一不与山水、植被格局的连续性相依存,因此在胜境区都明令禁止开山、砍伐、填河,以保证山水龙脉不受断损。

在工业化时代,随着矿山的开发,工厂的建设和道路修筑,水利工程的修建,丘岗山地的开发,造成了自然景观基质的破碎化,山脉被无情地切割,河流被任意切断,森林被大面

积地砍伐,造成了景观环境严重破环,人类与自然不再相和谐。因此,维护大地景观格局的连续性,维护自然过程的连续性是保护地质遗迹的首要任务。

5.6.1.3　保护和建立多样化乡土生态环境系统

大地景观是一个有生命的系统,是一个由多种生境构成的嵌合体,而其生命力就在于其多样性,哪怕是一颗无名小草,其对人类未来以及对地球生态系统的意义都是很大的。因此,应保护好地质公园的山丘、土岗、一丛乃至一颗树,被遗弃的村落残址,弃耕的荒滩、乱石山或低洼湿地,真正做到保护地质公园的一山一水、一草一木。

5.6.1.4　维护和恢复河道、湖岸的自然状态

河流水系是大地生命的血脉,是大地景观生态的主要基础。因此,要采取措施防止景区的水体污染、干旱断流、洪水等危害。对待地质公园及景区的水系景观方面要保持其自然美,主要应注意以下几方面:

一是尽量不用水泥护堤衬底。保持水体自然状态下的河床起伏多变,基质或泥或沙或石,丰富多彩,水流或急或慢,形成多种多样的生境组合,从而为多样水体植物和生物提供适宜的环境,也为地下水补给留下自然通道。

二是不要裁弯取直。古代风水最忌水流直泻僵硬,强调水流应曲曲有情,只有蜿蜒曲折的水流才有生气、有灵气。一条自然的河流必然有凹岸、凸岸,有深潭、浅滩和沙洲,这样的河流是生物多样性的景观基础,是降低河水流速、蓄洪涵水、削弱洪水的自然能力,是体现自然形态之美,为人类提供富有诗情画意的感知和体验空间。

三是不搞高坝蓄水。古代普遍采用低作堰的方式引导水流用于农业灌溉和生活,都江堰就是千古之作,还有湖南—广西边界的灵渠,江华县九龙泉汉代分水堰等,这种利用自然地势、因势利导的水利工程,既保存了河流的连续性,又充分利用了水资源,事实上河流是地球上唯一一个连续的自然元素,同时也是大地上各种景观之间的联结因素,因此景区应严禁高坝蓄水。

5.6.1.5　保护和恢复湿地

湿地是地球表层上由水、土和水域里湿生植物互相作用构成的生态系统,湿地不仅是人类最重要的生存环境,也是众多野生动植物的重要生态环境之一,因此对景区的大小湿地都要多加保护。

5.6.1.6　建立环境通道和非机动车绿色通道

实践证明,汽车运输的尾气对景区的环境污染是不可低估的,因此要防止非环保汽车进入景区,景区内尽量使用无铅、低硫的汽车或电动交通工具,严禁在景区核心区建筑公路。在景点与景点之间修建非机动车道和步行道,鼓励人们弃车从步,走生态和可持续发展的道路。

5.6.1.7　建立环境卫生保障系统

随着地质公园的建立和对游人的开放,景区的环境压力越来越大,当今人们崇尚生态旅游,节假日乃至常日游人蜂拥景区。人是一个个的污染源,每人在不间断地向空气排泄浊气、排泄屎便、丢弃垃圾等,超负荷接待游人,景区生态环境将受到严重的侵害。因此,要在景区建立环境卫生系统,设垃圾箱,建环保厕所,禁止在景区吸烟、乱丢垃圾,严禁游人摘花踏草等。另外,还要有相应的禁令和惩治规定,要有专人监督,保证景区有良好的

卫生环境。

5.6.2 建议与对策

与国外国家地质公园相比较,目前我国国家地质公园在设计规划、管理体制、组织形式、人员结构方面均与国外先进做法还存在差距,福建也有类似情况须在以下几个方面做进一步的完善。

5.6.2.1 做好地质公园规划,促进地质公园健康发展

提高对国家地质公园规划设计的要求。在现有《国家地质公园总体规划工作指南》的基础上,在实践中不断完善,力求与世界地质公园规划要求相接轨,以便下一步申报世界地质公园。国家地质公园审批部门对地质公园的规划设计要严格要求,做到建设不重复、不浪费。

地质公园规划的指导思想应以独特的地质遗迹资源为主体,充分利用各种自然与人文旅游资源,在保护的前提下合理规划布局,适度开发建设,为人们提供旅游观光、休闲度假、保健疗养、科学研究、教育普及、文化娱乐的场所;以开展地质旅游促进地区经济发展为宗旨,逐步提高经济效益、生态环境效益和社会效益。

地质公园规划应遵循以下基本原则:①地质公园应以地质遗迹资源为主体,突出自然情趣、山野风韵观光和保健旅游等多种功能,因地制宜,发挥自身优势,形成独特风格和地域特色的科学公园;②以保护地质遗迹资源为前提,遵循开发与保护相结合的原则,严格保护自然与文化遗产,保护原有的景观特征和地方特色,维护生态环境的良性循环,防止污染和其他地质灾害,坚持可持续发展;③为促进当地经济社会的可持续发展服务,依据地质等自然景观资源与人文旅游资源特征、环境条件、历史状况、现状特色,以及国民经济和社会发展趋势,以旅游市场为导向,总体规划布局,统筹安排建设项目,切实注重发展经济的实效;④要协调处理好景区环境效益、社会效益和经济效益之间的关系,以及景区开发建设与社会需求的关系,努力创造一个风景优美、设施完善、社会文明、生态环境良好、景观形象和旅游观光魅力独特、人与自然协调发展的地质公园。

地质公园功能分区包括生态保护区、特别景观保护区、史迹保护区、风景游览区和发展控制区。其中,特别景观保护区(包括保护点和保护带)还可细分为一级保护区、二级保护区和三级保护区。

5.6.2.2 做好地质公园管理

地质遗迹保护区的管理根据地质遗迹保护区类型、级别、分布地点和重要性的不同,地矿行政主管部门组织专门机构(或委托在地质遗迹分布区已经建立其他自然保护区的管理机构),依法对保护区内的各项活动(科研、旅游、教学等)进行管理,并对区内各种保护对象进行监测、保护,防止(或防治)人为(或自然)因素造成的破坏和环境恶化。

(1)根据国家有关法律、法令和条例,制定保护区具体的管理办法与规定,充分运用法律手段,依法做好保护区的管理保护工作。

(2)利用各种宣传工具和手段,对准许进入保护区的每一个人进行爱护保护区—草一木的教育,是做好保护区管理保护的有效方法。首先,通过宣传教育可以增强保护区群众和游人保护地质遗迹的意识,提高保护遗迹的自觉性;其次,宣传活动传授了保护区有

关地质遗迹的科学知识,有利于科学普及,发挥保护区应有的社会效益。

(3)实行科学管理,把管理、保护、科研、开发、科普结合起来,做到相互协作、相互依存和相互促进。充分利用现代管理手段,把保护区内的地质、地理和生物信息及时输入计算机进行监控;对考察、科研、教学、旅游、试验等各种活动及人员流动情况及时统计、分析;对管理、开发新动向,新成果与新发现等及时宣传;发挥各方面的积极性,争取多方合作,深入研究保护区悬而未决的问题;进行管理工作的研究,使保护区各项管理工作不断完善。

5.6.2.3 引入市场机制,多渠道筹集建立地质公园资金

目前,我国还是发展中国家,国家不可能一下拿出许多资金投入到地质遗迹资源保护和建设中去。因此,应积极制定一些引导性政策,在地质遗迹资源开发中培育、形成市场机制,拓宽开发资金的融资渠道;吸引社会资金参与投资,积极争取国际有关基金援助等。随着我国经济结构的调整,将会有大量的流动资金寻求投资对象,地质遗迹资源有着其独特的社会效益和经济效益的双重优势,将会对这些资金产生巨大的吸引力。

5.6.2.4 提高对建设国家地质公园的认识

要在民众中培养珍惜地质遗迹的风尚,提高依法保护地质遗迹的自觉性;国家地质公园的管理工作人员和各级主管部门要认识到建设国家地质公园不仅是保护地质遗迹的重要手段,也是对民众进行科学教育的一块重要阵地,同时也是发展地方经济的积极因素。

5.6.2.5 强调国家地质公园保护地质遗迹的目的性

针对我国有重要科研、科普、经济价值的地质遗迹的数量较多,地质遗迹遭受的破坏程度较大的现状,国家地质公园的建设步伐要加快。同时,由于各种自然资源相互依附,一般不能独立存在的特性,造成了一个地区既是地质遗迹保护区,又是自然保护区、风景名胜区,并且分别隶属不同的主管部门,在建设国家地质公园时,要充分考虑到这一情况,力求国家地质公园建设完成后,能切实发挥对地质遗迹的保护作用,真正实现"在开发中保护,在保护中开发"。

5.6.2.6 提高国家地质公园管理工作人员素质

国家地质公园的管理工作人员不仅是地质遗迹的保护者,也是科学普及教育的实施者,同时还是公园的经营管理者,因而提高他们的自身素质,是更好地进行科学普及教育、开展科学研究、保护地质遗迹的必要前提。

保护和合理利用地质遗迹是全社会的共同责任,也是我们这一代人造福后代人的不容推辞的历史使命。建设好国家地质公园是完成这一使命的必要措施,因此加快地质公园建设步伐是当务之急。

第6章 福建地质遗迹开发与保护

地质遗迹是在地球演化过程中由地质作用形成的不可再生的自然遗产,是地球历史的"档案"和地球学科研究的依据,是自然资源或生态环境的重要组成部分。

福建地处欧亚大陆板块东南缘,濒临太平洋板块。自 27 亿年前的晚太古代以来,在漫长的地质历程中,频繁的地壳运动、岩浆活动和风化、剥蚀、搬运、沉积等内外地质作用,形成一幅幅或雄奇俊伟或清秀可人的地质景观,还有众多的揭示生命进程的各类古生物化石,为人们旅游观光、探索地球奥秘留下了不可再得的宝贵遗产。不同的岩石由于所处的不同的构造位置,产生了不同的地质作用,从而形成了各具特色的地质遗迹,据其功能可分为观赏型的地貌景观和具有科学考察价值的特殊地质现象。前者主要有丹霞地貌景观、花岗岩地貌景观、岩溶地貌景观、火山岩地貌景观、海蚀地貌景观、溪湖地貌景观。后者有典型的化石剖面和古火山机构。丰富的地质遗迹有的已经闻名遐迩,这些地质遗迹在福建显得尤其珍稀,价值更为彰显,其中一些具有重要的科学研究价值和观赏价值,在中外地学界享有极高声誉。

世界不少国家以把地质遗迹比较集中的区域建成地质公园,形成保护与开发的良性循环。只有在各市、县、省乃至全国对其地质遗迹的分布、数量、类型、特征、环境保护、开发程度有一个清楚的认识的情况下,政府才可以做出保护规划以及指导开发,指导企业投资,人们也可以了解地质特征、提高科学素质,科技人员可以作为研究的资料来源。地质遗迹是不可再生的资源,是全人类的共同财富,地质遗迹保护是社会的责任,保护的最好办法是建立地质公园。建立地质遗迹资源数据库是保护、规划、开发和合理利用的基础工作,也是推进地质遗迹的科学研究和地学普及的重要手段。

6.1 福建地质遗迹保护工作现状

1979 年以前,福建地质遗迹主要得益于省内风景名胜区、自然保护区、文物保护等单位的保护。专项的地质遗迹保护建设工作始于 20 世纪 80 年代,特别是 20 世纪 90 年代以来,地质遗迹保护工作得到了省政府和地方各级政府的高度重视,申报批准和建设了一批地质公园、矿山公园和地质遗迹自然保护区,全省地质遗迹保护工作跃上了新的台阶,也对福建省科学文化、社会经济和生态环境的全面协调发展产生了积极的推动作用。主要反映在以下几方面。

6.1.1 地质遗迹调查基本完成

近年来开展了新一轮全省地质遗迹调查,进一步摸清了地质遗迹资源家底,重点筛选出省内具有代表性的地质遗迹,更新了福建省地质遗迹资源数据库。

6.1.2　地质遗迹保护工作稳步推进

福建把地质公园、矿山公园和地质遗迹保护区的建设纳入到了生态省建设范畴,成为生态文明建设的重要组成部分。截至 2010 年底,全省已陆续建成或经批准的世界地质公园有 3 处,国家地质公园有 3 处,建设省级地质公园 4 处。

6.1.3　地质遗迹保护管理制度基本建立

根据联合国教科文组织和国土资源部提出的地质遗迹保护要求和管理框架,福建省把地质遗迹保护工作纳入了各级地方政府国土资源管理部门的职责范畴,明确了管理者的职责与权力。由省国土资源厅和地方各级国土资源局主管、地方旅游局等单位参与的地质遗迹管理体制初步形成,相关的管理办法、技术规范正趋于完善。

6.2　地质遗迹保护存在的问题

早期的国家风景名胜区、森林公园、自然保护区的建设,对我国的地质遗迹保护工作起到了积极的促进作用。但是由于我国地质遗迹资源保护的法律法规相对滞后,加之宣传力度不够,国民的地质遗迹资源保护意识比较淡薄,管理部门和行政人员没有理顺好开发与保护的关系,致使许多有价值的地质遗迹资源遭到破坏。地质遗迹资源的保护还存在许多问题,主要表现在以下方面:

(1)地质遗迹资源详细完整的资料还不是很完善。管理部门和行政人员还没有理顺开发与保护的关系,影响了地质遗迹资源保护工作的开展。

(2)地质遗迹资源保护区数量过少。许多有价值的地质遗迹资源尚未得到有效保护。虽然已建立起多个地质遗迹资源保护区,但数目上仍然很少。

(3)地质遗迹资源面临破坏的危险。一些具有重要科研价值的古生物化石遗产地和具有高品位美学观赏价值的地质地貌景观遭到了不同程度的破坏,造成其科学研究价值和自然观赏价值的降低。一些未被正式保护的地质遗迹目前正面临工程建设、采矿和土地复垦等人为活动造成损坏的威胁。因此,对它们的保护工作迫在眉睫。

(4)相关管理机构不健全,管理职责不到位。地质旅游的兴旺凸显了地质遗迹资源的经济价值,暂时与长远的利益冲突加剧。个别地方重视凭借遗迹资源,加速旅游业的发展,以此带动地方经济的发展,而忽视对地质遗迹资源的保护。

(5)缺少专项保护经费,严重制约了地质遗迹资源保护工作的开展。因为地质遗迹面积大、分布范围广、发现的偶然性大,保护所需要的资金也很大。目前没有专门地质遗迹保护资金(国家环保局、林业部、国家海洋局都有保护区专项资金),对很多地质遗迹破坏的情况束手无策。

(6)由少量地学专业人员和导游人员构成的地学科普队伍力量还很薄弱,全面传播地质遗迹的地学科普知识信息有限,全社会对地质遗迹的认识和保护意识不高。地质遗迹与地学知识对社会经济可持续发展的正面影响还不突出。自八十年代以后,虽然对地质遗迹的保护越来越加重视,但是在地质遗迹的保护方面与国际接轨的程度仍然不高,并且由于我国与欧美国家不同的经济体制,造成我国的保护工作仍存在很多问题。

(7)地质遗迹是地质公园建设的基础,其自然属性、价值属性、保护管理基础、开发条件等特征要素直接决定了地质公园的品级和规模。所以,在地质公园建设与发展中,地质遗迹的调查与评价工作至关重要。现有地质遗迹评价研究要么过于重视地质遗迹的科学价值,要么将地质遗迹等同于一般旅游资源,过于重视其美学价值而忽视其科学价值,用一般的旅游资源评价指标对其评价。地质遗迹资源在开发方面也存在同样的问题,地质遗迹价值没有引起足够的重视,有待于提高其开发水平。

(8)地质公园在经营与管理中对地质遗迹资源资产的关系需要理顺,地质遗迹资源资产的保值与增值,有待于进一步提升。

6.3　地质遗迹分布特征科学分类与保护分类方法

由于地质遗迹的分类和开发与保护不相适宜,特提出按地质遗迹分布特征科学分类开发与保护构想。

6.3.1　现有的地质遗迹保护分类方法

6.3.1.1　国家《地质遗迹保护管理规定》(1995 年)

1995 年中华人民共和国地质矿产部发布了《地质遗迹保护管理规定》,该《规定》第九条从宏观上对地质遗迹保护区分三级:国家级、省级、县级。《规定》第十一条还对保护区内的地质遗迹按保护程度也分为三级:一级保护、二级保护、三级保护。其中

一级保护:对国际或国内具有极为罕见和重要科学价值的地质遗迹实施一级保护,非经批准不得入内。经设立该级地质遗迹保护区的人民政府地质矿产行政主管部门批准,可组织进行参观、科研或国际间的交往。

二级保护:对大区域范围内具有重要科学价值的地质遗迹实施二级保护。经设立该级地质遗迹保护区的人民政府地质矿产行政主管部门批准,可有组织地进行科研、教学、学术交流及适当的旅游活动。

三级保护:对具有一定价值的地质遗迹实施三级保护。经设立该级地质遗迹保护区的人民政府地质矿产行政主管部门批准,可组织开展旅游活动。

6.3.1.2　《国家地质公园总体规划指南(试行)》(2000 年)

2000 年,有关部门为适应地质公园规划的需要,内部发布了《国家地质公园总体规划指南(试行)》,提出地质遗迹景观保护区划的概念,"景观保护的区划应包括生态保护区、自然景观保护区、史迹保护区、景观游览区和发展控制区等",并对这五种区的划分和保护规定作了说明。这大体上是从《风景名胜区规划规范 GB 50298—1999》直接转抄过来的,是针对一般风景区的保护,而不是地质遗迹景观保护区的概念,也没有突出地质遗迹的保护。本指南对"地质遗迹景观保护区"还提出四级保护区的分级方法:"保护区应包括特级保护区、一级保护区、二级保护区和三级保护区等四级内容",其保护规定也是转抄自该《规范》,是针对一般风景区的分级,转抄过来时也没有对地质遗迹如何保护提出分级或分类,以及提出相应的地质遗迹保护措施。

6.3.2　按地质遗迹分布特征分类

地质遗迹在地球上的分布规模大小不同、存在形态不同、遭受损坏的难易性不同、科学价值和景观价值不同,因此保护方法和措施也有很大差异。为此,笔者认为以地质遗迹分布特征为主,综合其它因素的地质遗迹分类是比较合适的。这里"地质遗迹分布特征"是指地质遗迹分布的规模、形态等特征,这些特征常常与其科学价值和景观价值相联系,由此影响对其保护的方式。

按地质遗迹分布特征分类,可分为以下几类:

第一类,点状或线状出露并易受损坏的地质遗迹。

一般具有典型、稀缺、并易受破坏的地质遗迹都呈点状分布,少量呈线状分布,这些遗迹有的具有极高的科学价值,如"金钉子"就是具有全球对比标准价值的典型层型剖面点(如浙江常山"金钉子");稀缺的生物化石(含人类化石)产地点(如四川自贡恐龙化石埋藏点、兴义贵州龙化石埋藏点、北京周口店古人类遗址、北京延庆硅化木出露点等);贵重矿物(如陨石、宝石、玉石、水晶、贵重矿石等)及其典型产地;有的具有特别观赏价值的微型地质景观点,如北京银狐洞"银狐"奇石、广东韶关丹霞山的阳元石等。

第二类,局部分布的地质遗迹。

这类遗迹分布范围中等(数公顷至数平方千米),具有较高的科研、科普价值,能给游客一种特殊的体验,能启迪人们认识地质灾害和防护自救。这类地质遗迹,一般岩性较硬,处于天然缓慢风化或沉积生长中,除非人为故意破坏,一般尚能保存。这类局部分布的地质遗迹有:各类石林、石蛋、石笋;典型的地震、火山、地裂、塌陷、沉降、崩塌、滑坡、泥石流等地质灾害遗迹;有特殊地质意义的瀑布、湖泊、沙滩、海岸等。具体实例如东山的海蚀地貌、永安的鳞隐石、德化石牛山的石蛋、漳州林进屿火山喷气口群、永泰青云山火山机构、德化岱仙瀑布等。

第三类,分布面积较宽广的地质景观。

这类地质遗迹的分布范围大于数平方千米,有时达数百平方千米,其地质地貌景观十分壮观,很有观赏价值,如丹霞、岩溶、峰林、火山岩地质地貌、海蚀地貌等地质景观。这类地貌,除非人为大规模采石破坏,一般较易保护;但其生态环境脆弱,因人类的不恰当的活动或过度开发可能造成对其生态环境和景观的破坏。在已经批准的国家地质公园中,这类占的比例最多,如泰宁丹霞地貌、永安石林、宁德支提山火山岩地貌、永泰天门山峡谷、武夷山青龙大瀑布地貌等。

第四类,形态空间相对完整的地质遗迹。

由岩石构成的相对完整的空间遗址,具有较高的科学价值、地质景观价值,如溶洞及其他洞穴、天坑、峡谷等。这类地质地貌景观好区分,在已经批准的国家地质公园中数量也不少,如平潭海蚀地貌景观、宁化天鹅岩溶地貌景观洞、泰宁大金丹霞地貌景观湖、闽清大帽山火山岩地等。

第五类,其他。

主要是指具有保健价值的资源及产地,如温泉、矿泉、矿泥等。具体的如福州地热田、连城汤头地热资源等。

6.4 地质遗迹资源资产的特点和功能

针对地质公园在经营与管理中对地质遗迹资源资产关系的属性问题,根据作者自身的研究和近年来其他一些专家的经验,提出地质遗迹资源资产的特点和功能,以便地质遗迹资源资产的保值与增值,开发与保护健康发展。

6.4.1 地质遗迹资源资产的特点

地质遗迹资源资产的基本特点是所有者和所有权的主体国家化。地质遗迹资源资产作为一种参与经济活动的要素形态是与其他经济形式共存的,它是构成国家经济的两个重要组成部分。资源资产的所有者主体只能是国家或政府组织,而不能是别的非政府组织。因此,资源资产的首要特点就是所有者和所有权主体的国家性。主体的国家性并不意味着资源资产的产权关系是封闭的,产权要素结构是单一的。所以,地质遗迹资源资产要体现国有的特点,经营方式要因地制宜,可以采用多种形式,以达到促进经济发展、社会进步的目标。

资源资产是通过经营的投资而形成的。地质遗迹资源资产作为为国家经济服务的因素,它是经济活动的产物,也可以作为经济活动的要素,但国家形成和扩大资源资产的途径,像一般的经济活动那样,是依靠经济活动主体本身的努力经营和积累而形成和壮大的,但在初始阶段是依靠非经济因素的作用,或者说是依靠国家作为政治权力机关,依靠自己所独有的力量(如通过法定形式认定和没收等),形成以国家为主体的国有资产。

由于国有资产形成的非完全经济性和目标多元性,为国家利益服务的资源资产的目标也就必然表现出相应的多元性。一是为国家的政治服务;二是为国家的经济利益服务,确保国民经济因资源资产的存在和发挥作用而能够实现持续、快速、健康的发展;三是为国家的文化利益服务,促进社会文化教育科学事业的发展,形成共同的信仰和团体精神,培养创造新意识,提高公民素质;四是为社会整体的其他方面的利益服务,确保和促进社会整体的协调运行和顺利发展,如发展社会保障事业、改善生活条件、保护生态环境等。

正是由于国有经济的性质、形成和目标的特殊性,使得地质遗迹资源资产的地位在总体上必然比较特殊,它不能与其他资产一样在社会中按照利益最大化原则进行自由地流动和发挥作用,有时需要国家予以特殊的保护,政府在地质遗迹资源资产的管理、运营和监督等方面,承担着特殊的责任。即使是那些竞争领域的国有资源资产,与一般的非国有的竞争性企业也有所不同。

6.4.2 地质遗迹资源资产的功能

地质遗迹资源资产的一个重要功能是促进国民经济发展,因此地质遗迹资源资产必然要为促进国民经济发展服务,在为促进国民经济和社会发展服务的过程中,地质遗迹资源资产要为国民经济的整体发展服务。整个国民经济发展的速度、质量,是地质遗迹资源资产功能发挥得好坏的重要标志,在资源资产为促进国民经济发展服务的过程中,有一个选择问题,这种选择包括所有制选择、区域选择、产业选择、政府选择,当选择对象一经确定,那么,所选择对象的发展速度与发展质量就和资源资产有直接的关系,但无论何种选择,资源资产的服务都必须考虑服务成本问题,即要用最小的成本支出来实现最大和最佳的服务。

地质遗迹资源资产为社会宏观经济稳定服务。政府的重要使命之一就是保护社会的稳定和经济生活的稳定。国家必须掌握和控制资源资产,使其成为国有资产,就是要有一定的社会财富能够成为为社会经济生活服务的基本因素。为了这种稳定,资源资产一方面要形成和发挥好国民经济的宏观调控的功能;另一方面,要形成和发挥好稳定社会生活的功能。因此,政府能否对国民经济进行有效的宏观调控,能否保持和促进社会的稳定,与资源资产作用的大小、优劣有直接的关系。

地质遗迹资源资产要为政治稳定服务。经济稳定是政治稳定的最重要的前提和最可靠的保障。但在现实经济生活中,国家不可能将全部资源资产都国有化,也不能全部都非国有化。世界上很多国家都通过资源资产建立起一定的国有资产,一个很重要的原因是为政治稳定服务。从我省的实践来看,安定团结的政治局面和政治生活,是经济发展与改革深入的首要保证和前提。

地质遗迹资源资产要推动国有资产的增值。在改革开放和发展经济的过程中,人们对地质遗迹资源资产的最大关心,是资源资产的保值增值问题,避免资源的破坏和流失。在现代社会经济的竞争关系中,各地经济的发展和竞争,表面上是经济实力的竞争,手段上是科技力量的竞争,实质上是人才素质的竞争,战略上是教育水平的竞争,基础上则是生态环境、资源状况的竞争。我省确定的可持续发展战略,是对历史规律的深刻把握和时代潮流的积极顺应,同时也是地质遗迹资源资产增值的重要基础。

6.5 地质遗迹资源保护对策

6.5.1 潜在破坏的驱动力因素

6.5.1.1 自然因素

灾害性自然(或地质)作用的危害和影响是主要因素,而其中部分危害(如崩塌、滑坡、泥石流、水土流失、地面塌陷等)可以通过人为预防的方法避免或减轻损害程度,因此对保护区自然因素危害的防治措施的研究,是保护区的科研任务之一。

6.5.1.2 人为因素

人为因素的破坏随着旅游资源的不断开发而越来越严重。人类活动对地质遗迹资源造成直接和间接两方面的破坏。由于经济利益的驱使,一些人盲目追求地质遗迹资源的经济价值,忽视了其本身具有的文物价值而肆意破坏,如采掘岩矿、挖掘化石等;旅游区的各个行业的发展也会破坏当地的地质遗迹资源的环境,如地下水等,这些都间接影响到地质遗迹资源的持续发展。另外,人们的保护意识淡薄,地质遗迹资源时常是在无意识状态下被破坏的。

6.5.2　保护对策

可以从前述分析看出,地质遗迹资源的破坏来源于自然和人为两方面。因此,结合地质遗迹资源的开发、利用、保护现状和当前地质遗迹遭受严重破坏的趋势有所加剧的现象,对其保护也应该全面考虑,以有效地保护地质遗迹资源。

6.5.2.1　从管理角度出发

(1)完善地质遗迹资源法律法规体系,构建地质遗迹资源保护与发展的监督机制。自然保护区法律法规与现实冲突非常明显,特别是社区的经济发展的需要与严格的法律保护之间的冲突。要将法律法规体系完善,并进行监督实行,做到依法行政管理,各项工作有法可依,作为当地政府和人民的行为指南。

(2)建立健全地质遗迹保护组织建设,加强部门合作。各省(市、区)要成立地质遗迹保护领导小组,负责本地区地质遗迹的保护协调工作,并充分调动环保、林业、农业等多个部门。同时要成立有关的专家组,对地质遗迹的保护与开发进行技术论证,发挥地质遗迹保护区优势,提高地质遗迹保护取得自我生存和自我发展的能力。

(3)建立健全稳定的投入保障机制,扩展资金渠道,落实保护经费。应把保护国家和地方重要地质遗迹资源纳入国家与当地财政计划。市级自然保护区所需经费由自然保护区所在地的县级以上人民政府安排,国家对国家级自然保护区的管理给与适当的资金补助,同时还要设立国家级地质遗迹保护经费和地质遗迹保护应急费用。

(4)大力开展地质遗迹科普宣传工作,提高全社会对地质遗迹保护工作的认识。由于地质遗迹保护的公益性,应广泛开展地质遗迹保护的宣传。在宣传工作中加强地质遗迹知识的科学普及,提高全体公众自觉保护地质遗迹的意识。

6.5.2.2　从技术手段角度出发

(1)利用"3S"技术在全国范围内开展地质遗迹普查工作,以做到"心中有数"。对我国的所有地质遗迹资源进行数字化管理,并以此为基础制定出地方和全国地质遗迹保护规划。同时,要将地质遗迹资源保护工作尽快纳入地方经济发展和社会发展计划中,统一规划、分步实施。

(2)建立文化与自然遗产管理动态信息系统和预警系统。以"世界文化与自然遗产管理动态信息系统和预警系统"为中心,建立国家—省—遗产地三级互联的管理动态信息和预警系统平台,对遗产地管理部门的工作进行监测管理,以基础数据库和实施数据库为支撑,设置监控系统和管理系统,实现三级监控、三级管理,以提高地方与政府的协调能力,提高遗迹资源的信息化程度,实现数据化管理(见图6-1)。

(3)采取必要的工程措施对地质遗迹资源进行保护。随着人类活动的越演越烈,在长期的发展过程中,必然会对周围环境造成慢慢的改变,这些微小的变化伴随着时间的推移也会对地质遗迹造成一定影响。因此,应根据各地不同的地域特征,采取必要的工程措施对地质遗迹资源进行保护。

6.5.3　规划、建设并管理好地质遗产保护区

在地质遗产调查、评价基础上,对地质遗产保护进行全面系统地规划,按不同级别划

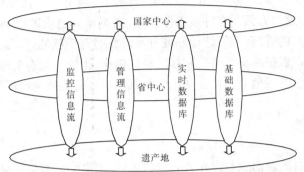

图 6-1 资源管理动态信息系统和预警系统示意图

出规划保护区。列入规划并被批准的保护区要加快建设,包括基础设施和管理体系的建设。对于已经建立的地质遗迹保护区,包括独立的地质遗迹保护区和地质公园以及包含有地质遗迹的自然保护区、风景名胜区和森林公园,尤其是世界级和国家级的保护区,必须严加管理,完善各项管理措施,不允许有任何资源开发、违法工程建设及其他破坏事件在保护区内发生。有关领导和管理部门要对保护区进行定期与不定期的检查和评估,不断改进工作。此外,国家和地方政府应保证保护区经费的到位。

6.5.4 科学合理利用,促进地质遗迹的保护

在地质遗迹保护区建设过程中,科学合理规划地学旅游项目,把地质遗迹保护与支撑地方经济发展、扩大居民就业的旅游产业结合起来,进而促进地质遗迹的永续保护。

在地质遗迹的开发与保护方面,笔者认为应根据地质遗迹的特征,制定开发途径与方法。如对地层剖面、古生物化石,在开发利用时应突出古生物化石在地学研究的意义、作用,研究区域地质的演化过程;对典型矿产地,宜重点体现矿产资源的利用价值,突出矿物组合的特点,矿产的成因类型;对火山机构、火地岩地貌景观,则应突出岩浆演化过程、构造特点、成因、演化规律和科学意义。同时,要借助现代科学技术采用虚拟仿真的方法,再现地质遗迹的演化形成过程。

6.5.5 健全地质遗产保护的法律、法规体系

1995 年,中国首次颁布了《地质遗迹保护管理规定》的法规。这一法规的颁布,对中国地质遗产的保护发挥了极其重要的作用。根据地质遗产保护的需要,这一法规还需完善、细化,补充更加具体的内容,如关于古生物化石的保护、观赏石资源的保护等。法规中要体现出地质遗产保护的重要性,加大违法惩处力度。此外,应根据本地区的实际情况,颁布适合本地区、可操作性更强的地方性法规,建立地质遗产保护的法律保障体系。对于非常重要的地质遗产,要出台专门的保护法规。必须强调的是,在完善地质遗产保护立法的同时,应加强行政执法队伍的建设,不仅是组织机构的建设,尤其要加强执法人员素质的建设,以保证对严重破坏重要地质遗产的行为给予及时、有力的法律制裁。此外,要加强地质遗产保护的法制宣传教育工作,做到"人人皆知,家喻户晓",使全民都参与到自觉保护地质遗产的伟大事业中来。地质遗产保护既是非常急迫的工作,又是一项长期的系

统工程,不仅需要有关部门恪尽职守,而且要求全民不懈努力。在今后相当长的时期内,在保护与开发地质遗产方面还有许多工作要做,如要建立地质遗产动态管理信息系统和完善高效、覆盖面广的管理体系,建设好现有及待建的有特色的国家地质公园和世界地质公园,加强地质遗产保护的科学研究和技术推广工作,出版一批有关地质遗产及其保护的科普读物,组织学生参观地质遗产并从小学起对他们进行地质遗产保护的必要教育等。

6.6 结 论

开发、保护与自然和谐总是存在着一定的矛盾,但事实证明只要采取科学的规划与管理,本着严谨、负责的态度,就可以把这种矛盾降至最小。地质遗迹资源保护与发展模式的改革是利益格局的重新安排,需要理念、实践上的创新。在进行遗产理论研究的同时,还应该进行试点实践,总结经验,从而形成科学的决策,要因地制宜,切不可一刀切。

地质遗迹资源是大自然的无私馈赠,是地球家园统一体的组成部分。开发地质遗迹资源,享受大自然的无私馈赠,可以提高人们的生活质量和道德情操,可以促进经济的发展,但我们在分享大自然给予我们馈赠的同时,还要保护它,真正做到人与自然的融合,促进人类社会的可持续发展。

地质遗迹是人类了解地球历史的重要依据,也是获取地球演化变迁过程珍贵信息的重要途径。虽然这些地质遗迹不一定都具有直接经济性,但却具有科学研究、教学、科普教育、灾害及环境教育、启智教育等潜在价值,其中的地质地貌景观、重要古人类遗址及自然灾害遗迹等可能由于其重要性、奇特性、美观性及教育意义而成为重要旅游资源。通过地质公园建设促进地质遗迹的保护开发的观点已成为共识,目前地质遗迹的利用研究也多围绕地质公园建设开展。推进地质公园的建设,以此有效保护地质遗迹和地质生态环境,推动地球科普及和地球科学研究,扩大当地居民的就业,促进地方经济的可持续发展。

附 录

福建省重要地质遗迹名录

遗迹编号	位置	遗迹名称	主要保护对象	遗迹等级	保护现状
1	泰宁	泰宁世界地质公园	以典型青年期丹霞地貌为主体,兼有火山岩、花岗岩、构造地貌等多种地质遗迹及自然生态良好,水体和人文景观丰富的综合性地质公园	世界级	地质公园
2	宁德	宁德世界地质公园	集火山地质、火山构造、典型火山岩、火山岩地貌、水体景观等地质遗迹	世界级	地质公园
3	德化	德化石牛山国家地质公园	石牛山复活式破火山机构火山岩相	国家级	地质公园
4	连城	冠豸山国家地质公园	单斜式丹霞地貌、丹山碧水、高山溶洞等地质遗迹为主要特征,以客家文化为内涵	国家级	地质公园
5	福建永安	永安国家地质公园	地质地貌景观资源,有典型的地层剖面、生物化石点、古人类文化遗址	国家级	地质公园
6	福鼎	白云山国家地质公园	集火山岩、晶洞碱长花岗岩地质地貌和峡谷深切曲流地貌、河床侵蚀地貌等多种典型独特的地质景观为一体	国家级	地质公园
7	宁化	天鹅洞群国家地质公园	以岩溶地貌景观为主	国家级	地质公园
8	晋江	深沪湾国家地质公园	以石圳海岸变质岩地貌、韧性剪切变形遗迹为主	国家级	地质公园
9	漳州龙海	漳州国家地质公园	海蚀火山筒景观、火山喷气口群——海蚀埋藏型熔岩湖景观、海蚀玄武岩特大型柱状节理景观	国家级	地质公园
10	清流	清流温泉省级地质公园	高温泉、中温泉、低温泉	省级	地质公园
11	平和	平和灵通山省级地质公园	灵通山火山峰丛地貌、崎坑古火山口穹窿、灵通山火山喷发盆地、南洋山火山凹地、石寨花岗岩石蛋地貌以及温泉等景观资源	省级	地质公园

遗迹编号	位置	遗迹名称	主要保护对象	遗迹等级	保护现状
12	福州	矿山地质公园	矿山地质公园	省级	地质公园
13	上杭	紫金山矿山地质公园	矿山地质公园	省级	地质公园
14	长汀东南23km 林田村	寒武系林田群	地层剖面		
15	永安县东坑口村	寒武系东坑口群	地层剖面		
16	永安市魏坊村	奥陶系魏坊群	地层剖面、古生物		
17	漳平林地村	石炭系下石炭统林地组	地层剖面、古生物		
18	永安	永安坑边中石炭统黄龙组	地层剖面、古生物	国家级	地质公园
19	永安坑边	上石炭统船山组	地层剖面、古生物	国家级	地质公园
20	永安坑边	二叠系坑边一带栖霞组	地层剖面、古生物	国家级	地质公园
21	永安的文笔山	二叠系文笔山组	地层剖面、古生物	国家级	地质公园
22	连城童子岩	二叠系童子岩组	含煤地层剖面、古生物		
23	龙岩城东之翠屏山	二叠系翠屏山组	地层剖面、古生物		
24	永安、龙岩一线	二叠系大隆组	地层剖面、古生物		
25	大田	二叠系长兴组	地层剖面、古生物		
26	永安市曹远乡溪口村	三叠系溪口组	地层剖面、古生物		
27	漳平县安仁	三叠系安仁组	地层剖面、古生物		
28	漳平县大坑矿区	三叠系大坑组	地层剖面、古生物		
29	漳平县文宾山矿区	三叠系文宾山组	地层剖面、古生物		

续表

遗迹编号	位置	遗迹名称	主要保护对象	遗迹等级	保护现状
30	邵武市东南之焦坑	三叠系焦坑组	地层剖面、古生物含煤建造		
31	建瓯县梨山煤矿	侏罗系梨山组	地层剖面、古生物含煤建造		
32	漳平市城郊	漳平组	地层剖面、古生物含煤建造		
33	尤溪县近德坑至长林	长林组	火山沉积建造、地层剖面		
34	仙游园庄	南园组	地层剖面、为陆相中酸—酸性火山岩系		
35	永安市坂头村	坂头组	为一套陆相沉积－火山岩系、地层剖面		
36	闽清县石帽山	白垩系石帽山群	地层剖面、为一套红色陆相沉积－火山喷发建造，组成两个沉积－火山喷发旋回，可分为下组和上组		
37	沙县城关附近	沙县组	地层剖面、系一套含火山陆相红色细碎屑建造		
38	崇安县赤石	赤石群	地层剖面、岩性为紫红色厚—巨厚层砾岩、砂砾岩，偶夹紫红、灰绿色砂页岩，常形成奇峰陡壁，俗称丹霞地貌		
39	漳浦县佛昙白土岭	新生界上第三系称佛昙群	地层剖面、属火山喷发陆相山间盆地沉积		
40	漳州天宝东的茶铺公路旁	第四系下更新统天宝组	地层剖面、多呈四级阶地出露		
古火山机构					
45	福清	福清凤迹中生代酸性火山喷发古火山口	古火山口		
46	永泰	永泰青云山	古火山口	国家级	风景名胜区
47	闽侯	闽侯虎头山古火山	古火山机构		
48	沙县	沙县大佑山	古火山机构		
49	蒲城	蒲城毛洋头	古火山口		
50	云霄	云霄金坑	古火山口		

遗迹编号	位置	遗迹名称	主要保护对象	遗迹等级	保护现状
51	龙海	龙海、漳浦滨海火山口形态	古火山口	国家级	风景名胜区
52	罗源	溪坪古火山	古火山机构		
53	长乐	金钟湖古火山	古火山机构		
54	罗源	西山古火山	古火山机构		
55	永定	永定堂堡	古火山机构		
火山岩地貌景观					
56	闽侯	雪峰山	火山岩地质地貌景观	省级	风景名胜区
57	闽侯	五虎山	火山岩地质地貌景观	省级	风景名胜区
58	永泰	永泰方广岩、姬岩	火山岩地质地貌景观	省级	风景名胜区
59	永泰	永泰青云山	火山机构、火山岩地质地貌景观	国家级	风景名胜区
60	宁德	宁德支提山	火山岩地质地貌景观	国家级	风景名胜区
61	闽清	闽清大帽山（白岩山）	火山岩地质地貌景观	国家级	风景名胜区
62	福清	福清石竹山	火山岩地貌景观	省级	风景名胜区
63	长泰	长泰天柱山	火山岩地貌景观	省级	风景名胜区
64	德化	德化九仙山	火山岩地貌景观	省级	风景名胜区
65	平和	平和灵通山	火山机构、火山岩地貌景观	省级	风景名胜区
66	三明	三明瑞云山	火山岩地貌景观	省级	风景名胜区
67	沙县	沙县大佑山	火山机构、火山岩地貌景观	省级	风景名胜区
68	宁化	宁化牙梳山	火山岩地质地貌景观	省级	风景名胜区
侵入岩地貌景观					
69	福州	福州鼓山	花岗岩地貌景观	国家级	风景名胜区
70	连江	连江青芝山	花岗岩地貌景观	省级	风景名胜区
71	仙游	仙游麦斜岩	花岗岩地貌景观	省级	风景名胜区
72	仙游	九鲤湖	花岗岩地貌景观	省级	风景名胜区
73	泉州	泉州清源山	花岗岩地貌景观	国家级	风景名胜区
74	德化	德化九仙山	花岗岩地貌景观	省级	风景名胜区
75	厦门	厦门鼓浪屿、万石山	花岗岩地貌景观	省级	风景名胜区

平表

遗迹编号	位置	遗迹名称	主要保护对象	遗迹等级	保护现状
76	龙海	龙海云洞岩	花岗岩地貌景观	省级	风景名胜区
77	东山	东山风动石	花岗岩地貌景观	省级	风景名胜区
78	建阳北硔村	加里东北硔方辉橄榄岩	加里东北硔方辉橄榄岩		
79	建阳	加里东竹洲岩体	麻沙混合花岗岩		
80	宁化	加里东宁化岩体	交代花岗岩		
81	南平市东北约13 km	华力西—印支期下元岩体	黑云母花岗闪长岩		
82	清流地区	华力西—印支期花岗岩	玮埔岩体二长花岗岩		
83	惠安、古美	燕山早期侵入岩,燕山早期第三阶段第一次惠安、古美山	等岩体片麻状黑云母二长花岗岩		
84	平和	燕山早期侵入岩,燕山早期第三阶段第二次大望山岩体	花岗闪长岩		
85	清流	燕山早期侵入岩,燕山早期第三阶段第三次行洛坑	黑云母花岗岩		
86	莆田长基	燕山晚期侵入岩、第一阶段侵入岩	超基性岩体		
87	长泰	燕山晚期侵入岩、第一阶段侵入岩	花岗闪长岩岩体		
88	丹阳	燕山晚期侵入岩、第一阶段侵入岩	黑云母二长花岗岩岩体		

变质岩

遗迹编号	位置	遗迹名称	主要保护对象	遗迹等级	保护现状
89	南平夏道	加里东变质岩	混合岩		
90	福清	燕山期变质岩	绵亭岭石英片岩		
91	莆田忠门	动力变质岩	矽线石石英片岩		
92	晋江石刀山	动力变质岩	斜长变粒岩		
93	福清沙埔	动力变质岩	混合岩		

续表

遗迹编号	位置	遗迹名称	主要保护对象	遗迹等级	保护现状
94	晋江金井	动力变质岩	混合岩		
95	东山	动力变质岩	混合岩		
丹霞地貌					
96	武夷	武夷山	丹霞地貌景观	国家级	风景名胜区
97	泰宁	泰宁大金湖	丹霞地貌景观	世界级	风景名胜区
98	永安	永安桃源洞	丹霞地貌景观	国家级	风景名胜区
99	连城	连城冠豸山	丹霞地貌景观	国家级	地质公园
100	沙县	沙县	丹霞地貌景观		
101	宁化	宁化安远和水茜	丹霞地貌景观		
岩溶地貌					
102	将乐	将乐玉华洞	岩溶地貌景观	国家级	风景名胜区
103	永安	永安鳞隐石林	岩溶地貌景观	国家级	风景名胜区
104	沙县	沙县七仙洞	岩溶地貌景观	省级	风景名胜区
105	宁化	宁化天鹅洞	岩溶地貌景观	省级	风景名胜区
106	明溪	明溪玉虚洞	岩溶地貌景观	省级	风景名胜区
107	龙岩	龙岩龙硿洞	岩溶地貌景观	省级	风景名胜区
108	连城	赖源	岩溶地貌景观	国家	地质公园
109	漳平	天台山	岩溶地貌景观	国家	森林公园
海蚀地貌景观					
110	福鼎	福鼎大嵛山岛	海蚀地貌景观	国家级	风景名胜区
111	宁德	宁德三都澳	海蚀地貌景观	国家级	风景名胜区
112	福州	闽江口五虎礁	海蚀地貌景观	省级	风景名胜区
113	福州	壶江岛	海蚀地貌景观	省级	风景名胜区
114	平潭	平潭岛	海蚀地貌景观	国家级	风景名胜区
115	莆田	湄洲岛	海蚀地貌景观	国家级	风景名胜区
116	东山	东山岛海蚀	海蚀地貌景观	省级	风景名胜区
117	福鼎市	福建牛郎岗海蚀地貌	海蚀地貌景观	国家级	风景名胜区
118	厦门	厦门吴冠海蚀地貌	海蚀地貌景观	省级	风景名胜区
119	泉州石狮	红塔湾海滨浴	海蚀地貌景观		

遗迹编号	位置	遗迹名称	主要保护对象	遗迹等级	保护现状
			典型矿产地		
120	清流	行洛坑钨矿	矿产	省级	
121	龙岩	东宫下高岭土矿	矿产	省级	
122	南平	西坑铌钽矿	矿产	省级	
123	龙岩	马坑铁矿	矿产	省级	
124	连城	庙前锰矿	矿产	省级	
125	永安	李坊重晶石矿	矿产	省级	
126	邵武	邵武南山下萤石矿	矿产	省级	
127	上杭紫金山	上杭紫金山铜金矿	矿产	国家级	地质公园
128	福州	峨嵋叶蜡石矿	矿产	国家级	地质公园
129	东山	石英砂矿	矿产	省级	
130	武平	中山膨润土矿	矿产	省级	
131	明溪	明溪宝石矿	矿产	省级	
			水体景观		
132	建宁	闽江水系		省级	风景名胜区
133	泰宁	泰宁金湖	湖	国家级	风景名胜区
134	福鼎	寿山溪漂流	河流景观	省级	风景名胜区
135	长泰	长泰漂流	河流景观	省级	风景名胜区
136	泰宁	泰宁上清溪	河流景观	国家级	风景名胜区
137	南平市茫荡山	溪源峡谷与瀑布	自然保护区的核心景区	省级	风景名胜区
138	泰宁	寨下大峡谷	峡谷地貌景观	国家级	风景名胜区
139	永泰	青云山峡谷与瀑布	峡谷地貌与瀑布景观	省级	风景名胜区
140	永泰葛岭镇	天门山峡谷	峡谷地貌	省级	风景名胜区
141	福州	北峰皇帝洞特大瀑布群	峡谷地貌与瀑布景观	省级	风景名胜区
142	仙游	福建三绝之一九鲤湖飞瀑	瀑布景观	省级	风景名胜区
143	武夷	武夷山青龙大瀑布	峡谷地貌与瀑布景观	国家级	风景名胜区
144	宁德	宁德九龙祭瀑布群	瀑布景观	国家级	风景名胜区

遗迹编号	位置	遗迹名称	主要保护对象	遗迹等级	保护现状
145	太姥山岳景区西南侧	福建最好的漂流——九鲤溪瀑	九鲤溪瀑景区	国家级	风景名胜区
146	福建泉州德化	岱仙瀑布	瀑布景观	省级	风景名胜区
147	长泰县北部	美丽的百丈崖瀑布	瀑布景观	省级	风景名胜区
148	泰宁	大金湖水瀑潈	湖与瀑布景观	国家级	风景名胜区
149	福鼎管阳镇溪头溪	福鼎雁溪瀑布	瀑布景观	省级	风景名胜区
150	闽侯县福州旗山景区	闽侯旗山别有洞天瀑布	瀑布景观	省级	风景名胜区
151	闽侯县	闽侯十八重溪	河流景观、火山岩地貌景观	省级	风景名胜区
152	屏南	鸳鸯溪	水体景观、火山岩地貌景观	国家级	风景名胜区
153	霞浦	龙亭瀑布	龙亭瀑布为霞浦杨家溪景区四大主景区之一	省级	风景名胜区
154	南靖船场镇下山村	树海瀑布	瀑布景观		风景名胜区
155	南平	中岩瀑布	瀑布景观	省级	风景名胜区
156	顺昌	顺昌石溪畔陡坡上间歇泉	水体景观	省级	风景名胜区
157	永定	永定高陂鲜水塘	水体景观	省级	风景名胜区
158	武平	武平十方鸳鸯井	水体景观	省级	风景名胜区
159	宁化	宁化湖村龙王潭泉	水体景观	省级	风景名胜区
160	泉州	泉州的矿泉	水体景观		
161	宁德	宁德的氡泉	水体景观		
162	福州	福州地热田	地热田		
163	漳州	漳州地热田	地热田		
164	连城	连城汤头地热资源特点	地热田		风景名胜区
165	永泰	永泰地热资源	地热田		风景名胜区
166	连江	连江贵安温泉	地热田		风景名胜区

遗迹编号	位置	遗迹名称	主要保护对象	遗迹等级	保护现状
167	安溪	安溪上汤地热概况	地热		
168	德化	德化南埕葛云森林温泉	地热		风景名胜区
古冰川遗迹					
169	福安	福安罕见古冰川遗迹	福古冰川遗迹	国家级	风景名胜区
170	莆田仙游	仙游九鲤湖古冰川遗迹	古冰川遗迹	国家级	风景名胜区
湿地					
171	福建漳江口	湿地	福建漳江口红树林	国家级	自然保护区
172	福州	湿地	闽江口湿地	省级	自然保护区
173	泉州湾河口	湿地	湿地	省级	自然保护区
174	漳州九龙江	湿地	九龙江红树林	省级	自然保护区
175	宁德东湖	湿地	湿地	国家级	自然保护区
176	漳州西溪	湿地	湿地	省级	自然保护区
177	漳州漳江口	湿地	红树林和盐沼湿地	省级	自然保护区
178	厦门集美马銮湾	湿地	湿地	省级	自然保护区
179	建宁	天井平组变质岩遗迹	天井平组变质岩岩系		

注：此表为不完全统计。

参考资料

[1] 罗春科.广东地质遗迹资源及其开发利用协调性分析.中山大学. http://cdmd.cnki.com.cn/Article/CDMD-10558-2008150713.htm.

[2] 硅化木知识介绍. http://www.xinchangtour.com/RenWen/text.asp? CulId=56&TypeId=8.

[3] 福建地理环境. http://www.chinagate.com.cn. 2008-05-13.

[4] 福建省情资料库.地理志. http://www.fjsq.gov.cn.

[5] 福建省情资料库.福建自然地图集. http://www.fjsq.gov.cn.

[6] 福建地质矿产志(1990). http://wenku.baidu.com/view/91b6f528bd64783e09122b13.html.

[7] 福建岩溶地貌分布. http://zhidao.baidu.com/question/238733157.htm.

[8] 福建省情资料库.福建自然地图集.福州市志(第1册)第三节古火山. http://www.fjsq.gov.cn.

[9] 龙海——牛头山火山口遗址. http://blog.sina.com.cn/s/blog_75fc00dd01019bzg.html.

[10] 福建省地质公园简介. http://www.fjgtzy.gov.cn/html/12/164/12217_2009122311_1.html.

[11] 云霄真的有古火山口啊. http://www.3355.hk/bbs/thread-view.aspx? id=1701 2011/5/26.

[12] 福建省地质矿产局.福建省区域地质志[M].北京:地质出版社,1985.

[13] 闽清县的主要旅游景点及介绍. http://www.docin.com/p-510583987.html.

[14] 国家4A级旅游风景区——石竹山风景区.福清旅游网.

[15] 寻幽揽胜登天柱 一览天下众山小.腾讯旅游整合.

[16] 福建永泰方广岩. http://baike.soso.com/v4716054.htm.

[17] 福建省情资料库.福建自然地图集. http://www.fjsq.gov.cn.

[18] 瑞云山——福建最大的火山岩地貌风景区.三明市旅游局. http://travel.66163.com/.

[19] 福建省情资料库.福建自然地图集.福州市志(第1册)第二节侵入岩. http://www.fjsq.gov.cn.

[20] 福建仙游麦斜岩风景区. http://www.7hxly./83/1361.

[21] 蛙步旅游网 > 国内旅游 > 福建旅游 > 泉州旅游 > 清源山. http://www.wabuw.com/jd/6635.

[22] 福建省地质公园简介. http://www.fjgtzy.gov.cn/html/12/164/12217_2009122311_1.html.

[23] 陈安泽.中国花岗岩地貌景观若干问题讨论.地质评论,2007(8).

[24] 付树超,陈觉民,林文生.福建建宁西部上太古界天井坪组(Ar_2t)地质特征.福建地质,1991(2).

[25] 晋江石圳海岸地貌自然保护区. http://baike.baidu.com/view/9219503.htm.

[26] 张祖辉,洪祖寅.福建漳平栖霞组[J].古生物学报,1998(4).

[27] 王明倩.福建永安丰海二叠系上部及三叠系底部的双壳类动物群[J].古生物学报,1993(4).

[28] 黄家龙,卢清地,张正义,等.郑平福建仙游园庄地区南园组新层型剖面的建立及时代的重新厘定[J].地质通报,2008(6).

[29] 大嵛山岛. http://baike.baidu.com/view/540588.htm.

[30] 闽江口五虎礁.福州晚报.2010-03-08.

[31] 平潭岛海蚀地貌. http://baike.baidu.com/view/283003.htm.

[32] 福建牛郎岗海蚀地貌. http://www.17u.com/blog/article/812578.html.

[33] 福建东山岛海蚀地貌.sina.com.cn/s/blog_4b60b0980100rduv.html.

[34] 薇之阁.莆田美丽景色之———湄洲岛. http://blog.tianya.cn/blogger/post_show.asp? BlogID=1888118&PostID=27240492.

［35］ 吴芹芹. 保护海洋自然遗迹资源海滩岩［J］. 侨乡时报. 2009-09-18.

［36］ 福安白云山. http://baike. soso. com/v153300. htm.

［37］ 福建仙游九鲤湖. http://baike. soso. com/v3112935. htm.

［38］ 福建武夷山——丹霞地貌的地质公园. http://lvyou. elong. com/4686603/tour/a09dbh81. html.

［39］ 福建泰宁丹霞地貌. http://www. chinajilin. com. cn/travel/content/2010-08-09/content_2052561. htm.

［40］ 福建永安国家地质公园. http://wenku. baidu. com/view/1322082e0066f5335a8121fe. html.

［41］ 福建省丹霞地貌形成发育与经济建设——以三明永安桃源洞为例并谈经济建设地理科学学院 地理科学教育专业. http://blog. sina. com. cn/s/blog_492659dc01000ben. html.

［42］ 福建永安石林旅游景点介绍及图. http://www. 3366ok. com/html/meijingmeitu/20080120.

［43］ 玉虚洞. http://baike. baidu. com/view/70470. htm.

［44］ 三明将乐玉华洞. http://baike. baidu. com/view/2971637. htm.

［45］ 龙岩龙硿洞. http://bbs. 66163. com/thread－660212－1－1. html.

［46］ 福建宁化天鹅洞群国家地质公园. http://www. docin. com/p－19222572. html.

［47］ 南平茫荡山. 东南新闻网. http://www. fjsen. com/channel/2009-04-09/content_685964. htm.

［48］ 福建省南平市西坑铌钽矿床. 中国选矿技术网. 2009-03-31.

［49］ 福建行洛坑钨矿. 中国选矿技术网. 2006-7-20.

［50］ 陈述荣, 谢家亨, 许超南, 等. 福建龙岩马坑铁矿床成因的探讨［J］. 地球化学, 1985(4).

［51］ 熊昌福. 福建省连城锰矿庙前矿区边深部普查找矿设想［J］. 中国锰业, 2008, 26(3).

［52］ 福建省铅锌矿床地质特征及其成因探讨. http://topic. yingjiesheng. com/lixuelunwen/dizhi/060B11M22012. html.

［53］ 李建碧, 陈文森. 福建萤石矿床特征及其找矿开发前景［J］. 地质与勘探, 1990(3).

［54］ 池希武, 姜立焕. 福建重晶石矿产资源及其开发利用基础［J］. 福建地质, 1997(2).

［55］ 华安玉——"华安玉"之乡: 华安. http://www. qiyeku. com/xinwen/83259. html.

［56］ 金正有. 福建省东山县滨海石英砂矿地质特征及其开发利用［J］. 建材地质, 1988(1).

［57］ 简述福建省福清海亮浅色花岗石矿床. http://www. chinabaike. com/z/yj/762191. html.

［58］ 福建闽江河口湿地: 美丽飞羽的驿站. 人民网－环保频道. 2010-11-19.

［59］ 宁德东湖国家湿地公园. http://baike. baidu. com/view/3250154. htm.

［60］ 集美要建马銮湾湿地公园. http://www. jimei. gov. cn/myoffice/documentComm. do? docId＝D5863.

［61］ 漳州市西溪湿地公园. http://www. fjjs. gov. cn/Xsgl/Wzxs/tabid/156/ArticleID/2356/Default. aspx.

［62］ 福建漳江口红树林湿地建设实践与思考. http://www. zznews. cn.

［63］ 龙海九龙江口红树林省级自然保护区. http://www. fjforestry. gov. cn/InfoShow. aspx? InfoID＝38243&InfoTypeID＝5.

［64］ 泉州湾河口湿地保护区. http://baike. soso. com/v7480320. htm.

［65］ 闽江源头. http://baike. baidu. com/view/26292. htm.

［66］ 福州北峰皇帝洞发现福建特大瀑布群. 福州晚报. 2010-03-24.

［67］ 福建仙游九鲤湖. http://baike. soso. com/v3112935. htm.

［68］ 福建武夷山青龙瀑布. http://travel. damai. cn/scene/note_583632_423. html.

［69］ 九龙漈瀑布. http://baike. baidu. com/view/452240. htm.

［70］ 永泰县青云山风景区中最奇的是"青龙瀑布". http://jingdian. tripc. net/item/6113. html.

［71］ 九鲤溪瀑景区. http://baike. baidu. com/view/488185. htm.

［72］ 岱仙大瀑布. http://blog. xmnn. cn/? 553156/viewspace－606141.

[73] 长泰百丈崖瀑布. http://blog. sina. com. cn/s/blog_6f0f26960100o94m. html.

[74] 永泰龙门峡谷风景区. 福州旅游景点福州旅游网.

[75] 福建瀑布. http://blog. sina. com. cn/s/blog_4b1273610100cfrh. html.

[76] 南平溪源庵景点介绍. http://www. zhuna. cn/guide/Nanping/11150/content. html.

[77] 如泣如诉顺昌奇闻间歇泉. http://www. itravelqq. com/2009/0811/17299. html.

[78] 福建名泉. http://www. qzwb. com/gb/content/2004-01-17/content_1116344. htm.

[79] 伍传杰. 滋润着蛟湖宁化优秀景区之五:蛟湖、银杏山庄. 宁化县新闻中心. 2009-08-31.

[80] 薛宁,陈智杰. 福建省地热资源分布及利用现状调研综述[J]. 福建能源开发与节约,2003(2).

[81] 程宏伟. 福州地下热水(温泉)应用综述. http://www. docin. com/p – 504221673. html.

[82] 粘为振. 漳州地热田成因模式及其与控制构造的关系研究[J]. 安全与环境工程,2008,15(4).

[83] 沈国春. 福建连城汤头地热资源特点及其开发利用前景[J]. 福建地质,1999(3).

[84] 林仙彪. 永泰地热资源特征及开发利用前景[J]. 福建地质,2011(2).

[85] 连江贵安温泉. http://baike. baidu. com/view/2971638. htm.

[86] 安溪县地热资源丰富,已发现龙门镇上汤、榜寨…. 安溪县情资料库. szb. qzwb. com/qzwb/html/2009-05-07/co….

[87] 福州北峰寿山溪漂流. http://www. 51766. com/img/ssxpl/.

[88] 长泰漂流. http://www. douban. com/subject/8016916/.

[89] 十八重溪. http://baike. baidu. com/view/536132. htm.

[90] 溪源峡谷. http://baike. baidu. com/view/552547. htm.

[91] 寨下大峡谷. http://baike. baidu. com/view/3401783. htm.

[92] 天门山峡谷. http://baike. baidu. com/view/3402360. htm.

[93] 余珍凤,刘元鹏. 房山世界地质公园地质遗迹景观资源特征及评价[J]. 资源与产业,2009,11(2).

[94] 福建省永泰青云山景点. http://baike. baidu. com/view/42860. htm.

[95] 段汉明,张刚. 自然景观的综合评价与保护、开发和利用——以翠华山山崩景观国家地质公园为例. 国土资源网. 2008-10-30.

[96] 漳州东山乌礁湾景区. 福建旅游 – 海西旅游网. http://www. 7hxly. com/55.

[97] 福建泰宁世界地质公园. http://baike. baidu. com/view/546290. htm.

[98] 宁德世界地质公园. http://baike. baidu. com/view/3353271. htm.

[99] 福建德化石牛山国家地质公园. http://wenku. baidu. com/view/c9d59d0c581b6bd97f19ea40. htm.

[100] 福建连城冠豸山国家地质公园. http://www. mxrb. cn/.

[101] 福建白云山国家地质公园. http://www. chinesebys. com/product. asp? piccatid = 44.

[102] 福建宁化天鹅洞群国家地质公园. http://www. docin. com/p – 19222572. html.

[103] 福建晋江深沪湾国家地质公园(中国国家地质公园). http://wenku. baidu. com/view/c59a036c58fafab069dc0283. html.

[104] 福建漳州国家地质公园. http://baike. baidu. com/view/1178336. htm.

[105] 潘层林. 福建寿山国家矿山公园景观资源开发利用和保护的研究[D]. 福州:福建农林大学,2010.

[106] 紫金山国家矿山公园. http://baike. baidu. com/view/3603328. htm.

[107] 清流温泉省级地质公园. http://www. 7hxly. com/48/1108.

[108] 灵通山. http://baike. baidu. com/view/1035400. htm.

[109] 胡能勇,蔡让平,王燕,等. 论地质公园建设及其功能[J]. 国土资源导刊,2008.

[110] 福建省情资料库. 福建地下热水.

[111] 高天钧.福建省紫金山大型铜金矿床的发现与研究[J].中国地质,1998(6).

[112] 李伟,崔丽娟,张曼胤,等.福建洛阳江口红树林湿地及其周边地区景观变化研究[J].湿地科学,
2009,7(1).

[113] 郑承忠.厦门吴冠海蚀地貌的地学意义及利用探讨[J].台湾海峡,2009(1).

[114] 汤育智.福建漳江口红树林景区的保护与开发[J].海洋开发与管理,2003(5).

[115] 郑彩红,曾从盛,陈志强,等.闽江河口区湿地景观格局演变研究[J].湿地科学,2006(1).

[116] 何永金,陈明光.福建省饮用天然矿泉水资源与评价[J].福建地质,1999(1).

[117] 周永章,杨小强.国家地质公园——科技旅游的经典之作[J].广东科技,2004(4).

[118] 赵逊.从地质遗迹的保护到世界地质公园的建立[J].地质论评,2003(4).

[119] 地质矿产部地质遗迹保护管理规定.1995.

[120] 陈从喜.国内外地质遗迹保护和地质公园建设的进展与对策建议[J].国土资源情报,2004(5).

[121] 齐岩辛,许红根,江隆武.胡济源地质遗迹分类体系[J].产业,2004(3).

[122] 彭华.中国丹霞地貌及其研究进展[J].地理科学,2000(3).

[123] 周永章.保护自然遗产,建设省级地质公园,促进旅游、经济社会可持续发展.2005.

[124] 罗春科,周永章,付伟,等.广东省地质公园建设浅析[J].中山大学研究生学刊:自然科学、医学
版,2004(4).

[125] 许涛.地质遗产突出普遍科学价值的评价流程与方法研究.地球学报,2011(7).

[126] 王战.终南山的地质、生态及人文旅游价值.http://www.changanren.com/calv/ShowArticle.asp?
ArticleID=2572&Page=1.

[127] 隗合明,覃海绍,高媛.中国特色地质遗产体系及其保护[J].地球科学与环境学报,2007(4).

[128] 方世明,李江风.地质遗产保护与开发.北京:中国地质大学出版社,2011.

[129] 赵汀,赵逊,田姣荣,等.地质遗迹数据库及网络电子地图系统建设[J].地球学报,2010(4).

[130] 孙亚莉.贵州地质遗迹资源特点及其保护建议[J].贵州地质,2006(2).

[131] 王同文,田明中.地质公园可持续发展模式创新研究[J].资源开发与市场,2007(1).

[132] 赵剑波,周余义,胡锦华.地质遗迹保护与开发研究[J].知识经济,2008(3).

[133] 段秀铭,王庆兵,赵玉喜.济南华山地质公园地质遗迹特征与开发保护研究[J].山东国土资源,
2007(11).

[134] 白晋锋.地质遗迹的开发保护[J].山西建筑,2007(16).

[135] 叶笃盛.发挥地学旅游资源优势 加快推进"两个先行区"建设.东南网.2009-05-21.

[136] 福州古火山情况.方志委.2011-09-02.

[137] 福建地貌分区(福建省自然地图集).福建省情资料库.http://www.fjsq.gov.cn/showtext.asp?
ToBook=5005&index=90.

[138] 福建省情资料库.地方之窗.http://www.fjsq.gov.cn/showtext.asp?ToBook=5005&index=90.

[139] 神奇的闽山闽水.福建之窗.http://www.66163.com.